绿色建筑适宜技术指南

GREEN BUILDING TECHNICAL GUIDELINES

田慧峰　孙大明　刘　兰　编著

U0350546

中国建筑工业出版社

图书在版编目（CIP）数据

绿色建筑适宜技术指南/田慧峰等编著. —北京：中国建筑工业出版社，2014.5
ISBN 978-7-112-16504-9

Ⅰ．①绿… Ⅱ．①田… Ⅲ．①生态建筑-建筑设计-指南 Ⅳ．①TU201.5-62

中国版本图书馆 CIP 数据核字（2014）第 038995 号

　　绿色建筑比节能建筑的含义更广泛，它除了强调节能，还包括可再生能源的利用、节水、节材、节地、绿色施工、室内环境质量和智能控制等内容，以及绿色建筑的舒适性。绿色应以人、建筑和自然环境的协调发展为目标，体现人居环境的可持续发展要求，并将其贯穿到建筑的规划设计、建造和运行管理的全寿命周期的各个环节中。

　　本书全面深入地介绍了绿色建筑从规划、设计到施工、运营全过程的技术措施，图文并茂，解释了每种措施的技术原理、适用范围、选用要点，对指导绿色建筑发展起到重要技术支撑作用。此外，本书系统介绍了国家和安徽省绿色建筑相关政策法规和设计、评价标准。

　　本书可供各级住房城乡建设行政主管部门和建设行业从业人员参考使用，以学习绿色建筑技术知识，不断提高绿色建筑技术应用能力，大力推广绿色建筑。

责任编辑：王　梅　刘婷婷
责任设计：张　虹
责任校对：李美娜　党　蕾

绿色建筑适宜技术指南
GREEN BUILDING TECHNICAL GUIDELINES
田慧峰　孙大明　刘　兰　编著

*

中国建筑工业出版社出版、发行（北京西郊百万庄）
各地新华书店、建筑书店经销
霸州市顺浩图文科技发展有限公司制版
北京建筑工业印刷厂印刷

*

开本：787×1092 毫米　1/16　印张：18¼　字数：456 千字
2014 年 6 月第一版　2014 年 6 月第一次印刷
定价：**50.00** 元
ISBN 978-7-112-16504-9
（25312）

编 写 委 员 会

顾　　　问：李　明
主　　　任：李　建
副 主 任：马前光
主　　　编：田慧峰
副 主 编：孙大明　刘　兰　叶长青　郭　峥
委　　　员：方　东　何以文　高　松　章茂木　张　勇
　　　　　　谢正荣　王　浩　徐　勤　鲁长权　朱　力
　　　　　　何长全　李　璐　魏　放　牛海龙
编辑人员：刘凯英　张　旭　张　欢　白洪坤　范世锋
　　　　　　孙　辰　樊　瑛　王梦林　朱峰磊　王　龙
　　　　　　景小峰　许　康　田晓晴
审 稿 人：曹伟武　刘明明
主编单位：安徽省住房和城乡建设厅
　　　　　　中国建筑科学研究院上海分院
　　　　　　安徽省绿色建筑协会
参编单位：安徽省建筑科学研究设计院
　　　　　　合肥工业大学建筑设计研究院

* 　 * 　 *

本书受国家"十二五"科技支撑计划项目"绿色建筑评价体系与标准规范技术研究"资助（项目编号：2012BAJ10B00）。

序

　　绿色建筑是在建筑的全寿命期内，最大限度地节约资源、保护环境和减少污染，为人们提供健康、适用和高效的使用空间，与自然和谐共生的建筑。在城镇化快速发展时期，大力发展绿色建筑，对转变城乡建设模式，破解能源资源瓶颈约束，改善群众生产生活条件，提高城乡生态宜居水平具有十分重要的意义。

　　"十二五"以来，安徽省住房城乡建设系统立足实际、多措并举，积极推进绿色建筑发展：新建建筑节能成效凸显，截至 2012 年底全省已建成节能建筑 3.2 亿 m²；既有建筑节能改造稳步推进，开展了 300 万 m² 既有居住建筑试点示范改造；节能监管体系日趋完善，重点用能建筑高能耗得到有效遏制；建筑用能结构得到合理改善，可再生能源已在建筑中规模化应用；星级绿色建筑快速发展，共有 40 个项目 800 万 m² 建筑列为省级绿色建筑示范工程；绿色生态示范城区创建踊跃，共有 8 个城区列入省级绿色生态示范城区。安徽省政府《安徽省绿色建筑行动实施方案》的出台，标志着安徽省绿色建筑发展已经进入快车道。

　　为加快绿色建筑适用技术的应用和推广，提升绿色建筑建设水平，安徽省住房和城乡建设厅组织编制了这本"绿色建筑适宜技术指南"，系统地介绍了国家和安徽省绿色建筑相关政策法规和设计、评价标准，全面深入地介绍了绿色建筑从规划、设计，到施工、运营全过程的技术措施。每种技术措施图文并茂，说明了其技术原理、适用范围、选用要点，对指导绿色建筑发展将发挥重要技术支撑作用。希望各级住房城乡建设行政主管部门和建设行业从业人员积极学习绿色建筑技术知识，遵循以人为本、可持续发展的理念，不断提高绿色建筑技术应用能力，大力推广绿色建筑。

　　"十二五"是安徽加快推进新型城镇化建设的关键时期，我们将切实推动城乡建设走上绿色、生态、低碳的科学发展轨道，促进经济、社会全面、协调、可持续发展。我坚信，在全省建设领域同仁们的共同努力下，在全社会各界的广泛参与和支持下，安徽绿色建筑发展一定会取得新进展和新成果，一定会为"生态安徽"建设作出新贡献！

安徽省住房和城乡建设厅厅长

2013 年 9 月

目　　录

概　述　篇

技　术　篇

案　例　篇

政　策　篇

评价标识篇

附　　录

概　述　篇

第1章 绿色建筑概述

1.1 绿色建筑的内涵

我国 2006 年发布实施的《绿色建筑评价标准》GB/T 50378 对绿色建筑的定义是"在建筑的全寿命周期内，最大限度地节约资源（节能、节地、节水、节材）、保护环境和减少污染，为人们提供健康、适用和高效的使用空间，与自然和谐共生的建筑。"

在 2013 年初发布的《绿色建筑行动方案》中，对绿色建筑的定义，与此相同。

维基百科对"绿色建筑"这一词条的描述为："指实践了提高建筑物所使用资源（能量、水及材料）的效率，同时减低建筑对人体健康与环境的影响，从而更好地选址、设计、建设、操作、维修及拆除，为整个完整的建筑生命周期服务。"❶ 这与我们对绿色建筑的解释本质上是一致的。

要正确掌握绿色建筑的内涵，需要了解在中国发展绿色建筑的必要性、紧迫性。根据世界银行的报告，到 2015 年，全世界新建筑的一半将落户中国。这意味着，中国采取的任何建筑节能措施，都将对世界建筑能耗与 CO_2 的排放产生举足轻重的作用。可以说，发展绿色建筑是解决我国城市建设中能源和资源消耗过多问题的不二选择。

同时，还需要明确绿色建筑与节能建筑、低碳建筑的一些区别。绿色建筑比节能建筑的含义更广泛，它还包括可再生能源的利用、节水、节材、节地、绿色施工、室内环境质量和智能控制等内容。它除了强调节能，还提出绿色建筑的舒适性，主张绿色应以人、建筑和自然环境的协调发展为目标，体现人居环境的可持续发展要求，并将其贯穿到建筑的规划设计、建造和运行管理的全寿命周期的各个环节中。

住房和城乡建设部副部长仇保兴认为，绿色建筑是一个广泛的概念，绿色并不意味着高价和高成本，比如延安窑洞冬暖夏凉，把它改造成中国式的绿色建筑，造价并不高；新疆的一种具有当地特色的建筑，其墙壁由当地的石膏和透气性好的秸秆组合而成，保温性很高，再加上非常当地化的屋顶，就是一种"价廉物美"的典型的乡村绿色建筑。

综上所述，绿色建筑有如下几个内涵：

（1）"建筑全生命周期"的概念。即整体地审视建筑在物料生产、建筑规划设计、施工、运营维护、拆除及回收过程中对生态、环境的影响，强调的是全过程的绿色（图 1-1）。

（2）坚持节地、节能、节水、节材的原则。尽可能节约土地，包括合理布局、合理利用旧有建筑、合理利用地下空间；尽可能降低能源消耗，一方面着眼于减少能源的使用，一方面利用低品质能源和再生能源（如太阳能、地热能、风能、沼气能等）；尽可能节水，

---

❶ 维基百科（中文）http://zh.wikipedia.org/wiki/绿色建筑

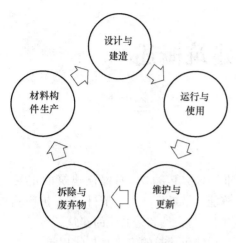

图 1-1　建筑全生命周期示意图

包括对生活污水进行处理和再利用、采用节水器具；尽可能降低建筑材料消耗，发展新型、轻型建材和循环再生建材，促进工业化和标准化体系的形成，实现建筑部品通用化。

（3）以人为本，注重舒适性。绿色建筑将环保技术、节能技术、信息技术、控制技术渗入人们的生活与工作，在确保节能性的同时，达到居住舒适性的要求。那种以牺牲用户的舒适性为代价的建筑，不是绿色建筑。绿色建筑最终要做到的（也是能做到的）是：节能、省钱、环境友好、舒适、高品质。

（4）绿色建筑要与当地自然环境、文化环境和谐共生。这是绿色建筑的价值理想。绿色建筑要充分体现建筑物完整的系统性与环境的亲和性，以及城市文化的传承性，创造与自然、与文化相和谐统一的建筑艺术。在安徽省 2012 年底出台的《关于加强徽派建筑保护与传承的相关意见》中，明确提出要把徽派建筑保护与传承纳入相关地方加快新型城镇化进程的考核，就是对建筑环境自觉保护与尊重的一种体现。

（5）发展绿色建筑的基本原则是因地制宜。我国不同地区的气候条件、物质基础、居住习惯、社会风俗等方面存在较大的差异，对国外绿色建筑政策法规的全盘照抄，显然是行不通的，在绿色建筑设计中需要具体问题具体分析，采用不同的技术方案，体现地域性和创新性。

1.2　绿色建筑的发展

1.2.1　国外绿色建筑发展现状及特征

1. 国外绿色建筑发展的历程

20 世纪 60 年代，美籍意大利建筑师保罗·索勒瑞把生态学（ecology）和建筑学（architecture）两个单词合并为"arology"，首次提出了"生态建筑"的概念。这被认为是绿色建筑理论史的发端。

20 世纪 70 年代，伴随着中东石油危机的出现，一些有先见的人认识到，牺牲生态环境为代价的所谓"文明"难以为继，建筑产业必须改变耗用大量自然资源的发展模式。由此，建筑节能被提上了议事日程，低能耗建筑先后在世界各国出现。

1992 年巴西里约热内卢"联合国环境与发展大会"的召开，标志着"可持续发展"这一重要思想在较大范围内达成共识。从此，一套相对完整的绿色建筑理论初步形成，并在不少国家实践推广，成为世界建筑发展的方向。

1990 年世界首个绿色建筑标准在英国发布，1993 年美国创建绿色建筑协会，并于 1998 年颁布了至今影响全世界的绿色建筑评价标准 LEED（全称"Leadership in Energy and Environmental Design"，意为"能源与环境设计之先导"），这些都是绿色建筑发展史上里程碑式的事件。

21 世纪以来，西方发达国家相继建立绿色建筑评价体系，并及时更新以适应新的需求。依赖于不断完善的评价体系和市场机制，繁衍产生了众多的绿色建筑项目，传播了绿色建筑的理念，加深了绿色建筑的存在感；反过来又促进了评价体系和市场机制的成熟。此模式已经成为绿色建筑在发达国家成熟的标志性运行模式。

2. 国外绿色建筑发展的特征

（1）各国积极构建基于各国国情和气候特点的绿色建筑评价体系，并且及时更新以适应发展需求

近十年来，世界许多国家和地区都相继开发了各自的绿色建筑评价体系，影响力比较大的有英国的 BREEAM、美国的 LEED、德国的 DGNB 和日本的 CASBEE 等。这些评价标准会及时更新，体现新的时代特征和需求。这些应用度最大的评价标准都发展形成了各种专业标准，如英国 BREEAM，就有办公建筑、工业建筑、商场、学校、高层家居、医疗中心、法院、监狱等标准，门类齐全，体现出了评价标准的针对性、专业性。为了使我国的绿色建筑发展更有效率，更具规模，我们应加快绿色建筑评价体系的建设和完善。

许多国家组建了专门的机构来负责绿色建筑的实施、管理及评价等工作，明确监管职能，通过专门的管理机构来监管绿色建筑的实施，如美国绿色建筑委会员（USGBC）、德国可持续建筑委员会（DGNB）。

（2）不断扩大政策层面的工作，制定多角度的经济激励政策和制度措施来推进绿色建筑发展，有的国家逐步用行政手段强制推进绿色建筑发展

许多国家高度重视绿色建筑，并通过制定促进可持续发展的专门立法来推动绿色建筑的实践。如美国弗吉尼亚州阿灵顿县出台政策，申请 LEED 认证通过的项目将可以提高社区开发的容积率；康涅狄格州从 2010 年 1 月 1 日起，申请 LEED 金奖认证的新建或大规模改造的商业建筑将得到 8% 的免税额度，申请 LEED 铂金奖的可得到 10.5% 的免税额度；佛罗里达州对建筑中使用的太阳能体系免除一定的销售和使用税等。

欧盟及其成员国也积极通过有关的立法推动建筑的可持续发展。早在 1989 年欧盟就通过了一项建筑产品指令（即 CPD 指令，2013 年 7 月 1 日起由建筑产品法规 CPR 取代），在建筑产品的防火性能、能源利用和环境影响等方面确立了最低的标准。欧盟投资银行提供 1200 亿欧元贷款，以保证欧盟绿色建筑行业的增长和就业。英国对积极利用绿色技术的建设项目给予审批上的优先权和一定的经济补助，包括减免土地增值税和发放低息贷款等。英国是目前世界上少数几个政府强制实行绿色建筑的国家之一。英国政府要求，从 2008 年 4 月开始，博物馆、展览馆、体育馆和国家机构建筑等必须按能源消耗量和二氧化碳排放量划分等级，并向社会公布。而法国则对新建节能住宅的业主实行零利率贷款。

日本政府尽管尚未强制实施 CASBEE 评价标准，但很多地方政府却要求新建建筑在取得施工许可前必须采用 CASBEE 进行自评，并将资料和自评结果在政府网站上公示，接受社会监督。日本还实施住宅环保积分制度，对环保翻修或新建环保住宅给予可交换各种商品的生态积分。积分可用于兑换商品券、预付卡，有助于地区具有杰出节能环保性能的商品出售、新建住宅或节能改造工程施工方追加工程等。

在东南亚地区，东盟成员国家通过东盟能源奖（ASEAN Energy Awards）来推广节能建筑，该奖从 2000 年开始评选，新加坡税务署总部大楼、马来西亚布城钻石大厦，曾先后获奖。新加坡政府认识到激励政策非常重要，从 2002 年开始，设置了总额 2000 万新

元的奖励，对每平方米补贴 3～6 新元不等，最高 300 万新元等。2009 年推出绿色建筑面积奖励，给予 1%～2%的额外建筑面积。

（3）绿色建筑项目数量激增，绿色建筑开始走向大众

比如在美国，过去绿色建筑技术被认为是大型公共项目和大学校园的专利，但是现在它开始走向大众，走向普通商业住宅❶。许多国家通过政府和企业两个层面进行绿色建筑及节能政策的宣传、引导，促进了绿色建筑理念在广大市民中间的传扬，值得我们借鉴。

（4）绿色社区逐步成为发展重点，体现了从单体建筑向成片的城市社区发展的趋势

对绿色建筑的研究已由建筑个体、单纯技术上升到体系层面，由建筑设计扩展到环境评估、区域规划等多个领域。绿色建筑的社区化、城市化，被认为是一个必然趋势，也是绿色建筑发展的最终目标。美国 LEED 评价体系中就有一个绿色社区评价标准——LEED ND（LEED for Neighborhood Development），截至 2013 年 4 月，在该标准下已诞生了超过 100 个项目。

3. 国外主要绿色建筑评价标准体系

构建符合时代需求、行业需求的绿色建筑评价标准，是推动本国绿色建筑发展的有效途径。许多国家都有自己的绿色建筑评价体系，被大家所熟知的是英国的 BREEAM 评估体系与美国的 LEED 评估体系。

世界主要绿色建筑评价体系比较　　　　　　　　　　　　　　　表 1-1

评价体系	研发国家	研发时间	评估对象	评价结果等级	评估内容
BREEAM	英国	1990	办公建筑、学校、医卫建筑、监狱、工业建筑、零售商店等	通过、好、很好、优秀	管理、能源、交通、污染、材料、水资源、土地使用、生态价值、身心健康
LEED	美国	1995	新建建筑、核心和外壳、既有建筑、商业内部、住宅、学校、社区等	认证级、银级、金级、铂金级	场地设计、水资源、能源与环境、材料与资源、室内环境质量和创新设计
CASBEE	日本	2003	计划、新建、既存、改建	根据环境性能效率指标 BEE，给予评价，表现为 QL 二维图	能源消耗、资源再利用、当地环境、室内环境
NABERS	澳大利亚	2003	既有建筑、办公建筑、住宅、旅馆、购物中心、学校、医院和运输等	0～5 星级	场地管理、建筑材料、能耗、水资源、室内环境、资源、交通、废物处理

（1）英国绿色建筑评估体系——BREEAM

BREEAM（Building Research Establishment Environmental Assessment Method）体系，是世界上第一个绿色建筑评估体系，由英国建筑研究院于 1990 年推出。BREEAM 体系的目标是减少建筑物的环境影响，体系涵盖了包括从建筑主体能源到场地生态价值的范围。

BREEAM 主要关注建筑项目的节能性能、运营管理、健康和福利、交通便利性、节水、建材使用、垃圾管理、土地使用和生态环境保护，以此综合评价建筑的可持续性。

2008 年共颁布了 9 个行业的评估标准，如法院、教育、工业、医疗、保健、办公室、

---

❶　王尚，隋同波，宁理. 绿色建筑在美国走向主流. 广西建设报

6

零售、监狱等。2009 年颁布了 BREEAM 欧洲商业中心评估标准，2010 年颁布了数据中心评估标准，2011 年颁布了新建建筑评估标准，2012 年颁布了翻新建筑评估标准。

目前全球获得 BREEAM 认证的项目有 20 万栋建筑，另有超过 100 万栋正在申报。认证项目主要以英国国内项目为主，据统计，自 1990 年以来，英国市场 25%～30% 的新建办公建筑采用了 BREEAM 进行评估。

BREEAM 体系的特点：

① 考察建筑全生命周期。

② 定量化的指标保证客观性。

③ 以第三方评价加 BRE 监督的管理体制保证可靠性。

④ 以政府的强力支持为依托拥有很高的市场占有率。

⑤ 与绿色建筑政策法规紧密相连；保持更新引领绿色建筑市场。

（2）美国绿色建筑评估体系——LEED

LEED 是能源与环境设计先导绿色建筑评估体系（Leadership in Energy & Environmental Design Building Rating System）的简称，是目前世界上运作最成功的绿色建筑评估体系。LEED 由美国绿色建筑委员会（USGBC）于 1994 年开始制定，1999 年正式公布第一版本并接受评估申请。

LEED 认证项目分布在美国 50 个州和全球 120 余个国家和地区。截至 2013 年 3 月，全球各地申请 LEED 认证的项目已达到 52100 个，其中获得认证的项目有 16500 个。LEED 认证在 21 世纪初就被引入中国，一些高档公寓、写字楼等申请并得到 LEED 等级认证。目前中国是 LEED 认证最大的海外市场，截至 2013 年 3 月，中国大陆地区注册项目超过 1000 个，获得认证的项目达 300 个。

LEED 认证适用于所有民用建筑，即包括了公共建筑以及住宅建筑。在建筑的全寿命周期内 LEED 都具有重要作用，建筑设计、建筑施工、建筑运营与维护、针对出租的建筑以及租用的建筑等都可利用合适的 LEED 认证体系作为指导（图 1-2）。此外 LEED 还有专门针对社区发展的认证体系（图 1-3）。

图 1-2 LEED 认证分类

LEED 体系的特点：

① 在世界各国的各类建筑环保评估、绿色建筑评估以及建筑可持续性评估标准中，

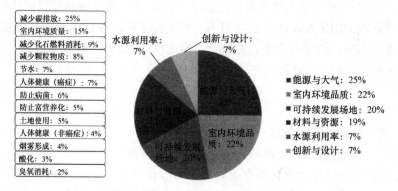

图 1-3 LEED 认证体系分数权重分布

被认为是最完善、最有影响力的评估标准。

② 采用第三方认证机制，保证了该体系的公正性和公平性，因而增加了其信誉度和权威性，形成政府、市场、第三方机构共同推进绿色建筑实施的有效机制。

③ 评估标准分门别类，专业性极强，包括新建建筑、既有建筑、建筑结构、商业装修、社区开发、学校、零售、医疗、实验室等标准。

④ 评价体系定时更新，以便及时反映建筑技术和政策的变化，并修正原来体系中不合理的部分。

⑤ 美国绿色建筑委员会还对 LEED 认证咨询师实行资格证考试制度，目前全球已有20 万专业人士获得 LEED AP 证书。

⑥ LEED 十分值得称道的是其市场推广力度，目前 LEED 项目遍及全球 135 个国家，其中登记注册的项目中 40% 的建筑面积来自美国以外的地区。为适应全球市场的迅速发展，LEED 在过去两年采取了多项措施，以满足美国以外的会员和项目团队的需求。

（3）德国绿色建筑评估体系——DGNB

DGNB 是德国可持续建筑认证标准（Deutsche Guetesiegel fuer Nachhaltiges Bauen）的缩写，它是德国可持续建筑委员会与德国政府共同开发编制的，是德国多年来可持续建筑实践经验的总结，是德国政府参与的、具有国家标准性质的绿色建筑评价体系。DGNB 自称是比美国 LEED 更为严谨的第二代评价体系。DGNB 覆盖了绿色生态、建筑经济、建筑功能与社会文化等多方面内容，并致力于为建筑行业的未来发展指明方向。

DGNB 的认证系统大约包括六大领域，主要为生态质量、经济质量、社会功能和文化质量、技术质量、过程质量和场地质量（图1-4）。这六大体系总共包括了 60 条标准，其中程序质量占

图 1-4 德国 DGNB 体系的研究评价的范围

10%，场地质量单独评估，其余各项各占 22.5%。

DGNB 体系的特点：

① 是建立在吸收世界上先进的绿色建筑理念，包括德国自己几十年的工程实践和经验的总结，特别是建立在德国高水平的工业体系基础之上的评估体系。

② 不是一个简单的绿色建筑评估体系，包含了生态环保、建筑经济和建筑功能以及社会文化等各方面的因素，特别是在建筑成本控制、建筑投资和建筑运营成本、建筑全寿命周期控制方面有独到之处。

③ DGNB 首次针对建筑碳排放量提出系统完整的科学计算方法，该方法得到包括联合国环境署在内的多家国际机构的认可，碳排放量放计算方法分为四大方面，包括建筑材料生产与建造，使用期间的能耗，维护和更新以及建筑在拆除和利用整个过程中的能耗以及相对应的碳排放量的计算方法。❶

（4）日本绿色建筑评估体系——CASBEE

日本的建筑物综合环境性能评价体系（Comprehensive Assessment System for Built Environment Efficiency，简称 CASBEE），于 2004 年推出，该体系采用生命周期评价法，从建筑的设计、材料的制造、建设、使用、改建到报废的整个过程的环境负荷进行评价。自 2003 年颁布了针对新建建筑的评价标准后，先后颁布了针对既有建筑、改建建筑、新建独立式住宅、城市规划、学校以及热岛效应、房地产评价等评价标准，评价标识分 CASBEE-计划、CASBEE-新建、CASBEE-既存和 CASBEE-改建四部分（图 1-5）。

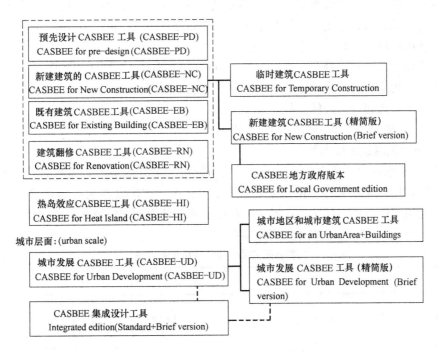

图 1-5 CASBEE 评估体系

❶ 《关于德国 DGNB 绿色建筑标准》，中国国际工程咨询协会网站，http://www.caiec.org/2009/stone_view.asp?id=5842。

日本许多地方政府颁布了建筑物综合环境评价制度，并推行 CASBEE 评价认证和评审专家登记制度。

CASBEE 体系的特点：

① 简便易懂。可将评价结果用几种简单的图形表示在一张纸上，直观可视、简明易懂。

② 综合性强。建筑环境性能分为内（环境品质 Q）、外（环境负荷 L）两个方面，用雷达图、BEE 指标等进行综合评价评价。在评价时更加看重对环境相关各方面的综合考虑而求得均衡，不过于强调某个方面做得出色。

③ 可信度高。CASBEE 认证制度是（财团法人）建筑环境节能机构（IBEC）作为第三方以注册评价员所评结果资料为依据，审查其是否属实、妥当并加以确认的制度，认证后颁发证书并在网上公布，具有更高的可信度。

（5）澳大利亚绿色建筑评估体系——NABERS、绿色之星 Green Star

NABERS（National Australian Building Environmental Rating System）最初是由澳大利亚环境与遗产部（DEH）开发出来的一套评价系统。该系统由获得认证资格的评估员来执行评价。该系统最大特点是针对既有建筑运行的测量结果进行评价，与其他大多数针对设计、开发阶段进行评价的标准体系有很大的不同。

绿色之星 Green Star 是一个综合各方面考察、在全国范围开展的、自愿参与的环境评价体系，用于评定建筑物的环境设计与施工。在澳大利亚有 11％的中央商务区办公楼经过了绿色之星 Green Star 的评价。该体系共有 9 个指标，包括：管理、室内环境质量、能源、交通、水、材料、土地使用与生态、排放和创新。

（6）法国绿色建筑评估体系——HQE

法国高环境品质评价体系（High Environmental Quality，简称 HQE），致力于指导建筑行业在实现室内外舒适健康的基础上将建筑活动对环境的影响最小化。

世界各国绿色建筑评价体系见表 1-2。

1.2.2　国内绿色建筑发展现状及特征

1. 我国绿色建筑发展历程

自 1992 年巴西里约热内卢"联合国环境与发展大会"以来，中国政府开始大力推动绿色建筑的发展，颁布了若干相关纲要、导则和法规。前建设部初步建立起以节能 50％为目标的建筑节能设计标准体系，制定了包括国家和地方的建筑节能专项规划和相关政策规章，初步形成了建筑节能的技术支撑体系。

世界各国的绿色建筑评价体系一览　　　表 1-2

国家	评价体系名称	评价体系 LOGO
英国	BREEAM	
美国	LEED	

国家	评价体系名称	评价体系 LOGO
▬ 德国	DGNB	
▮▮ 法国	HQE	
▬ 澳大利亚	NABERS、绿色之星 Green Star	
◆ 巴西	AQUA 、LEED Brasil	
▮✦ 加拿大	LEED Canada 、绿地球 Green Globes	
✚ 芬兰	希望之约 PromisE	
▬ 印度	GRIHA、IGBC	
▮▮ 意大利	Protocollo Itaca、GBC Italia	
▪▪ 墨西哥	LEED Mexico	

续表

国家	评价体系名称	评价体系 LOGO
荷兰	BREEAM Netherlands	
新西兰	绿色之星 Green Star NZ	
马来西亚	Green Building Index(GBI)	

　　2004 年 9 月建设部"全国绿色建筑创新奖"的启动，标志着我国的绿色建筑发展进入了全面发展阶段。2005 年 3 月召开的"首届国际智能与绿色建筑技术研讨会暨技术与产品展览会"发表了《北京宣言》，公布"全国绿色建筑创新奖"获奖项目及单位，同年发布了《建设部关于推进节能省地型建筑发展的指导意见》。

　　2006 年，"第二届国际智能、绿色建筑与建筑节能大会"在北京召开，建设部在大会上正式颁布了《绿色建筑评价标准》GB/T 50378。2007 年 8 月，住房和城乡建设部又出台了《绿色建筑评价技术细则（试行)》和《绿色建筑评价标识管理办法》，开始建立起适合中国国情的绿色建筑评价体系。2008 年 3 月，召开"第四届国际智能、绿色建筑与建筑节能大会"，筹建中国城市科学研究会节能与绿色建筑专业委员会，启动绿色建筑职业培训及政府培训。

　　2008 年 4 月 14 日，绿色建筑评价标识管理办公室正式设立。2009 年 7 月 20 日，中国城市科学研究会绿色建筑研究中心成立。它们的诞生，标志着在我国开展绿色建筑评价的专门机构的出现。

　　在专业标准制定方面，2010 年 8 月，住房和城乡建设部印发《绿色工业建筑评价导则》，拉开了我国绿色工业建筑评价工作的序幕。同年 11 月，住房和城乡建设部发布《建筑工程绿色施工评价标准》GB/T 50640。2012 年 5 月，住房和城乡建设部印发《绿色超高层建筑评价技术细则》。2011 年 6 月，由住房和城乡建设部科技发展促进中心主编的国家标准《绿色办公建筑评价标准》开始在全国范围内广泛征求意见。同年 8 月，中国城市科学研究会绿色建筑研究中心在北京召开了绿色工业建筑评审研讨会暨国家首批"绿色工业建筑设计标识"评审会，实现了我国绿色工业建筑标识评价的"零的突破"。这些都为我国绿色建筑的纵深化发展和专业化评价创造了条件。

　　2012 年 4 月 27 日，财政部与住房和城乡建设部联合发布《关于加快推动我国绿色建筑发展的实施意见》，意见中明确将通过多种手段，全面加快推动我国绿色建筑发展。

2013 年 1 月 1 日，国务院办公厅以国办发［2013］1 号转发国家发展和改革委员会、住房和城乡建设部制订的《绿色建筑行动方案》。提出"十二五"期间，要完成新建绿色建筑 10 亿 m²；到 2015 年末，20% 的城镇新建建筑达到绿色建筑标准要求。住房和城乡建设部副部长仇保兴表示，这标志着绿色建筑行动正式上升为国家战略。

2013 年 4 月，《"十二五"绿色建筑和绿色生态城区发展规划》（以下简称《规划》）正式发布。《规划》提出，"十二五"期间，将新建绿色建筑 10 亿 m²，完成100 个绿色生态城区示范建设；从 2014 年起，政府投资工程要全面执行绿色建筑标准；从 2015 年起，直辖市及东部沿海省市城镇的新建房地产项目力争 50% 以上达到绿色建筑标准。

2013 年 4 月，第九届国际绿色建筑与建筑节能大会在北京举行，大会以"加强管理，全面提升绿色建筑质量"为主题，表明绿色建筑驶入快车道，质量把控成为管理重点。

在住房和城乡建设部的指导下，目前全国已有超过 30 个省、自治区、直辖市、副省级城市开展了当地的绿色建筑标识评价工作（图 1-6）。截至 2013 年 12 月，全国已评出 1200 多项绿色建筑标识项目，取得绿色建筑标识项目的总建筑面积达到8000 万 m²。这个数字十分喜人，但与全国 480 亿 m² 总量相比，仅相当于八百分

图 1-6 我国绿色建筑发展路线

之一，说明我国绿色建筑发展任重道远，挑战严峻，潜力巨大。

2. 我国绿色建筑发展的特点及不足

（1）政策法规和标准体系正在完善

2005 年以来，住房和城乡建设部先后发布了《建设部关于推进节能省地型建筑发展的指导意见》、《绿色建筑技术导则》、《绿色建筑评价标准》、《绿色建筑评价技术细则（试行）》、《绿色建筑评价标识管理办法》、《绿色建筑评价标识实施细则（试行）》和《绿色施工导则》等。近几年来，绿色工业建筑评价导则、绿色办公建筑评价标准、绿色超高层建筑评价技术细则、绿色校园评价标准、绿色商店建筑评价标准等相继编制完成，有一些已投入使用，体现出评价标准走向专业化的趋势。

此外，北京、上海、重庆、深圳、广西等约 20 个省市区相继制定了地方性的绿色建筑评价标准。地方标准大多能根据当地地理、气候、环境功能和生态特点，并结合经济、技术条件等，体现绿色建筑"因地制宜"的特点。

（2）绿色建筑推广成绩显著

住房和城乡建设部组织推动了绿色建筑创新奖评选、绿色建筑评价标识和绿色建筑示范工程建设等一系列示范推广工作。截至 2013 年底，共有超过 1200 个绿色建筑项目获得设计或运营的星级标识（图 1-7）。评上绿色建筑创新奖的项目已达 140 个。此外，还评选了数量众多的"国家低能耗建筑示范工程、绿色建筑示范工程（简称双百工程）"和可再生能源建筑应用示范工程。绿色建筑示范推广取得积极成效。

（3）发展存在地域不平衡问题

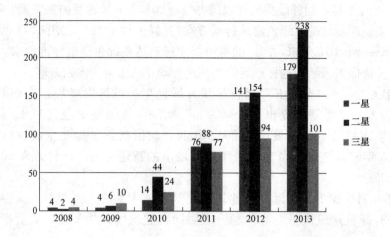

图 1-7　中国绿色建筑标识项目数量（截至 2013 年底）

　　目前，全国绿色建筑发展不均衡，绿色建筑评价标识项目主要分布在东部沿海发达城市（图 1-8）。由标识项目所在的城市和地区来看，主要集中在以上海、苏州为代表的长三角地区，以深圳为代表的珠三角地区。此外，京津地区的绿色建筑项目数量也十分可观。但中西部地区发展相对滞后，一些省、自治区的绿色建筑项目尚停留在个位数。

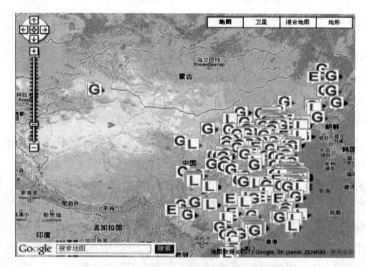

图 1-8　中国绿色建筑项目分布图

G—中国绿标，L—美国 LEED，E—生态城

（引用自绿色建筑地图 www.gbmap.org）

　　（4）存在重设计而不重运行问题

　　从已被评上绿色建筑标识的项目来看，设计标识的数量是运行标识的 10 倍，两者差距巨大；同时在取得设计标识后，继续申请运行标识的项目也很少。在项目的实际运营中，也发现了这样的情况：物业管理人员水平普遍较低，不能很好地使用设备，造成建筑是绿色的、但运营人员不是"绿色"。这些"头重脚轻"的现象，与绿色建筑的初衷相违

背，需要我们在今后一段时间内进行纠正、引导。

（5）出现伪绿色建筑及照搬国外经验现象

一些评上绿色建筑标识的项目名不副实，完全够不上绿色建筑的标准。这与部分开发商的浮躁心态及市场的不成熟有关系，需要我们建立一个合理有效的管理监督机制，并做好宣传推广工作。

在技术应用方面，一些项目直接生搬硬套国外技术，造成成本很高，适用性很弱。因此需要加快我国绿色建筑共性和关键技术研发，重点攻克既有建筑节能改造、可再生能源建筑应用、节水与水资源综合利用、绿色建材、废弃物资源化、环境质量控制、提高建筑物耐久性等方面的技术，提高普及率，控制生产成本；同时，需要积极吸取中国传统民居或东方哲学思想中蕴含的绿色经验、绿色思维加以提炼，建造适合我国国情的环保节能建筑。

（6）绿色建筑运行效果监管力度不足

不少评上绿色建筑标识的项目，其运行实效处于无人知晓也无人过问的状态，绿色建筑的目标几乎落空。需要建立针对绿色建筑节地、节能、节水、节材等的评价监测体系和建筑节能行政监管体系；对于获得财政、税收等支持的建筑，可以考虑将其运行数据公开化，以便接受社会监督。

1.2.3　安徽绿色建筑发展现状

安徽省目前正处于新型工业化、城镇化和新农村建筑的快速发展时期，建筑能耗呈现快速增长态势，作为能耗大户的建筑业节能减排工作显得十分重要和紧迫。

"十二五"是安徽省实现发展方式转型的关键时期，皖江城市带承接产业转移示范区、国家创新型试点城市、合芜蚌自主创新综合试验区等发展战略的建设实施，为建筑节能和绿色建筑的推进创造了良好的环境。随着经济快速发展，居民消费结构升级、城镇化进程加快，建筑节能蕴含着巨大的潜力空间，为安徽省建筑节能工作提供了新机遇的同时，也带来新的挑战。以下是安徽省绿色建筑发展情况的几个方面：

1. 规划和目标

近年来，安徽省政府非常重视绿色建筑的发展。如，2012 年 11 月安徽省住房和城乡建设厅与省发展和改革委员会、省财政厅共同出台推进绿色建筑发展实施意见，3 年后全省绿色建筑要占新增民用建筑面积的 20％以上。

安徽省住房和城乡建设厅表示，争取到 2015 年，推动政府投资的公益性建筑全面执行绿色建筑标准，新增绿色建筑面积 1000 万 m^2 以上，创建 100 项绿色建筑示范项目，绿色建筑占新增民用建筑面积的 20％以上。特别是要发展包括合肥滨湖在内的 10 个以上的城市新区，因地制宜开展绿色生态城（区）建设，推动新建建筑全面执行绿色一星级及以上标准，集中连片规模化发展绿色建筑。

为了推广绿色建筑，安徽省住房和城乡建设厅组织省内绿色建筑有关科研院所、高等院校、施工单位及绿色建材技术支撑单位，成立了安徽省绿色建筑协会。协会组织开展绿色建筑评价标识工作，负责一、二星级绿色建筑标识申报、评价、管理，以及三星级绿色建筑标识申报指导等绿色建筑发展专项工作。并组织开展相关从业人员进行绿色建筑技术培训，筛选一批具有丰富绿色建筑理论知识和实践经验的专业技术人员，为发展绿色建筑提供技术支撑。

安徽省建筑节能"十二五"发展规划

全省五年实现建筑节能能力 800 万 t 标准煤，减少 CO_2 排放 2096 万 t。

（1）建成新建节能建筑 2.0 亿 m^2，到"十二五"期末，全省城镇新建建筑节能标准设计执行率达到 100%，施工执行率达到 100%，在有条件的地区实行 65% 或以上的建筑节能标准。

（2）建立健全建设领域能源统计制度，建筑业单位增加值能耗较"十一五"期末下降 10%。

（3）推广可再生能源建筑应用面积 8000 万 m^2 以上，到"十二五"期末，全省可再生能源建筑应用面积占当年新建民用建筑面积比例达到 40% 以上。

（4）建设 100 项绿色建筑示范项目；由单体示范向区域示范拓展，积极开展低碳生态示范城区建设。

2. 政策标准

2012 年 11 月，出台《安徽省民用建筑节能办法》（安徽省人民政府令第 243 号），发展绿色建筑作为独立章节纳入其中，为绿色建筑发展提供法律依据；其中明确要求政府投资的学校、医院等公益性建筑以及大型公共建筑，应当按照绿色建筑标准设计、建造，标志安徽省绿色建筑发展进入强制阶段。

2001 年，安徽省质量技术监督局、省建设厅联合发布了《安徽省民用建筑节能设计标准》。

"十一五"期间，先后编制发布了《安徽省建筑节能专项规划》、《安徽省建设领域节能减排综合性工作实施方案》、《安徽省建筑节能试点示范工程管理办法》，出台了《关于进一步推进我省建筑节能工作的意见》等一系列政策法规文件，发布了《安徽省建筑节能定额综合单价表》，为全省"十一五"建筑节能工作的全面开展，发挥了强有力的推动作用。

结合安徽省实际情况，与国家节能标准相配套，陆续颁布了《安徽省公共建筑节能设计标准》、《安徽省居住建筑节能设计标准》、《安徽省建筑与太阳能一体化技术规程》等 11 项建筑节能技术地方标准，以及《外墙外保温系统构造图集》等 23 项节能标准设计图集。形成了较为完善的建筑节能技术标准体系，为绿色建筑工作的开展提供了规范指导。详见本书第 11 章 11.2 节安徽省相关政策法规与标准规范。

3. 项目推广

截至 2013 年 2 月，安徽省获得住房和城乡建设部绿色建筑三星级认证的建筑项目有 9 个，其中办公建筑、商业建筑、住宅建筑各 3 个。此外，还有 2 个项目已通过美国 LEED 的认证。

安徽省合肥市肥西县三河镇，是第一批试点示范绿色低碳重点小城镇（2011 年 9 月）的 7 个项目之一。2012 年 11 月，作为池州站前区未来发展核心区的天堂湖新区已获得住房和城乡建设部的批准，成为全国第八、全省唯一的国家级绿色生态示范城区❶。

2012 年以来，安徽省启动绿色建筑、绿色生态城市示范项目建设，全省已有 40 个绿色建筑列入示范，示范面积 540 多万 m^2；有合肥滨湖新区、池州天堂湖新区等 8 个城区

---

❶ 《天堂湖新区成功早报国家级绿色生态示范城区》，池州市人民政府门户网站 http://www.chixhou.gov.cn/contents/41/48522.html

列入示范，集中推广绿色建筑 2100 多万 m²。

目前，安徽省的可再生能源建筑应用规模位居全国前列。2006 年以来，合肥市"文化艺术中心剧院"等 22 个项目先后列入财政部、住房和城乡建设部可再生能源和太阳能光电建筑应用示范项目，争取国家资金支持 2.12 亿元；5 个项目列入住房和城乡建设部"双百"工程绿色建筑并申请标识认定，7 个项目入选国家可再生能源建筑应用示范项目；合肥市、铜陵市、芜湖市、黄山市、池州市、六安市，利辛县、南陵县、芜湖县、全椒县、长丰县、泾县、汊河镇、甘棠镇、博望镇、三河镇等 6 市、6 县、4 镇先后被列入国家级可再生能源建筑应用示范城市和示范县，争取国家财政资金补助 5.13 亿元，入选城市（县）数及获得资金数居全国前列。出台了《关于推进国家可再生能源建筑应用示范城市示范县建设工作的实施意见》，确定了 8 家省级民用建筑能效测评机构，组织开展能效测评的技术研发和标准编制工作。可再生能源建筑应用由过去单项工程示范、局部示范，正逐步转变为全面建设和规模化推进阶段。详见表 1-3、表 1-4。

安徽绿色建筑项目　　　　　　　　　　　　　　　表 1-3

类别	项目名称	认证情况
中国绿色建筑评价标识	鹏远住工办公楼	三星级设计
	合肥要素大市场	二星级设计
	芜湖万科城一期一标段（2、3、19～27 号楼）	三星级设计
	芜湖恒大华府一期（1～5 号楼、26～30 号楼）	三星级设计
	芜湖镜湖万达广场购物中心	一星级设计
	芜湖东方红郡 35～59 号楼	二星级设计
	合肥天鹅湖万达广场大商业	一星级设计
	黄山植物园新安江桃花岛 A、B、C 区办公楼	一星级设计
	蚌埠万达广场大商业	一星级设计
绿色低碳小城镇	三河镇	绿色低碳重点小城镇试点
绿色生态城	池州市天堂湖新区	国家绿色生态示范城区
		省级绿色生态示范城区
	合肥市滨湖新区	中美低碳生态示范城区
		省级绿色生态示范城区
	芜湖市城东新区	省级绿色生态示范城区
	铜陵市西湖新区	省级绿色生态示范城区
	宣城市彩金湖新区	省级绿色生态示范城区
	马鞍山市郑蒲港新区现代产业园	省级绿色生态示范城区
	淮南市山南新区	省级绿色生态示范城区
	宁国市港口生态工业园区	省级绿色生态示范城区
美国 LEED	联亚合肥绿色工厂	LEED-NC 银级
	江森自控芜湖工厂	LEED-NC 银级
	安徽伟星置业总部办公室	LEED-CI 注册
	合肥景智电子有限公司 LCM 一期工程	LEED-NC 注册
	合肥工业大学可持续发展与创新研究中心	LEED-CI 注册

安徽省绿色建筑示范项目汇总表　　　　　　　　　表 1-4

项目名称	建设单位	建筑面积（万 m²）	示范面积（万 m²）	示范星级	备注
安徽省城乡规划综合服务中心	安徽省城乡规划设计研究院	4.3	4.3	三星级	2012 年
安徽医科大学第一附属医院高新分院	安徽医科大学第一附属医院	30.73	30.73	三星级	

续表

项目名称	建设单位	建筑面积（万 m²）	示范面积（万 m²）	示范星级	备注
合肥滨湖中心 1、2、3 号楼	合肥市滨湖新区建设投资公司	32.6	32.6	二星级	
合肥锦绣淮苑	中水淮河安徽润置业有限公司	19.7	15.8	二星级	
安建大厦	安徽建工集团有限公司	6.52	6.52	二星级	
中国建设银行股份有限公司合肥生产基地建设项目	中国建设银行股份有限公司安徽省分行	22.7	13.9	二星级	
黄山香格里国际会议中心	黄山香格里国际会议中心	4.52	4.52	二星级	
马鞍山御景园居住区 41～50 号楼	马鞍山仁信房地产开发有限公司	5.96	5.96	二星级	
高速·秋浦天地	高速地产集团池州有限公司	21.47	18.46	二星级	
淮北首府小区	淮北首府房地产开发有限公司	32.7	20.3	二星级	
中铁·滨湖名邸	中铁四局集团房地产开发有限公司	37	6	二星级	2012 年
芜湖市鸠江区产业新城5 号地块安置房	芜湖市鸠江区重点工程建设管理局	22.3	22	二星级	
旌德县新东方小区三期工程	旌德县住房城乡建设委员会	6.17	6.17	二星级	
合肥工业大学宣城校区一期食堂浴室	宣城市公共重点工程建设局	1.15	1.15	二星级	
安徽华普绿色生态建筑示范园区	安徽华普节能材料股份有限公司	1.12	1.12	二星级	
合肥大溪地现代城六期	合肥百协置业有限公司	15.6	15.6	二星级	
淮北宝厦·丽景新城	淮北市宝厦房地产开发有限公司	14.7	14.7	二星级	
黟县城东安置小区	黟县房地产事务管理局	5.8	5.8	一星级	
舒城县人民医院	舒城县人民医院	8.01	8.01	一星级	
芜湖联通通信综合楼	中国联合网络通信有限公司芜湖分公司	1.59	1.59	一星级	
淮北矿业集团办公中心	淮北矿业(集团)有限责任公司	8.83	8.83	三星级	
中国信达(合肥)灾备及后援基地建设项目	中国信达资产管理股份有限公司安徽省分公司	13.99	13.99	二星级	
泾县医院扩建工程	泾县医院	6.00	6.00	二星级	
阜阳市紫金城	阜阳市三环明源房地产开发有限公司	22.30	19.68	二星级	
宣城市图书馆	宣城市重点局	2.55	2.55	二星级	
合肥高速·滨湖时代广场	安徽高速公路房地产有限责任公司	44.00	44.00	二星级	
合肥华冶万象公馆	合肥华冶房地产开发有限公司	65.96	35.58	二星级	
安徽省大别山职业学校学生宿舍	安徽省金寨县教育局	2.68	2.68	二星级	2013 年
合肥交通银行金融服务中心	交通银行股份有限公司	17.40	17.40	二星级	
安徽皖源节能环保生产基地	安徽皖源节能环保投资股份有限公司	6.22	6.22	二星级	
寿县国投大厦建设项目	寿县国有资产投资营运(集团)有限公司	5.71	5.71	二星级	
合肥天瑞·凤鸣花园	巢湖市天瑞置业有限公司	12.63	12.63	二星级	
淮河新城四期	淮南民生置业有限公司	31.69	23.53	二星级	
合肥高速·滨湖时代城	安徽高速公路房地产有限责任公司	9.17	9.17	二星级	
宿州龙登和城 B+C 区	安徽龙登置业有限公司	64.60	45.70	二星级	
马鞍山太仓小区安置房公租房项目	马鞍山南部承接产业转移新区经济技术发展有限公司	13.70	13.70	二星级	
黄山草市花园公共租赁住房	黄山市房地产事务管理局	2.22	2.22	一星级	
安庆凯旋尊邸	安庆金元房地产开发有限公司	42.78	36.08	一星级	
无为县人民医院门诊住院综合楼	无为县人民医院	4.11	4.11	一星级	
蚌埠市规划馆、档案馆及博物馆	蚌埠城建投资发展有限公司	6.83	6.83	一星级	

18

4. 科学研究

安徽省住房和建设厅联合中国建筑科学研究院、安徽讯飞科技公司等单位，开展了关于绿色建筑规划、技术等课题研究。

2010年开展了《安徽省绿色建筑政策和技术体系研究》课题，起草了《安徽省绿色建筑发展纲要和实施计划》、《安徽省绿色建筑设计导则》、《安徽省绿色住区设计导则》、《安徽省绿色建筑评价标准》和《安徽省绿色建筑施工导则》等一系列标准规范，为绿色建筑评价工作的开展奠定了基础。

发挥高校和科研院所优势，结合市场需求，对关键技术、设备和产品进行了联合攻关。重视基础调研工作，完成了《安徽省建筑节能与新型墙材推广应用调研报告》、《安徽省建设领域可再生能源利用情况调研报告》、《安徽省推进既有建筑节能改造试点工作研究报告》、《关于节能服务机制建设工作调研报告》、《关于政府办公及大型公建节能运行与管理研究报告》等调研报告。

安徽省住房和城乡建设厅出台了《关于大力推广"建设领域节能环保十大适用新技术"的实施意见》，以推广应用"太阳能与建筑一体化"、"墙体节能保温"、"地源热泵和空调技术"等建设领域"十大节能环保适用新技术"为重点，推出100个示范项目。

总体来看，适合本省地域特点的绿色建筑应用技术体系尚需进一步研发，围护结构节能保温体系防火安全、检测等配套技术有待进一步研发推广，太阳能、浅层地能热泵建筑一体化等集成技术水平有待进一步提高。

5. 激励机制

2012年开始，省财政厅每年设立2000万元绿色建筑示范专项资金，采取定额补助、以奖代补等方式，支持绿色建筑、绿色生态城区示范项目建设。今后，将进一步制定更加合理的财政、税收等经济激励措施，完善绿色建筑市场服务推动机制。

6. 宣传教育

近些年来，安徽省积极利用电视、网络、交流会等渠道广泛宣贯绿色建筑理念和知识（图1-9）。

2011年安徽省绿色建筑网（www.ahljxh.org）正式上线，这是我国最早的地方绿色建筑网站之一。网站内容以绿色建筑评价标识认证为中心，提供各种绿色建筑资料的浏览和下载，同时，还发布本省推进绿色建筑发展的通知公告及新闻。网站是安徽省绿色建筑协会的官方网站，也是安徽省绿色建筑的窗口，为安

图1-9 安徽卫视"新安夜空"报道安徽省出台《推进绿色建筑发展实施意见》

徽省内绿色建筑从业人士联络事务提供了便捷，并积极发挥了宣传推广安徽省绿色建筑的作用。

先后举办了安徽省一二星级绿色建筑评价标识推进会、安徽省居住和公共建筑节能设计标准宣贯会（多期）、建筑节能外墙外保温系统技术应用交流会等建筑节能专题宣

传培训活动。强化舆论宣传和技术交流活动，大大提高了全民对建筑节能工作的认知度。

安徽省绿色建筑发展大事记

2013 年 7 月，2013 安徽省绿色建筑发展论坛在合肥召开。

2013 年 5 月，合肥市滨湖新区入选全国首批 6 个中美低碳生态示范城区。

2013 年 2 月，安徽省住房和城乡建设厅、财政厅启动 2013 年绿色建筑、绿色生态城区示范项目建设工作。

2013 年 1 月，召开全省勘察设计院长绿色建筑宣贯会。

2013 年 1 月，芜湖、铜陵、蚌埠、淮南四城市列入首批国家智慧试点城市。

2012 年 11 月，出台《安徽省民用建筑节能办法》（安徽省人民政府令第 243 号），将绿色建筑、绿色生态城区等内容发展纳入地方法规，标识安徽省绿色建筑进入规模化推广阶段。

2012 年 11 月，池州天堂湖新区成为国家级绿色生态示范城区。

2012 年 11 月，安徽省住房和城乡建设厅与省发展和改革委员会、省财政厅共同出台《推进绿色建筑发展实施意见》，提出 2015 年全省绿色建筑要占新增民用建筑面积的 20％以上。

2012 年 10 月，安徽省住房和城乡建设厅、发改委、英国驻上海总领事馆联合举办中英绿色建筑能力建设研讨会。

2012 年 9 月，安徽省住房和城乡建设厅、安徽省财政厅公布通过评审的 2012 年安徽省绿色建筑示范专项资金项目名单，项目包括：池州市天堂湖新区等 4 个绿色生态城区示范项目，安徽省城乡规划综合服务中心、安徽医科大学第一附属医院高新分院等 20 个绿色建筑示范项目。

2012 年 8 月，《安徽省绿色建筑专项资金管理暂行办法》出台。

2012 年 7 月，出台《安徽省绿色建筑评价标识实施细则（试行）》。

2012 年 7 月，安徽省财政厅、住房和城乡建设厅出台《关于组织开展 2012 年安徽省绿色建筑示范专项资金项目申报的通知》（建科［2012］134 号），启动绿色建筑及绿色生态城区示范工作。

2012 年 5 月，召开安徽省首批一二星绿色建筑评价标识项目评审会。

2012 年 5 月，召开安徽省一二星绿色建筑评价标识推进会。

2012 年 5 月，省科技厅、住房和城乡建设厅签订《安徽省建设行业科技创新联合行动计划》，绿色建筑、绿色生态城市技术纳入重点领域。

2012 年 4 月，举办既有建筑低碳设计概念研讨会。

2012 年 4 月，召开中德绿色建筑与低碳生态城市研讨会。

2011 年 12 月，启动《安徽省绿色生态城市建设技术导则》、《安徽省绿色建筑适宜技术指南》编制工作。

2011 年 11 月，安徽省绿色建筑协会与台湾建筑中心签署《皖台绿色建筑技术发展框架协议》，加强与台湾绿色建筑技术交流合作。

2011 年 11 月，省住房和城乡建设厅与池州市人民政府签署《省市合作共建池州低碳生态示范城市框架协议》，开展绿色生态城市建设试点。

2011 年 11 月，举办"绿色建筑让城市生活更美好"主题展、绿色建筑技术发展论坛。

2011 年 10 月，启动《安徽省绿色建筑评价标准》编制工作。

2011 年 10 月，发布《安徽省建筑节能"十二五"发展规划》。

2011 年 9 月，合肥市肥西县三河镇，成为我国第一批试点示范绿色低碳重点小城镇。

2011 年 9 月，举办绿色建筑宣贯培训会。

2011 年 8 月，安徽省绿色建筑协会与台湾建筑中心签订了《绿色建筑技术合作意向书》，开始皖台交流合作。

2011 年 6 月，出台安徽省"十二五"可再生能源建筑应用规划。

2011 年 5 月，卓耕天御三星住宅设计预评会。

2011 年 4 月，安徽省绿色建筑协会成立。

2011 年 3 月，安徽省住房和城乡建设厅公布了安徽省绿色建筑评价标识专家委员会专家名单。

2011 年 1 月，合肥要素大市场获得绿色建筑二星级设计标识（2010 年度第十批绿色建筑评价标识项目）。

2010 年 11 月 8 日～11 日，在合肥举办了"中欧建筑节能培训和法国公司技术产品研讨会"会议。

2010 年，安徽省住房和城乡建设厅组织安徽省科学研究设计院等科研院联合开展"安徽省绿色建筑政策和技术体系研究"课题，并列入住房和城乡建筑部 2010 年科学技术项目计划。

2010 年，芜湖市、黄山市、南陵县成功列入全国可再生能源建筑应用示范城市。

2010 年 1 月 12 日，国务院正式批准实施《皖江城市带承接产业转移示范区规划》，标志着皖江城市带承接产业转移示范区建设正式纳入国家发展战略。

2009 年，合肥市、铜陵市、利辛县成功列入国家级可再生能源建筑应用示范城市和示范县。

2009 年，江森自控芜湖工厂通过 LEED-NC 银级认证，成为本省第一个 LEED 认证项目。

2007 年 12 月，安徽省建设厅发布《安徽省建筑节能专项规划》。

技术篇

第2章 绿色建筑设计

绿色建筑需要人类以可持续发展的思想反思传统的建筑理念，注重建筑环境效益、社会效益和经济效益的有机结合，期望可以在建筑的全生命周期中实现以下目标：

（1）保护自然生态环境，减少能源和资源的浪费。

（2）改善区域城市环境，如合理建设城市绿地、交通系统、人文环境、风环境、城市景观等，显著提高工作和生活效率。

（3）实现资源高度共享，提高投资效益；营造健康工作环境，如结构安全的保证、空调系统的改进、防灾能力的提高、环保建材的使用、中庭绿化等。

2.1 绿色建筑设计原则

绿色建筑设计需秉承"四节一环保"的可持续发展理念，即节地、节能、节水、节材、保护环境。遵循地域性、被动技术优先、经济性、健康舒适性、系统协同性、高效性、环境一体化、进化性等8个原则。

（1）地域性原则

绿色建筑设计应密切结合所在地域的自然地理气候条件、资源条件、经济状况和人文特质，分析、总结和吸纳当地传统建筑特质，因地制宜地选择匹配的绿色建筑技术。

（2）被动式技术优先原则

在进行技术体系设计时，应遵循被动式优先的原则，实现主动式技术与被动式技术的相互补偿和协同运行（表2-1）。

被动设计策略 表2-1

建筑设计	总平面布局	围护结构	窗墙比	遮阳	遮阳方式
	朝向		墙体和屋顶保温隔热		遮阳设备
	平面布局		门窗设计	采暖空调	气密性设计
	自然通风		地面设计		热回收
	自然采光				

（3）经济性原则

基于对建筑全生命周期运行费用的估算，以及评估设计方案的投入和产出，绿色建筑设计应提出有利于成本控制的具有经济运营现实可操作性的优化方案；进而，根据具体项目的经济条件和要求选用技术措施，在优先采用被动式技术的前提下，实现主动式技术与被动式技术的相互补偿和协同运行。

（4）健康舒适性原则

绿色建筑设计应通过对建筑室外环境营造和室内环境调控，构建有益于人的生理舒适健康的建筑热、声、光和空气质量环境，以及有益于人的心理健康的空间场所和氛围。

（5）系统协同性原则

其一，绿色建筑是其与外界环境共同构成的系统，具有系统的功能和特征，构成系统的各相关要素需要关联耦合、协同作用以实现其高效、可持续、最优化地实施和运营。其二，绿色建筑是在建筑运行的全生命周期过程中、多学科领域交叉、跨越多层级尺度范畴、涉及众多相关主体、硬科学与软科学共同支撑的系统工程。

（6）高效性原则

绿色建筑设计应着力提高在建筑全生命周期中对资源和能源的利用效率，以减少对土地资源、水资源以及不可再生资源和能源的消耗，减少污染排放和垃圾生成量，降低环境干扰。例如采用创新的结构体系、可再利用或可循环再生的建筑材料、高效率的建筑设备与部品等。

（7）环境一体化原则

绿色建筑应作为一个开放体系与其环境构成一个有机系统，该原则强调在建筑外部环境设计、建设与使用过程中应加强对原生生态系统的保护，避免和减少对生态系统的干扰和破坏，尽可能保持原有生态基质、廊道、斑块的连续性；对受损和退化生态系统采取生态修复和重建的措施；对于在建设过程中造成生态系统破坏的情况，采取生态补偿的措施。

（8）进化性原则

在绿色建筑设计中充分考虑各相关方法与技术更新、持续进化的可能性，并采用弹性的、对未来发展变化具有动态适应性的策略，在设计中为后续技术系统的升级换代和新型设施的添加应用留有操作接口和载体，并能保障新系统与原有设施的协同运行。也可称作弹性原则、适应性原则等。

2.2　绿色建筑设计流程

《绿色建筑评价标准》GB/T 50378 从节地与室外环境、节能与能源利用、节水与水资源利用、节材与材料资源利用、室内环境质量、施工、运营管理等七个方面进行指标控制，涉及建筑的前期策划、设计、施工及运营各个阶段。以《绿色建筑评价标准》GB/T 50378 为基础，进行绿色建筑设计具有设计标准多元化、设计理念全面化、方案设计整合化、技术模拟定量化、技术路线实用化等特点。

相比传统建筑设计，绿色建筑的设计团队，增加了"绿色建筑咨询工程师"等角色。绿色建筑咨询工程师在设计团队中主要起到宣传、指导绿色建筑设计、监督绿色建筑技术的落实，并协助开展绿色建筑标识的申请。

在绿色建筑设计流程中，绿色建筑咨询工程师应当在项目前期策划阶段即参与项目设计，后续施工、运营管理阶段跟进指导。且绿色建筑设计方案的制定主要集中在前期策划和方案设计阶段，施工图应严格按照绿色建筑设计要求进行制图，在施工和运营前期，绿色建筑咨询人员应对施工团队和运营团队进行相关绿色建筑知识培训，指导施工、运营工作的开展，并以《绿色建筑评价标准》GB/T 50378 对建筑设计、施工、运营各阶段的工作进行评估和指导，让可持续发展的绿色建筑理念贯穿建筑全生命周期。在绿色建筑全生命周期的每个阶段，均应有专业的团队和科学的设计管理体制。绿色建筑设计、施工、运营及标识申报流程详见图 2-1～图 2-3。

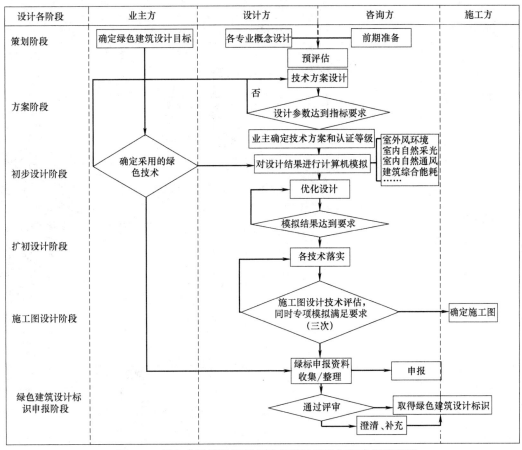

图 2-1 绿色建筑设计及绿色建筑设计评价标识申报流程图

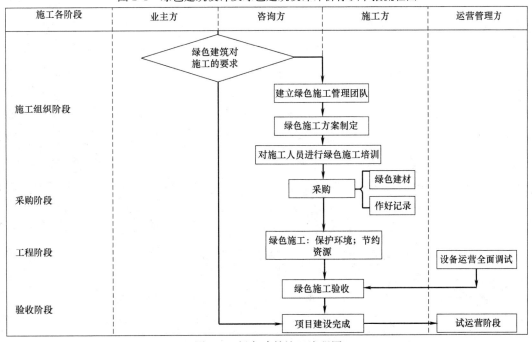

图 2-2 绿色建筑施工流程图

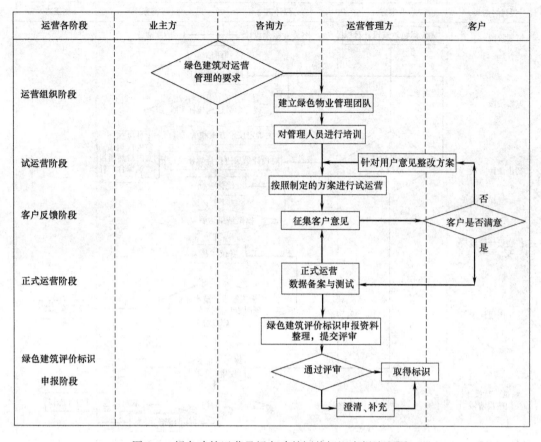

图 2-3　绿色建筑运营及绿色建筑评价标识申报流程图

第3章　节地与室外环境

　　土地是地球上一种不可再生的资源，是人类赖以生存与发展的最基本的物质基础。我国人多地少，节约土地资源也是我国国情需求。在节地的前提下，尊重建筑场所的自然环境（地形、地貌、树木、水面等），同时为人类居住创造良好的室外环境，实现人与自然的有机融合，也是绿色建筑的基本理念。

　　本章介绍节地与土地资源利用相关的技术，主要从场址选择、土地利用、室外环境、场地生态和交通设施与公共服务等方面展开。

3.1　场址选择

3.1.1　场地安全

1. 概述

　　场地安全主要是考虑场地内是否会有洪涝、滑坡、泥石流等自然灾害的威胁，是否有危险化学品等污染源、易燃易爆危险源的威胁，以及电磁辐射、含氡土壤等有害有毒物质的危害。

2. 适用范围

　　场地安全性是任何建筑均应关注的问题，应在建设项目的环境影响评价中有所体现。

3. 技术措施

　　（1）对用地的选址与水文状况作出分析，用地应位于洪水水位之上（或有可靠的城市防洪设施），防汛能力达到现行国家标准《防洪标准》GB 50201 的要求，以确保无洪水威胁；如果存在洪涝灾害或泥石流的威胁，应当采取合理的工程措施。

　　（2）用地避开对建筑抗震不利地段，如地震断裂带、易液化土、软弱土等地段。

　　（3）对用地周围电磁辐射本底水平进行检测，要求其符合现行国家标准《电磁辐射防护规定》GB 8702 的要求，远离电视广播发射塔、雷达站、通信发射台、变电站、高压电线等；如辐射超标，应根据检测结果采取相应的措施。

　　（4）用地的选址还应远离油库、煤气站、有毒物质车间等有可能发生火灾、爆炸和毒气泄漏的区域。

　　（5）对用地进行土壤氡浓度检测，确认土壤氡浓度符合国家《民用建筑工程室内环境污染控制规范》GB 50325 的规定，场地内无含氡土壤的威胁。如土壤氡浓度超标，应采取相应的防氡措施。

　　（6）若原场地为工业用地等存在潜在污染源的用地，应查看环境评估报告中原有污染情况及主要环境问题相关章节，重点查看场地土壤污染物检测报告，确定无遗留污染。

　　（7）如果场地选址内确实存在不安全因素，并采取了措施避让，应查看采取措施后的检测报告。

4. 参考案例

安徽省合肥市包河区某居住建筑项目：

■ 根据其岩土工程勘察报告可知未发现有影响建筑场地稳定的不良地质作用和地质构造，为Ⅱ类建筑场地。本场地总体属于对抗震有利地段。拟建区内建筑场地与地基的整体稳定性良好，无不良地质作用存在，场地地基岩土的分布较均匀，地基岩土的承载力较高，压缩变形较低且均匀。

■ 其土壤氡浓度检测报告显示，测点数 16 点，土壤氡浓度最大值为 $3458Bq/m^3$，无大于 $20000Bq/m^3$ 的测点，符合国家《民用建筑工程室内环境污染控制规范》GB 50325 的规定，属于可不采取防氡工程措施的项目场地。

■ 小区共设 4 座公共开闭所，均位于地上独立的设备用房内，与最近住宅楼的距离均在 13m 以上。建筑场地安全范围内无其他电磁辐射危害和火、爆、有毒物质等危险源。

5. 相关标准、规范及图集

《民用建筑工程室内环境污染控制规范》GB 50325；

《防洪标准》GB 50201；

《电磁辐射防护规定》GB 8702。

3.1.2　废弃场地利用

1. 概述

城市的废弃地包括不可建设用地（由于各种原因未能使用或尚不能使用的土地，如裸岩、石砾地、陡坡地、塌陷地、盐碱地、沙荒地、沼泽地、废窑坑等）、仓库与工厂弃置地等。这些用地对城市而言，应是节地的首选措施，既可变废为利改善城市环境，又基本无拆迁与安置问题，征地比较容易。但必须对原有场地进行检测或处理。

2. 适用范围

废弃场地规划和设计适用于建设场地为废旧仓库或工厂弃置地、裸岩、石砾地、盐碱地、沙荒地、废窑坑、已被污染的废弃地的情况。如原场地为垃圾填埋场，则不应建设学校。

3. 技术措施

废弃场地如有遗留污染，则应采取改造或改良等治理措施、对土壤中是否含有有毒物质进行检测与再利用评估，确保场地利用不存在安全隐患、符合国家相关标准的要求。可依据其土壤检测结果，采取相应的土壤修复措施。

对污染的场地进行土壤修复，即是指通过物理、化学、生物方法转移、吸收、降解和转化土壤中的污染物，使其浓度降低到可以接受的水平，或将有毒有害的污染物转化为无害的物质。其中生物修复方法是环境保护技术的重要组成部分。生物修复是利用生物的生命代谢活动减少存在于环境中的有毒有害物质的浓度或使其完全无害化，使污染了的环境能部分或完全恢复到原始状态的过程。

4. 参考案例

北京某项目的场址原为北京化工厂厂址，该块土地主要被砷、汞和镉污染。

■ 对项目场地进行两次清挖和清运，其中重污染土壤进行安全填埋处理，轻污染土壤进行阻隔填埋处理。

■ 经北京市环境保护科学研究院出具的修复验收报告，场地的清理已经达到《原北京化工厂污染土壤修复方案》中提出的要求。

■ 修复目标值

项目污染场地修复目标值　　　　　　　　　　　　　表 3-1

污染物	修复目标值
砷（As）	20（mg/kg）
汞（Hg）	20（mg/kg）
镉（Cd）	77（mg/kg）

5. 相关标准、规范及图集

《民用建筑工程室内环境污染控制规范》GB 50325；

《防洪标准》GB 50201；

《电磁辐射防护规定》GB 8702。

3.2 土地利用

3.2.1 规划指标

1. 概述

土地利用的相关指标需符合国家及安徽省相关标准规范的控制要求，节约集约利用土地。居住建筑的关键土地利用指标为人均居住用地指标，公共建筑中的关键土地利用指标为容积率❶、建筑密度❷等，均应符合现行《城市居住区规划规范》GB 50180 中的相关规定。

2. 适用范围

人均居住用地指标只对除别墅类项目以外的居住建筑有要求。容积率指标只对公共建筑有要求。

3. 技术措施

（1）人均用地指标

■ 住房结构控制

2006 年 5 月 17 日国务院颁布了旨在促进房地产业健康发展的六条措施（简称"国六条"）。"国六条"的实施细则中对调整住房结构有量化指标，例如：强调重点发展满足当地居民自住需求的中低价位、中小套型普通商品住房，并把该原则落实在政府编制的住房建设规划中，同时规定，自 2006 年 6 月 1 日起，凡新审批、新开工的商品住房建设，套型建筑面积 90 m² 以下的住房（含经济适用住房）面积所占比重，必须达到开发建设总面积的 70% 以上。

■ 合理估算居住人口

居住用地的面积包括住宅用地、公建用地、道路用地和公共绿地四项用地，应选择相对完整的一个区域进行计算。根据《民用建筑设计通则》GB 50352，中高层住宅为 7～9 层住宅，高层住宅为大于等于 10 层的住宅。

---

❶ 容积率：又称用地容积率。一定地块内，总建筑面积与建筑用地面积的比值。

❷ 建筑密度：一定地块内所有建筑物的基底总面积占用地面积的比例（%）。

根据《城市居住区规划设计规范》GB 50180 的规定，居住区人口按每户 3.2 人计算。当不同层数住宅混合建设时，可以根据各层数类型建筑面积的比例，确定居住人口的分布及对应的用地指标。在计算人均用地指标和人均绿地指标时，应采用相同的人口数。

■ 人均居住用地指标

绿色建筑鼓励合理控制人均居住用地指标，建议低层不高于 43m²、多层不高于 28m²、中高层不高于 24m²、高层不高于 15m²。同时鼓励达到更高要求，如低层不高于 35m²、多层不高于 23m²、小高层不高于 22m²、中高层不高于 20m²、高层不高于 11m²。

（2）容积率

对公共建筑，应在保证其基本功能及室外环境的前提下按照项目所在地的城乡规划要求选取合理的容积率。建议公共建筑的容积率控制在 0.5 以上，同时鼓励根据项目情况，合理提高项目容积率。

4. 参考案例

■ 某居建项目

安徽省合肥市某居住建筑项目，住区用地面积 44695.1m²，居住人口按每户 3.2 人计算共 3894 人（1217 户），人均居住用地指标为 11.5m²/人。

■ 某公建项目

武汉市某公建项目的经济指标如表 3-2 所示。

某项目经济技术指标　　　　　　　　　　　　　　　　表 3-2

指　标	数值
总用地面积	9.917hm²
建筑占地面积	16402m²
总建筑面积	123290m²
地上总建筑面积	88375m²
地下总建筑面积	34915m²
绿地面积	38339m²
建筑密度	16.54%
容积率	0.89
绿地率	38.66%

5. 相关标准、规范及图集

国六条（国务院九部委于 2006 年 5 月 17 日颁布的关于调控房地产市场的六条政策）；

《城市居住区规划设计规范》GB 50180；

《民用建筑设计通则》GB 50352；

《城市用地分类与规划建设用地标准》GBJ 137。

3.2.2　景观指标

1. 概述

景观指标主要是指绿地率和人均公共绿地面积。绿地率指建设项目用地范围内各类绿地面积的总和占该项目总用地面积的比率（%）。绿地包括建设项目用地中各类用作绿化的用地。合理设置绿地可起到改善和美化环境、调节小气候、缓解城市热岛效应等作用。

2. 适用范围

绿地率的控制适用于居住建筑和公共建筑；人均公共绿地面积适用于居住建筑。

3. 技术措施

（1）绿地率

根据《城市居住区规划设计规范》GB 50180 的规定，绿地应包括公共绿地、宅旁绿地、公共服务设施所属绿地和道路绿地（道路红线内的绿地），包括满足当地植树绿化覆土要求、方便居民出入的地下或半地下建筑的屋顶绿化，不包括其他屋顶、晒台的人工绿地。绿地的计算范围不局限于申报项目，可在一个相对完整的区域内进行。

■ 建议居住建筑的住区绿地率不低于30%，鼓励根据项目情况合理提高绿地率。

■ 对于公共建筑，建议其绿地率不低于30%，同时绿色建筑鼓励公共建筑项目优化建筑布局提供更多的绿化用地或绿化广场，创造更加宜人的公共空间；鼓励绿地或绿化广场设置休憩、娱乐等设施并定时向社会公众免费开放，以提供更多的公共活动空间。

（2）人均公共绿地面积

在计算公共绿地面积时，不能将居住区内所有绿地面积等同于公共绿地面积。公共绿地应满足以下要求：宽度不小于8m，面积不小于400m^2。此外，应有不少于1/3的绿地在标准的建筑日照阴影线范围之外。在计算人均用地指标和人均绿地指标时，应采用相同的人口数。绿地的计算范围不局限于申报项目，可在一个相对完整的区域内进行。

建议居住建筑住区人均公共绿地面积不低于1m^2，鼓励根据项目情况合理提高住区的人均公共绿地面积。

4. 参考案例

安徽某居住建筑项目经济指标如下：

■ 住区绿地面积：12155m^2；

■ 住区绿地率：47.86 %；

■ 住区总公共绿地面积：6365m^2；

■ 人均公共绿地面积：3.66m^2；

■ 本项目选用大乔木共36种，每100m^{2}绿地上大乔木数量为6.05棵。

5. 相关标准、规范及图集

《城市居住区规划设计规范》GB 50180。

3.2.3 地下空间

1. 概述

随着我国城市发展的速度加快，土地资源的减少成为必然。开发利用地下空间，是城市节约用地的主要措施。在利用地下空间的同时应结合地质情况，处理好地下入口与地上的有机联系、通风及防渗漏等问题，同时采用适当的手段实现节能。

2. 适用范围

开发地下空间是节约资源的重要手段，对于公共建筑和住宅建筑均有较大的实用价值，但如果经论证场地区位、地质条件、建筑结构类型或建筑功能性质确实不适宜开发地下空间的，则不宜进行地下空间设计。

3. 技术措施

地下空间的开发利用应与地上建筑及其他相关城市空间统一规划，紧密结合。根据建筑区位、地质条件、建筑结构类型及建筑功能四项因素对地下空间的利用进行合理规划。

地下空间的利用形式较多，可采用下沉式广场、半地下室、地下室等开发形式（图3-1）。可结合实际情况设计并修建各种地下设施和多功能地下综合体（如停车、步行通道、商业、设备用房等），充分考虑地下空间多功能利用的可能，设置便利的交通体系。同时在建筑荷载、空间高度、水、电、空调通风等配套上予以适当预留考虑。

（1）在高密度的商业开发中，鼓励不同开发商共同开发地下空间，可有效提高土地资源的使用率。

（2）对于地段窄小且紧邻拥挤的街道，将建筑底层架空，与街道空间连为一体，既能提高土地的流通效率，还可作为公共活动空间。

（3）办公建筑和住宅建筑应多开发地下空间用于停车、设备用房等。

图 3-1　地下停车库和下沉式广场

4. 参考案例

安徽某居住建筑项目地下空间利用情况：

■ 地下建筑面积：$13989m^2$；

■ 建筑占地面积：$4811m^2$；

■ 地下建筑面积与建筑占地面积之比：2.91：1；

■ 地下空间主要功能：车库、强弱电间、排风机房、泵房。

5. 相关标准、规范及图集

《公共建筑节能标准》GB 50189；

《安徽省居住建筑节能设计标准》DB 34/1466；

《住宅设计规范》GB 50096；

《汽车库建筑设计规范》JGJ 100；

《汽车库、修车库、停车场设计防火规范》GB 50067；

《地下工程防水技术规范》GB 50108；

《人民防空地下室设计规范》GB 50038。

3.3　室外环境

3.3.1　光污染控制

1. 概述

建筑物的光污染主要是指夜间的室外照明、室内照明的溢光、广告照明以及建筑反射光（眩光）等造成的光污染。光污染产生的眩光会让人感到不舒服，还会使人降低对灯光信号等重要信息的辨识力，甚至带来道路安全隐患；此外夜间会使得夜空的明亮度增大，不仅对天体观测等造成障碍，还会对人造成不良影响。

2. 适用范围

减少光污染技术主要是针对采用大量玻璃幕墙或室外有泛光照明的建筑。

3. 技术措施

（1）建筑外立面应尽量避免大面积地单一采用玻璃幕墙。当前科技的发展已经将幕墙的材质从单一的玻璃发展到钢板、铝板、合金板、大理石板、搪瓷烧结板等，通过合理设计，将玻璃幕墙和钢、铝、合金等材质的幕墙组合在一起，不但可使高层建筑物更加美观，可更有效地减少幕墙反光而导致的光污染，还能进一步减轻高层建筑物的自重，充分发挥幕墙建材的优点。

图 3-2　玻璃幕墙光污染

（2）对于外立面采用玻璃幕墙的建筑，应严格控制其玻璃的光学性能符合国家标准《玻璃幕墙光学性能》GB/T 18091 的要求。在《玻璃幕墙光学性能》GB/T 18091 中已将玻璃幕墙的光污染定义为有害光反射；规定玻璃幕墙的可见光反射比最大不得大于 0.3，在市区、交通要道、立交桥等区域可见光反射比不得大于 0.16。

（3）对于室外照明设计，需降低建筑物外装修材料（玻璃、涂料）的眩光影响，合理选配照明器具，并采取相应措施防止溢光。

4. 参考案例

武汉某公建项目，其玻璃幕墙的设计与选材，符合现行国家标准《玻璃幕墙光学性能》GB/T 18091 的要求，透明玻璃幕墙采用全玻璃幕墙、点支式或隐框式构造，玻璃选用 Low-E 钢化中空玻璃，厚度为 6mm＋12Amm＋6mm，建筑幕墙可见光反射比小于 0.3。其室外景观照明无直射光射入空中。

5. 相关标准、规范及图集

《玻璃幕墙光学性能》GB/T 18091；

《城市夜景照明设计规范》JGJ/T 163；

《建筑玻璃应用技术规程》JGJ 113；

《建筑幕墙》J103-2～7。

3.3.2　场地噪声

1. 概述

绿色建筑要求其场地周边的噪声需符合国家标准《声环境质量标准》GB 3096 中对于不同声环境功能区噪声标准的规定。对场地周边的噪声现状以及规划实施后的环境噪声均应进行预测，必要时采取有效措施改善环境噪声状况，使之符合现行国家标准《声环境质量标准》GB 3096 中对于不同声环境功能区噪声标准的规定。当拟建噪声敏感建筑不能避免邻近交通干线，或不能远离固定的设备噪声源时，需要采取措施降低噪声干扰。

2. 适用范围

场地噪声控制技术对于公共建筑及住宅建筑均适用。尤其适用于建筑场地内含有噪声源，或场地临近噪声源，如交通干线等情况。

3. 技术措施

（1）远离噪声源

在进行建筑用地选择时，应避免邻近交通干线、远离固定的设备噪声源，控制外界噪声源。

（2）隔离噪声源

当建筑周边环境不满足《声环境质量标准》GB 3096 中相关要求时，可通过在建筑周边设置隔声绿化带、安装隔声窗、室内增加绿化等措施减少周边噪声源对建筑内的影响（图 3-3、图 3-4）。

图 3-3　隔声毡和减振隔声板

图 3-4　水泥木丝吸音板及其工程案例

4. 参考案例

苏州某幼儿园项目其场地噪声控制措施：

■ 隔离噪声源

本项目外界主要噪声源为场地北侧公路，紧邻建筑北面种植一排樟树，隔离噪声。

5. 相关标准、规范及图集

《声环境质量标准》GB 3096；

《民用建筑隔声设计规范》GBJ 118；

《厅堂混响时间测量规范》CBJ 76。

3.3.3 室外风环境

1. 概述

建筑室外风环境是城市微热环境的重要组成部分，不仅具有一般城市风环境的复杂性，还具有自身的特殊性，即：大气湍流引起的动量运输、污染物扩散、巷道风效应等。

2. 适用范围

室外风环境优化技术对于公共建筑及居住建筑均适用，尤其是对于所在地冬季平均风速大于 5m/s 的建筑，可通过室外风环境优化，降低室外风速，提高人行区域风环境的舒适度。

3. 技术措施

（1）在建筑设计规划之初，对不同季节典型风向、风速的建筑外风环境进行 CFD 数据模拟、风洞试验，可对建筑物的体型、布局设计等起到指导作用。

① 模拟住区建筑周边人行区域的舒适性；

② 分析大风情况下，哪些区域可能因狭管效应引发安全隐患等。

（2）通过调整规划方案中建筑布局、景观绿化布置等改善住区流场分布、减小涡流和滞风现象，避开冬季不利风向，改善住区环境质量。设置防火墙、板、防风林带等挡风措施阻挡冬季冷风。

4. 参考案例

安徽芜湖某居建项目室外风环境模拟结果如表 3-3 所示，冬季 10% 大风工况下距地 1.5m 高度风速矢量图见图 3-5。

某项目室外风环境模拟结果 表 3-3

工 况	人行区距地 1.5m 高处的风速	风速放大系数
夏季、过渡季 10% 大风	3 号楼南侧道路区域的风速相对较大，约为 4～4.5 m/s,整体风速基本为 0.5～2.5m/s	1.21
过渡季、冬季 10% 大风	参评建筑周边区域的风速基本为 2～4m/s	1.21
夏季、过渡季平均风速	3 号楼南侧道路区域的风速相对较大，约为 2.7～3 m/s,整体风速基本为 0.3～1.5m/s	1.06
过渡季、冬季平均风速	7 号楼和 9 号楼之间区域的风速为 2.88～3.24m/s,4 号楼西南侧公路区域的风速可达 3.6m/s,其他建筑周边区域的风速处于 1～2.5m/s	1.49

5. 相关标准、规范及图集

《民用建筑设计通则》GB 50352；

《建筑结构荷载规范》GB 50009；

《中国建筑热环境分析专用气象数据集》（2005 年版）。

3.3.4 降低热岛效应

1. 概述

热岛效应是指一个地区（主要指城市内）的气温高于周边郊区的现象（图 3-6），可以用两个代表性测点的气温差值（城市中某地温度与郊区气象测点温度的差值）即热岛强度表示。

2. 适用范围

降低热岛强度技术适用于各类公共建筑及居住建筑，尤其是位于市区的建筑项目。

3. 技术措施

（1）降低室外场地及建筑外立面排热

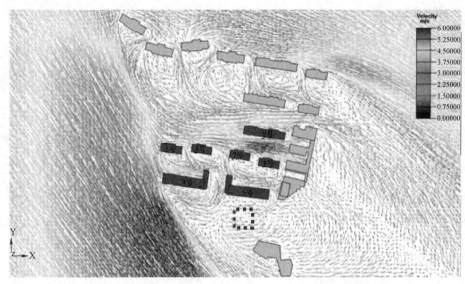

图 3-5 冬季 10％大风工况下距地 1.5m 高度风速矢量图

① 红线范围内户外活动场地有遮荫措施。户外活动场地包括：步道、庭院、广场、游憩场和停车场。遮荫措施包括绿化遮荫、构筑物遮荫、建筑自遮挡。

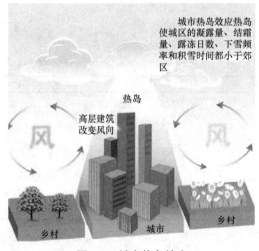

城市热岛效应热岛使城区的凝露量、结霜量、露冻日数、下雪频率和积雪时间都小于郊区

图 3-6 城市热岛效应

② 建筑外墙（非透明外墙，不包括玻璃幕墙）、屋顶、地面、道路采用太阳辐射反射系数不低于 0.4 的材料。

③ 结合建筑特点，合理设计屋顶绿化、墙体绿化（图 3-7）。

④ 增加室外绿地面积。

（2）降低夏季空调室外排热

① 采用地源热泵或水源热泵负担部分或全部空调负荷，可有效减少碳排放。

② 采用排风热回收措施，回收排风中的余冷/热来预处理新风，在降低处理新风所需的能量的同时还可减少空调外排热量。

4. 参考案例

武汉某公建项目采用的降低热岛效应的措施：

■ 植物遮蔽；

■ 屋顶绿化比例为 56.6％；

■ 开放式网格铺装系统：本项目的透水地面由绿地和镂空率大于 40％的植草砖组成。场地内镂空率大于等于 40％的植草砖铺装面积为 6634m²，可计入透水地面面积的绿地面积为 32379.08m²。则本项目总的透水地面面积为 39013.08m²。由此计算室外透水地面面积比为 49.2％。另场地内还铺设透水混凝土地面 2607m²。

图 3-7 乔木遮荫和浅色冷屋面

5. 相关标准、规范及图集

《环境标志产品技术要求防水涂料》HJ 457；

《屋面工程技术规范》GB 2050345；

《安徽省公共建筑节能设计标准》DB 34/1467；

《安徽省居住建筑节能设计标准》DB 34/1466；

《公共建筑节能设计标准》GB 50189；

《民用建筑供暖通风与空气调节设计规范》GB 50736；

《通风与空调工程施工质量及验收规范》GB 50243；

《地源热泵系统工程技术规范》GB 50366；

《水源热泵机组》GB/T 19409；

《空调系统热回收装置选用与安装》06K 301-2。

3.4 交通设施与公共服务

3.4.1 交通体系

1. 概述

公共交通是人们在城市生活中重要的出行方式，优先发展公共交通是缓解城市交通拥堵问题的重要措施，因此建筑与公共交通联系的便捷程度十分重要。在选址与场地规划中应重视建筑及场地与公共交通站点的有机联系，合理设置出入口并设置便捷的步行通道至公共交通站点。

2. 适用范围

便捷的交通体系对于公共建筑和居住建筑均不可或缺。

3. 技术措施

场地出入口到达公共汽车站的步行距离不超过 500m，并设有 2 条或 2 条以上线路的公共交通站点或到达轨道交通站的步行距离不超过 800m。

有便捷的人行通道联系公共交通站点，如：

① 建筑外的平台直接通过天桥与公交站点相连；

② 建筑的部分空间与地面轨道交通站点出入口直接连通；

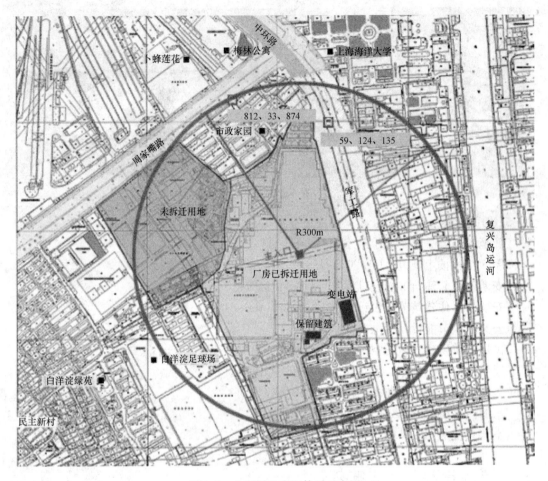

图 3-8 小区周边交通体系示意图

③ 地下空间与地铁站点直接相连。

4. 参考案例

上海某住宅项目周边 300m 内共有两个公交站点，6 条公交线路。具体布局见图 3-8。

5. 相关标准、规范及图集

《城市居住区规划设计规范》GB 50180；

《地铁设计规范》GB 50157；

《城市轨道交通技术规范》GB 50490；

《城市轨道交通工程测量规范》GB 50308；

《工业企业标准轨距铁路设计规范》GBJ 12；

《城市轨道交通通信工程质量验收规范》GB 50382。

3.4.2 停车场所

1. 概述

绿色建筑不鼓励机动车的使用，应减少因交通产生的大气污染、能源消耗和噪声，减小每个停车位占地面积。地面停车比例的控制及机械停车或停车楼等措施，是为了更好地利用空间、节约用地。停车库的设计应做好交通规划与停车管理，以减少高峰时段的拥堵与混乱，以及无谓的行车造成的能耗与环境污染。机动车停车场节假日、夜间错时对社会开放。

鼓励使用自行车等绿色环保的交通工具，并为其合理设置停车场所。

2. 适用范围

该技术适用于各类公共建筑及居住建筑。

3. 技术措施

（1）机动车停车

① 停车位设计

机动车停车位需符合所在地控制性详细规划要求，并按照国家和地方有关标准适度设置地面临时停车车位。合理设计地面停车位，停车不挤占行人活动空间。

② 停车方式及管理

· 采用机械式停车库、地下停车库或停车楼等方式节约用地（图 3-9）。

· 采用错时停车方式向社会开放，提高停车场所使用效率。

· 合理组织交通流线，科学管理，不对行人活动产生干扰。

图 3-9 机械停车、地下停车库

（2）自行车停车

① 停车位设计

自行车停车位的设计应按照国家和地方有关标准合理设置。

② 停车设施设计及管理

· 自行车车库设计应安全方便、规模适度、布局合理，符合使用者出行习惯（图 3-10）。

图 3-10 自行车停放

· 应为自行车停车设施提供必要的安全防护措施，如配置门锁、安全监护设施或专人看管等。

· 地面停车位应设置遮阳防雨设施。

4. 参考案例

杭州某公建项目总用地面积 10727m²，机动车停车位 17 个，自行车停车位 50 个，并设有车棚。总平面图中自行车车位及自行车棚架剖面图参见图 3-11。

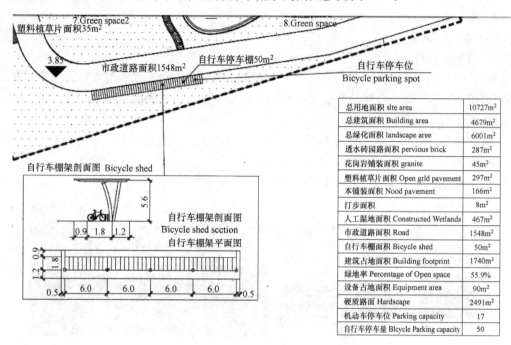

总用地面积 slte area	10727m²
总建筑面积 Building area	4679m²
总绿化面积 landscape aree	6001m²
透水砖园路面积 pervious brick	287m²
花岗岩铺装面积 granite	45m²
塑料植草片面积 Open grld pavement	297m²
本铺装面积 Nood pavement	166m²
汀步面积	8m²
人工湿地面积 Constructed Wetlands	467m²
市政道路面积 Road	1548m²
自行车棚面积 Bicycle shed	50m²
建筑占地面积 Building footprint	1740m²
绿地率 Percentage of Open space	55.9%
设备占地面积 Equipment area	90m²
硬质路面 Hardscape	2491m²
机动车停车位 Parking capacity	17
自行车停车量 Blcycle Parking capacity	50

图 3-11　某项目自行车棚设置示意图

5. 相关标准、规范及图集

《汽车库建筑设计规范》JGJ 100；

《汽车库、修车库、停车场设计防火规范》GB 50067；

《人民防空地下室设计规范》GB 50038。

3.4.3　公共服务设施

1. 概述

住宅小区周边丰富的公共服务设施，将大大减少机动车出行需求，有利于节约能源、保护环境。对于公共建筑，如集中设置，配套的设施设备共享，也可提高服务效率、节约资源。公共空间的共享既可增加公众的活动场所，有利陶冶情操、增进社会交往，又可提高各类设施和场地的使用效率，是绿色建筑倡导和鼓励的建设理念。

2. 适用范围

该技术适用于各类公共建筑和居住建筑，但对不同建筑类型，所需的公共服务设施可能有所不同。

3. 技术措施

（1）居住建筑

① 根据《城市居住区规划设计规范》GB 50180 相关规定，住区配套服务设施（也称配套公建）应包括：教育、医疗卫生、文化体育、商业服务、金融邮电、社区服务、市政公用和行政管理等八类设施。住区 1000m 范围内的公共服务设施一般不应少于 5 种。建议其中应包括幼儿园、小学、商业服务设施等相关设施，并且场地出入口到达幼儿园的步行距离不超过 300m；场地出入口到达小学的步行距离不超过 500m；场地出入口到达商业服务设施的步行距离不超过 500m。

② 住宅小区内设施整合集中布局、协调互补，并与社会共享，提高使用效率、节约用地和投资。

（2）公共建筑

① 2 种及以上的公共建筑集中设置。

② 公共建筑兼容 2 种及以上的公共服务功能。即指主要服务功能在建筑内部混合布局，部分空间共享使用，如建筑中应设有共用的会议设施、展览设施、健身设施以及交往空间、休息空间等。

③ 多栋建筑联合建设时，配套辅助设施设备共同使用、资源共享。

④ 建筑应向社会公众提供开放的公共空间。如小学、中学、大学等专用运动场所科学管理，在非校用时间向社会公众开放。

⑤ 室外活动场地错时向周边居民免费开放。如文化、体育设施的室外活动场地错时向社会开放；办公建筑的室外场地在非办公时间向周边居民开放等。

4. 参考案例

上海某住宅小区周边公共服务设施分布如图 3-12 所示，公共服务设施种类丰富。

5. 相关标准、规范及图集

《城市居住区规划设计规范》GB 50180；

《无障碍设计规范》GB 50763。

3.4.4 无障碍设计

1. 概述

场地内、建筑体内、场地与建筑联系处、场地内外联系处的无障碍设计是保障残疾人、老人和儿童等弱势群体方便、安全出行的基础设施，是建筑整体环境人性化设计的基本要求，绿色出行的重要组成部分。

2. 适用范围

该技术适用于各类公共建筑和居住建筑，尤其是养老院、医院、学校。

3. 技术措施

（1）场地内人行通道均应采用无障碍设计。

（2）与建筑场地外人行通道应实现无障碍连通。建筑场地内部与外部人行系统的连接是目前无障碍设施建设的薄弱环节，建筑作为城市的有机单元，其无障碍设施建设应纳入城市无障碍系统，并符合现行国家标准《无障碍设计规范》GB 50763 的要求。

（3）建筑入口、电梯、卫生间应依据国家和地方相关规范设置无障碍设施。

（4）公共建筑停车场所应依据国家和地方相关规范设置无障碍停车位。

4. 参考案例

安徽芜湖某商场项目无障碍设计措施（图 3-13、图 3-14）：

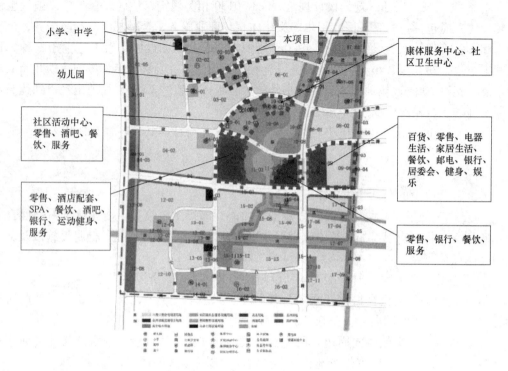

图 3-12 项目周边公共服务设施布局示意图

■ 建筑公共入口设有无障碍坡道，坡度 1：12，设无障碍专用扶手。

■ 地下室设有 4 个无障碍车位。

■ 裙房部分共设有三部无障碍电梯，层层停靠。

■ 裙房部分每层均设有无障碍卫生间及母婴室。

■ 四层影城设有 12 个轮椅座位。

■ 建筑入口门主要为平开门、自动门，建筑内走道宽度均大于 1800mm。

■ 在需要部位设置无障碍标志牌。

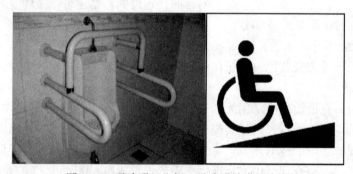

图 3-13 无障碍卫生间、无障碍坡道示意图

5. 相关标准规范及图集

《无障碍设计规范》GB 50763；

《建筑无障碍设计》图集 03J926；

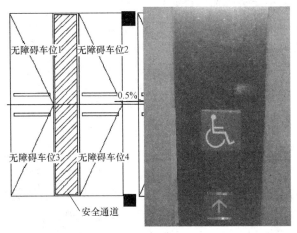

图 3-14 无障碍停车位、无障碍电梯

《城市道路无障碍设计》05MR501。

3.5 场地生态

3.5.1 场地生态保护

1. 概述

表层土含有丰富的有机质、矿物质和微量元素，适合植物和微生物的生长，场地表层土的保护和回收利用是土壤资源保护、维持生物多样性的重要方法之一。因此场地设计与建筑布局应尽量保留和利用场地内原有地形地貌，保护场地内原有的自然水域、湿地和植被，采取生态恢复措施，充分利用表层土。

2. 适用范围

规划用地范围内存在自然水域、湿地和植被的建筑项目。

3. 技术措施

（1）项目建设之初，应对可利用的场地自然资源进行勘查，包括地形、地貌和地表水体、水系以及雨水资源等，在建设中尽量保持和利用原有地形地貌。

（2）尽量减少土石方工程量，减少开发建设过程对场地及周边环境生态系统的改变，包括原有水体和植被，特别是胸径在15～40cm的中龄期以上的乔木。

（3）在建设过程中确需改造场地内的地形、地貌、水体、植被等时，应在工程结束后及时采取生态复原措施，减少对原场地环境的改变和破坏。

3.5.2 地面景观

1. 概述

地面景观设计中，绿色建筑主要考虑植物的合理配置即采用乡土植物并进行复层绿化，下凹式绿地、透水地面❶以及透水铺装的合理设计。合理的地面绿化及铺装设计可以

---

❶ 透水地面是指自然裸露地、公共绿地、绿化地面和面积大于等于40％的镂空辅地（如植草砖）。透水地面不包括透水砖等铺装方式

使场地景观发挥最大的生态效益和景观效益。

（1）绿化的物种应优先选用适合安徽地区气候的乡土植物，耐候性强，病虫害少，成活率高，养护费用低，更能体现地域特色。

（2）复层绿化大面积的草坪不但维护费用昂贵，生态效益也远远小于灌木、乔木。合理搭配乔木、灌木和草坪，并以乔木为主，能够提高绿地的空间利用率，增加绿量，降低热岛效应，生态效益显著。

（3）场地内应设置绿色雨水基础设施，如下凹式绿地、透水地面、透水铺装等。

① 下凹式绿地是指低于周围道路或地面5～10cm的绿地。下凹式绿地具有调蓄雨水的功能。

② 透水地面和透水铺装可有效提高地面透水性，减轻地表径流和积水，减轻排水压力，增加地下水涵养。透水铺装是指既能满足路用及铺地强度和耐久性要求，又能使雨水通过本身与铺装下基层相通的渗水路径直接渗入下部土壤的地面铺装，如透水沥青、透水混凝土、透水地砖等。

2. 适用范围

本技术适用于各类公共建筑和居住建筑。

3. 技术措施

（1）植物配置

① 乡土植物

安徽省乡土植物主要有：香樟、榉树、白蜡、马褂木、二乔玉兰、金桂、红枫、云杉、鸡爪槭、山茶、红叶石楠球、大叶黄杨球、金森女贞球、夏鹃球、蓝天竺、红继木、洒金珊瑚、丰花月季等。

② 复层绿化

建筑场地内绿化应以高大乔木为主，形成乔、灌、藤、花、草相结合的复层绿化模式，并加强"林荫型"的绿化建设，多修建林荫停车场、林荫广场、林荫道路等遮荫效果好的绿地，其生态效益将远大于草坪绿化。

从绿地结构上来说，在减弱热岛效应的程度上，树林 > 复合绿地 > 草地。从绿地面积上来说，5000m^{2}的绿地约能对小区范围内温度产生8％的影响，对湿度产生12％的影响；10000m^{2}的绿地约能对小区范围内温度产生18％的影响，对湿度产生23％的影响。

居住建筑绿地配植乔木不应少于3株/100m^2。

（2）下凹式绿地

下凹式绿地含雨水花园、浅草沟等，不包括覆土不满足当地植树覆土要求的地下空间上方的绿地（图3-15）。较普通绿地而言，下凹式绿地利用下凹空间充分蓄集雨水，显著增加了雨水下渗时间，因此绿色建筑鼓励下凹式绿地设计，建议其设计面积不小于总绿地面积的50％。

（3）透水地面

非机动车道路、地面停车场和其他硬

图3-15　下凹式绿地

质铺地采用透水地面，并利用园林提供遮阳。透水砖的镂空率大于等于40%，并应设透水垫层，如无砂混凝土、砾石、砂、砂砾料或其组合。

地下室顶板上的绿化应采用工程措施，有效地将雨水引到实土绿地入渗，如采用渗透管、渗透管渠、渗井等。

（4）透水铺装

在停车场、道路和室外活动场地可采用透水铺装。如透水沥青、透水混凝土、透水地砖等透水铺装系统。

图 3-16 植草砖、透水混凝土地面、透水砖铺装

4. 参考案例

安徽某居住建筑项目，其地面景观设计如下：

■ 植物配置

本项目景观设计采用复层绿化，优化乔、灌木的种植位置及灵活搭配，选择乡土植物作为主要绿化物种，主要以乔灌木为主。乔木：香樟、榉树、白蜡、马褂木、二乔玉兰等。灌木和植被：山茶、红叶石楠球、大叶黄杨球、金森女贞球、夏鹃球、蓝天竺、红继木等。

■ 透水地面

室外透水地面共计12155m²，其中植草砖面积（透空率＞50%）1225m²，地库顶板以上绿化面积4676m²（覆土深度≥1.2m），室外透水地面面积比59.04%。（车库顶板排水做法详见图3-17，植草砖做法详见图3-18）。

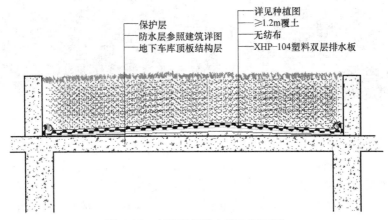

图 3-17 车库顶板排水做法剖面图

■ 透水铺装

小区内主要道路采用透水砖铺装，增加了雨水渗透量，面积 2807m^2。

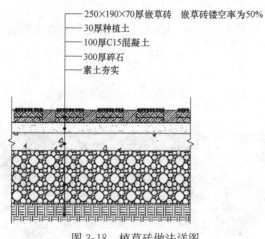

—— 250×190×70厚嵌草砖　嵌草砖镂空率为50%
—— 30厚种植土
—— 100厚C15混凝土
—— 300厚碎石
—— 素土夯实

图 3-18　植草砖做法详图

5. 相关标准、规范及图集

《透水砖》JC/T 945；

《城市道路设计规范》CJJ 37；

《港口道路、堆场铺面设计与施工规范》JTJ 296；

《城市绿地分类标准》CJJ/T 85；

《城市绿地设计规范》GB 50420；

《民用建筑设计通则》GB 50352；

《公园设计规范》CJJ 48；

《城市绿化和园林绿地植物材料木本苗》CJ/T 34；

《建筑场地园林景观设计深度及图样》06 SJ805；

《园林基本术语标准》CJJ/T91；

《城市园林绿化养护管理标准》DBJ 11/T 213。

3.5.3　立体绿化

1. 概述

立体绿化即在各类建筑物和构筑物的立面、屋顶、地下和上部空间进行多层次、多功能的绿化和美化，以改善局地气候和生态服务功能、拓展城市绿化空间、美化城市景观的生态建设活动（图 3-19）。

图 3-19　屋顶绿化和墙体绿化

2. 适用范围

立体绿化需结合建筑特点进行设计，部分建筑因建筑自身特点不适宜进行立体绿化。屋顶绿化在低层、平屋顶或退台建筑中较为适用。超高层建筑，其建筑特点决定其本身难以实现立体绿化，但其附带裙房存在屋顶绿化和墙面绿化等立体绿化的可能。

3. 技术措施

（1）屋顶绿化

屋顶绿化一般有屋顶草坪和屋顶花园两种形式。对于多层、中高层的保障性住房而言，一般采用屋顶草坪的方式较为适宜。而低层住宅、公共建筑屋顶面积较大，可作为活动空间的上人屋面时，建议采用屋顶花园的形式，营造优美的活动场所和良好的景观效果。当屋面需放置太阳能集热器时，需对两者进行权衡分析，以获得最佳屋顶设计方案。

（2）立面垂直绿化

常见的立面垂直绿化是在东西山墙面采用藤蔓植物，或在南北立面上设计小空间来种植植物。采用垂直绿化时应注意控制植物长势，避免阻碍室内采光。同时应控制植物的重量，避免对结构承重产生不利影响。

对于居住建筑，用于种植绿化的空间（如阳台）不宜占用过多，且应与空调机位分开，避免排风、灌溉相互干扰。

4. 参考案例

武汉某项目屋顶绿化设计：

■ 项目共三处屋顶绿化，面积共计 3242.8m²，屋顶绿化面积占屋顶可绿化面积比例为 76.4%。

■ 植物为佛甲草、美丽月见草、龙柏、金森女贞等。屋顶绿化做法详见图 3-20。

5. 相关标准、规范及图集

《公园设计规范》CJJ 48；

《城市绿化和园林绿地植物材料木本苗》CJ/T 34；

《园林基本术语标准》CJJ/T 91；

《屋面防水施工技术规程》DBJ 01；

《城市园林绿化养护管理标准》DBJ 11/T 213。

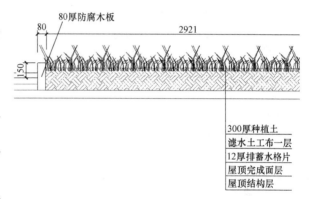

图 3-20 屋顶绿化做法详图

第4章 节能与能源利用

建筑使用过程中所消耗的能量，即通常所说的建筑能耗，在社会总能耗中占很大的比例，而且社会经济越发达，生活水平越高，这个比例越大。20 世纪 70 年代的石油危机，对石油进口国家的经济发展和社会生活产生的极大的冲击，给发达国家敲响了能源供应的警钟。由于建筑能耗在社会总能耗中所占的重大比例，建筑节能成为世界节能浪潮的主流之一。

节约能源是建设资源节约型社会的重要组成部分，建筑的运行能耗大约是全社会商品用能的 1/3，是节能潜力最大的用能领域。节能不能简单地认为只是少用能，节能的核心是提高能源效率。从能源消费的角度来讲，能源效率是指为终端用户提供能源服务与所消耗的能源量之比，建筑节能是指提高建筑使用过程中的能源效率。

绿色建筑评价标准中将节能与能源利用项作为标准体系中的重要组成部分，绿色建筑中节能与能源利用主要通过采用被动式节能、主动式节能以及充分利用可再生能源等方法加以实现，因此，实现建筑节能也是绿色建筑所追求的主要目标之一。

本章介绍节能与能源利用相关的技术，主要从建筑围护结构、暖通空调、能源综合利用、可再生能源利用以及照明与电气节能等方面展开。

4.1 建筑围护结构

4.1.1 建筑形体设计

1. 概述

建筑的形体主要包括建筑的朝向、建筑的体形系数、建筑的窗墙比等。合理设计建筑形体，可以从根本上减少建筑的能耗需求，是建筑被动式节能设计理念的有效体现。

2. 适用范围

被动式建筑节能的设计理念在我国是被大力提倡的，建筑形体优化设计是建筑被动式节能的主要实现方式之一。对于处于夏热冬冷地区的安徽省，更是非常适用。

3. 技术措施

（1）建筑朝向

建筑的总平面布置和设计需要以当地的气候特征为依据，充分考虑采光、通风等影响，宜利用冬季日照并避开冬季的主导风向，利用夏季自然通风，改善室内的环境质量，从而实现节约能源的目的。

建筑的主要朝向宜选择本地区最佳朝向或接近最佳朝向。以合肥市为例，该地区的最佳朝向为南偏东 5°至 15°，适宜朝向为南偏东 15°至南偏西 5°，不宜朝向西。

（2）建筑体形系数

建筑体形系数是指建筑物与室外大气接触的外表面积与其所包围的体积之比，即单位建筑体积所占有的外表面积，其中外表面积中不包括地面面积。从降低建筑能耗的角度出发，应该将体形系数控制在一个较低的水平上，有关研究表明，当建筑物的体形系数为0.15时最为节能。但是，体形系数不仅影响外围护结构的传热损失，它还与建筑造型、平面布局、采光通风等紧密相关。体形系数过小，将制约建筑师的创造性，造成建筑造型呆板，平面布局困难，甚至损害建筑功能。因此，建筑体形系数的确定需要结合项目实际情况并参照国家及地方的公共建筑节能设计标准进行确定。

（3）建筑窗墙比

每个朝向窗墙面积比是指每个朝向外墙面上的窗、阳台门及幕墙的透明部分的总面积与所在朝向建筑的外墙面的总面积（包括该朝向上的窗、阳台门及幕墙的透明部分的总面积）之比。窗墙面积比的确定要综合考虑多方面的因素，其中最主要的是不同地区冬、夏季日照情况（日照时间长短、太阳总辐射强度、阳光入射角大小）、季风影响、室外空气温度、室内采光设计标准以及外窗开窗面积与建筑能耗等因素。一般普通窗户（包括阳台门的透明部分）的保温隔热性能比外墙差很多，窗墙面积比越大，采暖和空调能耗也越大。因此，从降低建筑能耗的角度出发，必须限制窗墙面积比。

建筑每个朝向的窗（包括透明幕墙）墙面积比均不应大于0.70。当窗（包括透明幕墙）墙面积比小于0.40时，玻璃（或其他透明材料）的可见光透射比不应小于0.4。当不能满足本条文的规定时，必须按规定进行权衡判断。

4. 参考案例

安徽合肥某公建项目，在设计之初充分考虑建筑形体设计，其建筑朝向、建筑体形系数、建筑窗墙面积比的设计均较为合理。

■建筑朝向

本项目建筑朝南，属于该地区的适宜建筑朝向，能够充分利用自然通风和自然采光。

■建筑体形系数

本项目体形系数为0.28，项目地点在安徽合肥，属于夏热冬冷地区，公共建筑节能设计标准中并未对处于夏热冬冷地区建筑的体形系数进行强制要求，本项目的体形系数为0.28满足要求，即便本项目处于严寒或者寒冷地区，项目的体形系数也能够满足标准规定的不高于0.40的要求。

■建筑窗墙面积比

本项目的窗墙面积比的设计合理，均满足标准的要求，具体数值如表4-1所示。

窗墙面积比达标判断表 表4-1

名称	建筑朝向	设计值	标准限值	达标判断
	东向	0.14	0.7	√
窗墙比	南向	0.33	0.7	√
	西向	0.04	0.7	√
	北向	0.13	0.7	√

5. 相关标准、规范及图集

《安徽省公共建筑节能设计标准》DB 34/1467；

《安徽省居住建筑节能设计标准》DB 34/1466；

《公共建筑节能设计标准》GB 50189；

《夏热冬冷地区居住建筑节能设计标准》JGJ 134；

《建筑外门窗气密、水密、抗风压性能分级及检测方法》GB/T 7106。

4.1.2　围护结构保温隔热

1. 概述

就人体保温而言，建筑是人类的第三层皮肤，良好的围护结构可以防止建筑内部能量的损失，阻止建筑外部热量的侵入。在夏季降低室内墙体的内表面温度，减轻因墙体辐射和传热给室内带来的多余热量；在冬季保持室内的热量不散发和外漏，同时保证墙体内表面的温度高于室内空气的露点温度，防止墙体结露以及随之带来的发霉、渗水等不良现象。

建筑围护结构是建筑节能的重要组成部分，其各部分节能技术的结合运用是能否达到节能标准的关键，也是降低空调系统能耗的关键。建筑围护结构保温主要包括建筑墙体保温、屋面保温、外窗及幕墙系统保温。

2. 适用范围

围护结构保温设计对于严寒地区、寒冷地区、夏热冬冷地区均有较为明显的节能效果。安徽省属于夏热冬冷地区，根据安徽地区的气候特征，围护结构设计中不仅要做好保温设计，也不应忽视隔热措施。同时，良好的围护结构设计直接反映了建筑物的节能水平。

3. 技术措施

（1）墙体保温

墙体保温的方法有很多，比较常用的是外墙外保温（图 4-1）。相对于其他保温方式，外墙外保温适用范围广，可保护主体结构延长建筑物寿命，可有效地消除热桥影响并避免墙体潮湿，有利于维持室温稳定，而且不影响室内使用面积。常用的外保温材料有高密度EPS 板、XPS 板、聚氨酯硬泡材料和保温板、胶粉 EPS 颗粒保温浆料、无机保温砂浆、半硬质矿（岩）棉板及玻璃棉板、憎水膨胀珍珠岩及制品、泡沫玻璃保温板、膨胀玻化微珠保温及制品、发泡水泥板或块、现浇发泡混凝土和全轻混凝土等。

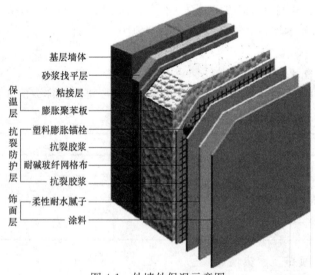

基层墙体
砂浆找平层
保温层 { 粘接层
膨胀聚苯板
抗裂防护层 { 塑料膨胀锚栓
抗裂胶浆
耐碱玻纤网格布
抗裂胶浆
饰面层 { 柔性耐水腻子
涂料

图 4-1　外墙外保温示意图

目前，在安徽地区应用比较普遍的外墙外保温系统主要包括：EPS 板薄抹灰外墙外保温系统、EPS 板现浇混凝土外墙外保温系统（简称无网现浇系统）、EPS 钢丝网架板现浇混凝土外墙外保温系统（有网现浇系统）、机械固定 EPS 钢丝网架板外墙外保温系统（简称机械固定系统）、聚氨酯硬泡外墙外保温系统、玻化微珠或膨胀玻化微珠等无机保温浆料外墙外保温系统、XPS 板薄抹灰外墙外保温系统、憎水型半硬质岩（矿）棉板与玻璃棉板幕墙饰面外墙外保温系统、憎水型半硬质岩棉板涂料饰面外墙外保温系统、反射隔热涂料复合保温外墙外保温系统、发泡水泥板涂料饰面外墙外保温系统、带饰面干作业外墙外保温系统、干挂式外墙外保温装饰一体化系统等。

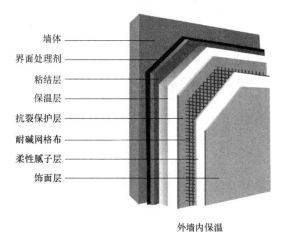

外墙内保温

图 4-2　外墙内保温示意图

外墙内保温也是一种传统的保温方式（图 4-2），做法简单且造价较低，但在热桥的处理上容易出现问题，处理不好内表面容易出现结露问题。外墙内保温与外墙外保温的构造非常类似。外墙内保温常用到的材料主要包括膨胀珍珠岩板、水泥聚苯板、加气混凝土块、EPS 板、水泥砂浆或聚合物水泥砂浆、石膏聚苯复合板、岩棉轻钢龙骨纸面石膏板等。

复合墙体一般用块体材料或钢筋混凝土作为承重结构，与保温隔热材料复合，或在框架结构中用薄壁材料加以保温、隔热材料作为墙体。目前建筑用保温、隔热材料主要有岩棉、矿渣棉、玻璃棉、聚苯乙烯泡沫、膨胀珍珠岩、膨胀蛭石、加气混凝土等（图 4-3）。

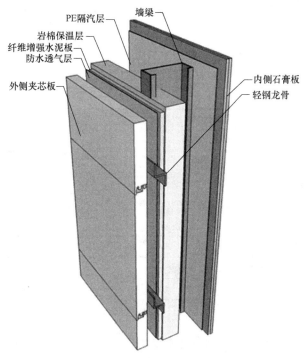

图 4-3　复合装饰板材墙体示意图

涂料保温是将具有高光反射率、对阳光中最易转化为热能的红外光和超短波有强烈反射作用的涂料使用于建筑表面,将易发热的光波反射出去,达到降低表面温度、保温隔热的效果(图 4-4)。

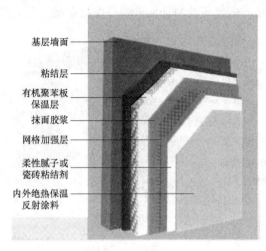

基层墙面
粘结层
有机聚苯板保温层
抹面胶浆
网格加强层
柔性腻子或瓷砖粘结剂
内外绝热保温反射涂料

图 4-4 高反射涂料保温墙体示意图

(2)外窗及幕墙系统保温

外窗(包括幕墙透明部分)造成的冷热负荷约占建筑空调系统总负荷的 50% 左右,虽然现在外窗的节能效果在不断提高,但是与墙体相比,其保温性能还是不尽如人意。外窗作为建筑节能的薄弱环节,其绿色设计显得尤为重要。因此安徽地区的外窗节能应从控制建筑的窗墙比着手,并提高窗户的保温隔热性能、气密性能和遮阳性能。在设计中,应选用保温、隔热好的窗框材料,如塑料、断热铝合金型材等。对于玻璃的选择也很重要,可采用中空、镀膜、热反射贴膜等节能型玻璃材料。

目前较为常用的保温性能较好的窗框是断桥铝合金窗框和塑料型材窗框。由于各窗框厂家的做法不同,通常含金属型材的断热窗框的传热系数在 $4\sim5W/(m^2 \cdot K)$ 左右,而塑钢型材窗框的传热系数在 $2\sim4W/(m^2 \cdot K)$ 左右。

对保温隔热有较高要求的建筑,玻璃幕墙和门窗往往采用中空玻璃,即在两片玻璃之间有一干燥的空气层或惰性气体层。空气层或惰性气体层的存在,使得中空玻璃的传热系数比普通单层玻璃大大降低。目前常用的几种玻璃为:普通中空玻璃、中空百叶玻璃及 Low-E 玻璃。表 4-2 对三种玻璃的性能进行了对比。

各种玻璃参数对比表 表 4-2

窗的类型		传热系数(W/ $m^2 \cdot$ K)
单层 单框双玻	单层铝窗	6.0
	单框双玻铝窗	4.0
中空玻璃窗	白玻中空玻璃铝窗	4.2
	断热型材中空玻璃	3.6
	Low-E 中空玻璃铝窗	3.6
	断热型材 Low-E 中空玻璃	3.0
	白玻中空玻璃 PVC 窗	2.7
镀膜窗	热反射镀膜玻璃铝窗	6.0
	热反射镀膜玻璃 PVC 窗	4.7

(3)屋面保温

架空通风屋面,用烧结黏土或混凝土制成的薄型制品,覆盖在屋面防水层上并架设一定高度的空间,起到隔热作用(图 4-5)。其隔热原理是:一方面利用架空的面层遮挡直射阳光，另一方面架空层内被加热的空气与室外冷空气产生对流，将层内的热量源源不断地排走。

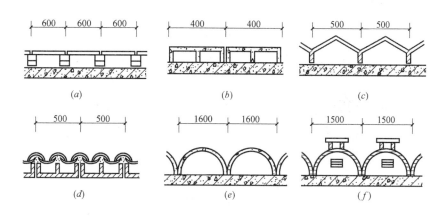

图 4-5 架空通风屋面示意图

屋顶绿化已成为改善城市环境的有效措施（图 4-6），已有成熟的绿色屋面技术，适宜不同条件、不同植物的生长构造。例如在通常条件下，可种植一些易成活、成本低、无需管理但观赏效果较差的植物，如草类、苔藓类植物；或种植观赏效果好、需定期维护且对土壤厚度要求较高的植物，使其随季节变化形成不同的景观效果，同时有效地改善了屋面的热岛效应，降低建筑能耗及顶层室内舒适度。屋顶绿化是一项投资少、节约土地，开拓城市绿色生态空间，在有限的城市空间里提

图 4-6 屋面绿化示意图

高绿地面积的有效措施，也是美化城市、活跃景观的一种好办法。具有保护生态环境、调节气候、净化空气、遮荫吸热、降低"热岛效应"、节水节能的作用。

浅色屋面是指在建筑屋面采用浅色铺装材料或者涂刷浅色涂料（图 4-7）。浅色屋顶比深色屋顶能更有效反射太阳热量。在夏季，浅色屋顶的楼房更凉快，对空调的需求也较少，从而更加节省能源。与浅色屋顶相比，深色屋顶不仅吸收大量热量，而且还在夜间将热量释放到大气层，最终导致温室效应加剧。

4. 参考案例

安徽某住宅项目，在设计之初充分考虑建筑围护结构保温，对于墙体、屋顶、幕墙等围护结构均采用了保温隔热设计，因此本项目的围护结构热工设计经过权衡计算后可以满足《安徽省居住建筑节能设计标准》DB 34/1466 的基本要求。

■建筑围护结构保温

本项目的围护结构的具体做法如下：

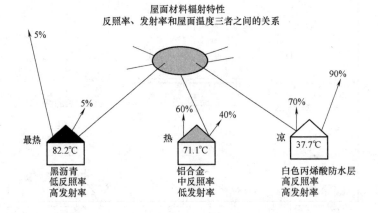

图 4-7　浅色屋面效果分析示意图

屋面类型（自上而下）：细石混凝土（内配筋）（40.00mm）＋防水卷材、聚氨酯（6.00mm）＋半硬质矿（岩）棉板（80.00mm）＋水泥砂浆（20.00mm）＋水泥膨胀珍珠岩400（30.00mm）＋钢筋混凝土（120.00mm）＋水泥砂浆（20.00mm），太阳辐射吸收系数 0.70

外墙类型（自外至内）：水泥砂浆（20.00mm）＋膨胀玻化微珠（40.00mm）＋煤矸石空心砖（200.00mm）＋石灰水泥砂浆（20.00mm），太阳辐射吸收系数 0.50

底面接触室外空气的架空或外挑楼板：水泥砂浆（20.00mm）＋钢筋混凝土（120.00mm）＋水泥砂浆（15.00mm）＋半硬质矿（岩）棉板（45.00mm）＋水泥砂浆（15.00mm）

楼板类型：水泥砂浆（20.00mm）＋钢筋混凝土（120.00mm）＋水泥砂浆（20.00mm）

分户墙类型：石灰水泥砂浆（20.00mm）＋煤矸石空心砖（200.00mm）＋石灰水泥砂浆（20.00mm）

楼梯间隔墙：石灰水泥砂浆（20.00mm）＋煤矸石空心砖（200.00mm）＋石灰水泥砂浆（20.00mm）

外窗类型：铝合金普通中空玻璃窗（6＋12A＋6），传热系数 3.60W/m² · K，玻璃遮阳系数 0.78，气密性为 6 级，可见光透射比 0.40

通往封闭空间户门类型：木（塑料）框夹板门和蜂窝夹板门，传热系数 2.12W/m² · K

通往非封闭空间或户外户门类型：木（塑料）框夹板门和蜂窝夹板门，传热系数 2.12W/m² · K

凸窗类型：铝合金普通中空玻璃窗（6＋12A＋6），传热系数 3.60W/m² · K，玻璃遮阳系数 0.78，气密性为 6 级，可见光透射比 0.40

凸窗不透明的顶板、底板和侧板类型：钢筋混凝土（100.00mm）＋膨胀玻化微珠（40.00mm）＋水泥砂浆（20.00mm）

外窗传热系数判定及遮阳系数判定见表 4-3、表 4-4。

外窗传热系数判定表　　　　　　　　　　　　　　　　　　　表 4-3

朝向	规格型号	面积	窗墙比	传热系数 W /(m² · K)	窗墙比限值	K 限值
东	铝合金普通中空玻璃窗 6+12A+6	76.20	0.06	3.60	≤0.2	≤4
东向外窗(含阳台门透明部分)加权传热系数满足条规定的体形系数≤0.40、窗墙面积比≤0.20 时 K≤4.00 的要求。窗墙比为组合体普通层的东向平均值,窗面积按窗洞计算							
南	铝合金普通中空玻璃窗 6+12A+6	1741.34	0.46	3.60	≤0.45	≤2.5
南向外窗(含阳台门透明部分)加权传热系数不满足条规定的体形系数≤0.40、0.45<窗墙面积比≤0.60 时 K≤2.50 的要求。窗墙比为组合体普通层的南向平均值,窗面积按窗洞计算							
西	铝合金普通中空玻璃窗 6+12A+6	433.32	0.11	3.60	≤0.2	≤4
西向外窗(含阳台门透明部分)加权传热系数满足条规定的体形系数≤0.40、窗墙面积比≤0.20 时 K≤4.00 的要求。窗墙比为组合体普通层的西向平均值,窗面积按窗洞计算							
北	铝合金普通中空玻璃窗 6+12A+6	1260.90	0.30	3.60	≤0.35	≤3.6
北向外窗(含阳台门透明部分)加权传热系数满足条规定的体形系数≤0.40、0.20<窗墙面积比≤0.30 时 K≤3.60 的要求。窗墙比为组合体普通层的北向平均值,窗面积按窗洞计算							

外窗遮阳系数判定表　　　　　　　　　　　　　　　　　　　表 4-4

朝向	夏季综合遮阳系数实际加权值	夏季综合遮阳系数修正后加权值	冬季综合遮阳系数实际加权值	冬季综合遮阳系数修正后加权值	遮阳措施	窗墙面积比	夏季遮阳系数限值	冬季遮阳系数限值
东	0.66	0.66	0.66	0.66	—	0.06	—	0.65
东向外窗的夏季综合遮阳系数无限值要求;冬季加权综合遮阳系数满足≥0.65 的限值要求。故东向外窗的遮阳系数满足规范要求								
南	0.57	0.57	0.57	0.57	阳台水平板	0.46	0.25	0.65
在体形系数≤0.40、时,南向外窗的夏季综合遮阳系数加权值不满足≤0.25 的限值要求;冬季加权综合遮阳系数不满足≥0.65 的限值要求。故南向外窗的遮阳系数不满足规范要求								
西	0.60	0.59	0.59	0.59	阳台水平板	0.11	—	0.65
西向外窗的夏季综合遮阳系数无限值要求;冬季加权综合遮阳系数不满足≥0.65 的限值要求。故西向外窗的遮阳系数不满足规范要求								

综上,本项目的围护结构热工参数达标判断如表 4-5 所示。

建筑围护结构热工参数达标判断表　　　　　　　　　　　　　表 4-5

建 筑 构 件	是否达标
体形系数不满足《安徽省居住建筑节能设计标准》4.2.1 条的标准要求	×
屋顶的热工值满足《安徽省居住建筑节能设计标准》4.2.4 条的标准要求	√
外墙热工值满足《安徽省居住建筑节能设计标准》4.2.4 条的标准要求	√
凸窗不透明的顶板、底板和侧板满足《安徽省居住建筑节能设计标准》4.3.3 条的标准要求	√
架空楼板满足《安徽省居住建筑节能设计标准》4.2.4 条的标准要求	√
楼板类型的传热系数不满足《安徽省居住建筑节能设计标准》4.2.4 条的标准要求	×
分户墙类型的传热系数满足《安徽省居住建筑节能设计标准》4.2.4 条的标准要求	√
楼梯间的隔墙类型的传热系数满足《安徽省居住建筑节能设计标准》4.2.4 条的标准要求	√
东向外窗满足《安徽省居住建筑节能设计标准》4.2.2 条的标准要求	√

建 筑 构 件	是否达标
东向外窗满足《安徽省居住建筑节能设计标准》4.3.2.3 条的标准要求	√
南向外窗不满足《安徽省居住建筑节能设计标准》4.2.2 条的标准要求	×
南向外窗不满足《安徽省居住建筑节能设计标准》4.3.2.3 条的标准要求	×
西向外窗满足《安徽省居住建筑节能设计标准》4.2.2 条的标准要求	√
西向外窗不满足《安徽省居住建筑节能设计标准》4.3.2.3 条的标准要求	×
北向外窗满足《安徽省居住建筑节能设计标准》4.2.2 条的标准要求	√
北向外窗不满足《安徽省居住建筑节能设计标准》4.3.2.3 条的标准要求	×
东向外窗(含阳台门透明部分)的传热系数满足 4.2.4 条的标准要求	√
南向外窗(含阳台门透明部分)的传热系数未满 4.2.4 足条的标准要求	×
西向外窗(含阳台门透明部分)的传热系数满足 4.2.4 条的标准要求	√
北向外窗(含阳台门透明部分)的传热系数满足 4.2.4 条的标准要求	√
东向凸窗透明板的传热系数未满足《安徽省居住建筑节能设计标准》4.3.3 条的标准要求	×
南向凸窗透明板的传热系数未满足《安徽省居住建筑节能设计标准》4.3.3 条的标准要求	×
西向凸窗透明板的传热系数未满足《安徽省居住建筑节能设计标准》4.3.3 条的标准要求	×
北向无凸窗透明板	√
东向外窗的夏季综合遮阳系数无限值要求	√
东向外窗的冬季综合遮阳系数满足规范要求	√
南向外窗的夏季综合遮阳系数不满足规范要求	×
南向外窗的冬季综合遮阳系数不满足规范要求	×
西向外窗的夏季综合遮阳系数无限值要求	√
西向外窗的冬季综合遮阳系数不满足规范要求	×
外窗的气密性满足《安徽省居住建筑节能设计标准》4.2.3 条的标准要求	√
有房间外窗的可开启面积与房间地板面积的比例未满足 4.3.1.3 条的要求	×
通往封闭空间户门的传热系数满足《安徽省居住建筑节能设计标准》4.2.4 条的标准要求	√
通往非封闭空间或户外户门的传热系数不满足《安徽省居住建筑节能设计标准》4.2.4 条的标准要求	×

通过对围护结构热工参数的达标判断，本项目的规定性指标不满足《安徽省居住建筑节能设计标准》DB 34/1466 基本要求，需要进行权衡计算本项目的权衡计算结果如下。

---

1. 设计建筑能耗计算

计算方法：建筑物的节能综合指标采用《安徽省居住建筑节能设计标准》DB 34/1466 所提供建筑节能综合指标计算方法进行计算。计算条件如下：

(1) 整栋建筑每套住宅室内计算温度，冬季应全天为 18℃，夏季应全天为 26℃。

(2) 采暖计算期应为当年 12 月 1 日至次年 2 月 28 日，空调计算期应为当年 6 月 15 日至 8 月 31 日。

(3) 室外气象计算参数采用典型气象年。

(4) 采暖和空调时，换气次数为 1.0 次/h。

（5）采暖、空调设备为家用气源热泵空调器，制冷时额定能效比取 2.3，采暖时额定能效比取 1.9。

（6）室内得热平均强度应取 4.3W/m²。

其他建筑物各参数均采用《安徽省居住建筑节能设计标准》DB 34/1466 所提供的参数，得到该建筑物的年能耗如下：

能源种类	能耗(kWh)	单位面积能耗(kWh/ m²)
空调耗电量	215667	11.63
采暖耗电量	525352	28.33
总计	741019	39.96

备注：单位面积能耗针对建筑面积计算，即能耗/总建筑面积。

2. 参照建筑能耗计算

根据建筑各参数以及《安徽省居住建筑节能设计标准》DB 34/1466 所提供的参数，得到该参数建筑物的年能耗如下：

能源种类	能耗(kWh)	单位面积能耗(kWh/ m²)
空调耗电量	216965	11.70
采暖耗电量	537035	28.96
总计	754000	40.66

备注：单位面积能耗针对建筑面积计算，即能耗/总建筑面积。

3. 建筑节能评估结果

对比 1 和 2 的模拟计算结果，汇总如下：

计算结果	设计建筑	参照建筑
全年能耗	39.96	40.66

本项目的权衡计算的能耗分析图如图 4-8 所示。该设计建筑的单位面积全年能耗小于参照建筑的单位面积全年能耗，因此本项目已经达到了《安徽省居住建筑节能设计标准》DB 34/1466 的节能要求。

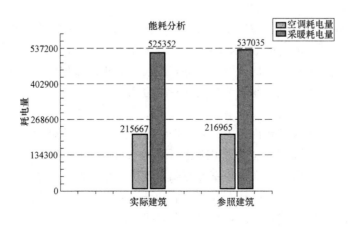

图 4-8　能耗分析图

5. 相关标准、规范及图集

《安徽省公共建筑节能设计标准》DB 34/1467；

《安徽省居住建筑节能设计标准》DB 34/1466；

《公共建筑节能设计标准》GB 50189；

《夏热冬冷地区居住建筑节能设计标准》JGJ 134；

《建筑外门窗气密、水密、抗风压性能分级及检测方法》GB/T 7106；

《铝合金门窗工程技术规程》DGJ 32/J 07；

《屋面工程技术规范》GB 50345；

《夹心保温墙建筑构造》07J 107；

《外墙外保温建筑构造》10J 121；

《外墙内保温建筑构造》11J 122；

《墙体节能建筑构造》06J 123；

《屋面节能建筑构造》06J 204；

《公共建筑节能构造--夏热冬冷、夏热冬暖地区》06J 908-2；

《建筑维护结构节能工程做法及数据》09J 908-3；

《建筑节能门窗 （一）》06 J607-1；

《铝合金节能门窗》03 J603-2；

4.1.3　遮阳系统

1. 概述

建筑能耗中 50% 以上是空调能耗，空调能耗的一半是因为外窗（包括透明幕墙）的损耗，因此建筑外窗合理设置外遮阳是非常有意义的。太阳辐射通过窗户进入室内，是夏季房间过热、构成空调负荷的主要原因，设置遮阳是减少太阳辐射进入室内的一个有效措施。而活动遮阳既可满足冬季采光、得热，又可满足夏季遮阳与节能。采用可调节活动遮阳，可以兼顾夏季遮阳隔热、冬季透光增热两方面，适当的组合可以达到最大的节能效果，使室内拥有良好的热舒适性。

采用可调节外遮阳措施时需要考虑与建筑的一体化设计，并综合考虑比较遮阳效果、自然采光和视觉影响等因素。

2. 适用范围

外遮阳的使用需要充分考虑遮阳与采光的平衡利弊，固定的遮阳虽然在夏季可以起到遮挡阳光降低空调系统能耗的效果，但是在冬季由于无法调节，遮挡了阳光进入室内，增加了采暖能耗与照明能耗。因此，可调节外遮阳技术对于安徽地区的适用性更强，是我国夏热冬冷地区、夏热冬暖地区建筑节能设计有效方法之一。

外遮阳与内遮阳的比较：

（1）外遮阳的遮阳效果要优于内遮阳。安装室外遮阳系统可使室内温度降低 7~8℃，节省 40%~60% 的空调能耗，安装室内遮阳系统可使室内温度降低 4~5℃，节省 30%~45% 的空调能耗电量。就节能而言，室外遮阳系统优于室内遮阳系统。

（2）外遮阳系统在太阳辐射达到玻璃幕墙前就被遮挡在外，并且由于在外遮阳设施与窗户之间有流动的空气把热量带走，热量不会有机会进入室内。而内遮阳是太阳辐射进入室内之后再进行处理，在窗帘和玻璃之间形成了热岛效应，窗帘在室内并没有密封的效果，热量很容易在室内扩散。

3. 技术措施

安徽省节能标准规定居住建筑东、南、西向外门窗宜设外遮阳，东、西向的外门窗宜设置挡板式遮阳或可以遮住窗户正面的活动外遮阳；南向外门窗宜设置水平遮阳或活动外遮阳；当单一开间外门窗窗墙比大于0.45时，应设置建筑外遮阳。

可调节活动外遮阳可选用以下几种形式，如织物遮阳、卷帘遮阳、百叶窗遮阳、铝合金机翼遮阳、其他遮阳（中置及内置遮阳）等。

（1）织物遮阳、铝合金百叶帘

铝合金百叶帘和织物遮阳等遮阳系统具有良好的遮阳隔热效果（图4-9），且自然通风及自然采光效果较好，但是一般不宜用于高层建筑，当需要安装时，宜采用电动控制方式，同时配置风、光、雨感应控制装置，避免因气象发生较大变化时，百叶帘或帘布没有及时收回卷帘盒中，造成对遮阳系统的破坏。

图4-9　织物遮阳、铝合金百叶帘外遮阳效果图

（2）卷帘遮阳

卷帘遮阳系统中（图4-10），铝合金遮阳拥有良好的保温系统，易于检修维护与保养，使用寿命长。应用于35m以上高层建筑时，卷帘盒应予暗装，并应进行专业抗风压设计；应用于60m以上时，宜加大帘片以增强抗风能力。

（3）铝合金机翼遮阳

铝合金机翼遮阳和遮阳格栅（主要为挡板式格栅）具有较为丰富的建筑装饰效果（图4-11），夏季遮阳效果良好，但因不能完全收起，会影响冬季被动采暖，且综合造价较高，一般适用于要求较高的公共建筑。

（4）其他遮阳

为避免外遮阳对于建筑造型装饰的影响，可以采用内置遮阳百叶中空

图4-10　卷帘遮阳效果图

玻璃、玻璃幕墙中置遮阳百叶等遮阳一体化外窗形式，具有良好的保温及遮阳性能。屋顶绿化和墙面垂直绿化也是一种非常有效的自然遮阳形式，可降低外围护结构表面温度，直

图 4-11　铝合金机翼遮阳效果图

接减少了对室内的温差传热，提高了室内舒适度。另外，充分发掘多功能的建筑遮阳构件是未来的发展趋势，如太阳能集热板和太阳能电池板除进行光热和光伏转换外，还能遮挡阳光，起到遮阳隔热的作用。

4. 参考案例

苏州某项目在选用可调节外遮阳时以经济适用的原则，在双层幕墙系统上采用了电动百叶外遮阳，可有效改善室内热环境，不仅能够保证室内的舒适性，同时能够降低室内负荷，减少空调系统能耗。

电动百叶遮阳采用一个电机拖动一个单元的单幅百叶的控制方式。电机及控制系统满足耐候性要求。铝百叶在两侧立面幕墙内侧呈梯形的部分设固定百叶，百叶不可上下收起或放下，但可以通过电动调节百叶关闭角度（图 4-12）。

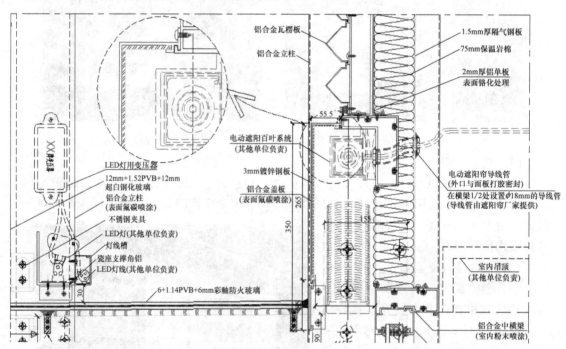

图 4-12　电动百叶外遮阳大样图

5. 相关标准、规范及图集

《建筑外遮阳产品抗风性能试验方法》JG/T 239；

《建筑遮阳篷耐积水荷载试验方法》JG/T 240；

《建筑遮阳产品机械耐久性能试验方法》JG/T 241；

《建筑遮阳产品操作力试验方法》JG/T 242；

《建筑遮阳工程技术规范》JGJ 237；

《建筑遮阳产品遮光性能试验方法》JG/T 280；

《建筑遮阳产品隔热性能试验方法》JG/T 281；

《遮阳百叶窗气密性试验方法》JG/T 282；

《建筑用遮阳金属百叶帘》JG/T 251；

《建筑用遮阳天篷帘》JG/T 252；

《建筑用曲臂遮阳篷》JG/T 253；

《建筑用遮阳软卷帘》JG/T 254；

《内置遮阳中空玻璃制品》JG/T 255；

《建筑外遮阳（一）》06J506-1。

4.2 暖通空调

4.2.1 冷热源选型

1. 概述

暖通空调系统能耗已经成为建筑能耗的重要组成部分，尤其是在办公建筑中占据建筑能耗的 50% 以上，而冷热源的能耗更是空调系统能耗的重要组成部分，其占空调能耗的 40% 以上。因此，合理应用冷热源技术对于降低空调系统能耗乃至建筑能耗，有着重大的意义。

冷热源技术主要包括合理确定冷热源系统的装机容量、选择高效冷热源机组，以及冷热源的运行控制等，这些技术均能够对降低空调系统能耗起到重要的作用。

2. 适用范围

暖通空调系统对于我国夏热冬暖、夏热冬冷等地区是不可或缺的装备。安徽省属于夏热冬冷地区，因此暖通空调系统不仅要满足夏季供冷的需求，还要满足冬季采暖的需求，冷热源技术的有效运用更能突显出重要性。

3. 技术措施

（1）合理确定冷热源机组容量

对于空调系统的选型，传统方法是设计人员按照单位面积负荷指标进行估算，这种方法确定冷热源机组的容量很不科学，对于保温性能不同的建筑均按照相同的单位面积冷负荷指标进行估算，不能结合建筑的实际情况进行有效确定，可能出现公式化的计算结果，若估算负荷偏大，即会导致装机容量、管道直径、水泵配置、末端设备偏大，进而导致建设费用和能源的浪费。

因此，合理确定机组的容量是非常重要的，《民用建筑供暖通风与空气调节设计规范》GB 50736 已经明确规定空调冷负荷必须通过逐时计算来确定。逐时冷负荷计算可以采用典型日工况计算或者采用模拟软件计算。

（2）选择高效冷热源系统

空调冷热源机组效率的高低也是降低空调系统能耗的关键，针对安徽省的气象条件以及空调采暖系统的实际情况，可采用以下八种冷热源系统形式：

① 地埋管地源热泵系统（该系统包括地源热泵系统，或者地源热泵与常规冷机联合供冷）；

② 污水源热泵系统；

③ 城市热力管网＋水冷机组；

④ 变制冷剂热量多联机组＋全热回收新风机组；

⑤ 温湿度独立控制系统；

⑥ 燃气锅炉＋水冷机组；

⑦ 风冷热泵机组；

⑧ 冰（水）蓄冷（热）系统（如采用水蓄冷系统或冰蓄冷系统与电锅炉蓄热系统相结合的冷热源系统）。

几种建筑冷热源系统的特点如表 4-6 所示。

几种冷热源系统特点比较　　　　　　　　　　表 4-6

系统	运行灵活性	单位面积初投资	其他
地源热泵系统	系统运行受地温情况影响较大	450 元/m² 左右	需要大量的地埋管
地源热泵系统＋常规冷机	夏季有两种冷源，需结合地温、气温、地热平衡等多种因素匹配运行，运行灵活性较差	300 元/m² 左右	应用地源热泵可再生能源，节能的同时降低了二氧化碳的排放
污水源热泵系统	受污水的水质、水温等因素影响较大	400 元/m² 左右	需要由稳定的污水水源，且要求污水的水质能够满足要求
城市热力管网＋水冷机组	供热期间受市政集中供暖限制	240 元/m² 左右	可减少热源系统的投资设备投资较少
VRV＋HRV 系统	纯分散系统，运行最灵活	330 元/m² 左右	设备需分散设置，室外机易影响建筑微气候
温湿度独立控制空调系统	温湿度、独立控制，灵活性较高	280 元/m² 左右	需增加除湿系统，且末端要求较高，如采用干盘管，且盘管的面积会增加近一倍
燃气锅炉＋水冷机机组	运行灵活性高	210 元/m² 左右	有尾气排放，对建筑周围环境污染
风冷热泵机组	运行灵活性高	230 元/m² 左右	机组需设置在屋面，易影响建筑微气候及美观
常规冷机蓄冷与电锅炉蓄热系统	运行灵活性高	270 元/m² 左右	需增加蓄冷蓄热装置，占用建筑空间

注：1. 上述表格中的单位面积的初投资为经验统计数据，仅供是参考；
　　2. 温湿度独立空调控制空调系统的单位面积初投资是以常规冷机＋燃气锅炉为冷热源的情况下的成本，实际项目需结合项目本身情况及市场上的产品价格进行预算。

根据各种冷热源的效率及安徽省的能源价格进行计算各种冷源、热源的单位冷量、单位热量所需的能源费用，具体计算结果如表 4-7 所示。

单位冷、热量能源价格表　　　　　　　　　　表 4-7

类别	冷热源形式	能源用量	综合 COP	产冷（热）量（kWh）	能源价格（元/kWh 或 m³）	单位冷（热）量价格（元/kWh）
单位冷量价格	常规冷机	1	5.7	5.7	1.1	0.193
	地源热泵	1	5.8	5.8	1.1	0.190
	污水源热泵	1	5.75	5.75	1.1	0.191
	常规冷机＋蓄冷	1	5.7	5.7	0.93	0.163
	风冷热泵	1	3.5	3.5	1.1	0.314
	VRV 加 HRV	1	4.3	4.3	1.1	0.256

类别	冷热源形式	能源用量	综合 COP	产冷(热)量(kWh)	能源价格(元/kWh 或 m³)	单位冷(热)量价格(元/kWh)
单位热量价格	电锅炉+蓄热	1	0.95	0.95	0.5422	0.571
	地源热泵	1	4.8	4.8	1.1	0.229
	污水源热泵	1	4.5	4.5	1.1	0.244
	城市热力管网	1	—	—	—	0.354
	风冷热泵	1	3.2	3.2	1.1	0.344
	燃气锅炉	1	0.9	8.9	3.5	0.393
	VRV 加 HRV	1	3.9	3.9	1.1	0.282

注：表中所选用冷热源机组的性能参数是参照市场上节能产品的参数进行选择的，经调研对于市政热力管网单位热量价格为 260 元/吨蒸汽，按照 0.4MPa 蒸汽汽化潜热热值计算，计算后为 0.354 元/kWh。

根据表 4-7 中的各种冷源及热源的单位冷量、单位热量所需的能源费用，经匹配后，适用于安徽地区的各种冷热源系统的能源费用计算如表 4-8 所示。

单位冷、热量能源价格表 表 4-8

系统	单位冷量价格(元/kWh)	单位热量价格(元/kWh)	合计价格(元/kWh)
地源热泵系统	0.190	0.229	0.419
地源热泵系统+常规冷机	0.193	0.229	0.422
污水源热泵系统	0.191	0.244	0.436
城市热力管网+水冷机组	0.193	0.354	0.547
VRV+HRV 系统	0.256	0.282	0.538
温湿度独立控制系统	0.174	0.354	0.528
燃气锅炉+水冷机机组	0.193	0.393	0.586
风冷热泵机组	0.314	0.344	0.658
常规冷机蓄冷与电锅炉蓄热系统	0.163	0.571	0.734

通过对各种冷热源系统的单位制冷量、制热量的能源价格计算，能源价格按安徽地区现有电费、燃气费用选取，计算结果表明每 1kWh 制冷量能源价格最高为风冷热泵机组 0.314 元，最低为常规冷机蓄冷 0.163 元；每 1kWh 制热量能源价格最高为电锅炉蓄热 0.571 元，最低为地源热泵机组 0.229 元。

通过上述分析，对于安徽地区选取高效冷水机组与燃气锅炉组合与城市热力管网加水冷机组的冷热源形式是最经济的选择，而地源热泵机组及污水源热泵机组是最高效的冷热源。对于污水源热泵系统其效率仅次于地源热泵系统，若在安徽地区有条件，建议大力推广。

（3）选择高性能冷热源机组

在公共建筑空调系统冷热源机组选型的过程中，依据《安徽省公共建筑节能设计标准》DB 34/1467 第 6.5.3 条对锅炉额定热效率的规定以及第 6.5.6、6.5.9 及 6.5.10 条对冷热源机组能效比的规定，对于公共建筑中采用的分散式空调需满足此标准中 6.6.2 条的规定。对于居住建筑而言，采用分散式房间空调器进行空调和（或）采暖时，其能效比、性能系数应满足《安徽省居住建筑节能设计标准》DB34/1466 中第 6.3.3 条的规定，对于采用集中空调系统的居住建筑需要满足此标准中第 6.3.4 条的规定。

（4）冷热源的运行控制

要保证冷热源系统的高效运行，需要在实际运行中能够合理有效地对其进行管理控制，因此配置空调冷热源智能控制系统是非常必要的。冷热源智能控制系统能够根据空调系统的末端设备的瞬时负荷采样值、冷冻水的供/回水温度及回水流量、压差等，计算出系统实际所需的负荷，采用负荷逐时跟踪控制策略，自动控制冷水机组的运行台数、水泵的台数以及冷冻水变流量，保证冷水机组和水泵在最佳工作效率点上运行，实现制冷系统的效率（COP）始终维持最大值，以达到节能的效果。

4. 参考案例

苏州某项目在暖通设计之初充分考虑了冷热源设计的重要性，因此选用高效的冷热源机组，并配有智能控制系统，根据负荷的需求，自动调节制冷设备的容量输出和控制设备启停来达到节能，即按需供应系统冷量。机组的具体性能参数如表 4-9 所示。

冷水机组性能参数表　　　　　　　　　　　　　　　表 4-9

编号	设备类型	额定制冷量（kW）	性能参数（W/W）	
			实际设备	标准要求
1	离心式冷水机组	2285.6	5.44	5.1
2	离心式冷水机组	2461.4	5.35	5.1
3	螺杆式冷水机组	879	4.9	4.6

5. 相关标准、规范及图集

《安徽省公共建筑节能设计标准》DB 34/1467；

《安徽省居住建筑节能设计标准》DB 34/1466；

《公共建筑节能设计标准》GB 50189；

《夏热冬冷地区居住建筑节能设计标准》JGJ 134；

《采暖通风与空气调节设计规范》GB 50019；

《冷水机组能效限定值及能源效率等级》GB 19577；

《单元式空气调节机能效限定值及能源效率等级》GB 19576；

《联式空调（热泵）机组能效限定值及能源效率等级》GB 21454；

《冷热源及外线工程设计图集》机械工业出版社 2009-1-1；

《地源热泵系统工程技术规程》DB 34/1800。

4.2.2　空调输配系统

1. 概述

暖通空调系统除了冷热源部分以外，还包括一个重要组成部分，即输配系统。空调输配系统由风机、风道、阀门、水泵、水管等组成，在输配系统中水泵及风机的能耗占空调系统能耗的比例较大，占整个空调系统能耗 50% 左右，因此对空调输配系统的优化可以有效地降低空调系统能耗。

2. 适用范围

空调输配系统优化技术对于中央空调系统节能是非常有效的，而安徽大部分地区处于夏热冬冷地区，暖通空调是建筑中必不可少的设备，因此空调输配系统优化技术对于安徽地区是非常适用的。

3. 技术措施

（1）选用高性能输配设备

采用高性能节能型风机与水泵，保证通风空调系统风机的单位风量耗功率及空调冷热水系统的输送能效比符合现行国家标准《公共建筑节能设计标准》GB 50189 第 5.3.26、5.3.27 条的规定。

对于风机的单位风量耗功率参照右边公式进行计算：$W_S = P/(3600\eta t)$。

对于冷热水系统输送能效比参照右边公式进行计算：$E_R = 0.002342H/(\Delta t \cdot \eta)$。

（2）空调水系统变流量运行

在现代化暖通空调系统中，空调水系统变流量技术的应用是必需的选择。通过对空调水泵变频运行，实现水系统变流量运行，通过提升空调系统在部分负荷下的运行效率，减少系统能源消耗，降低运行成本。一般情况下，空调系统仅按照事先设计的额定功率运行，在负荷较低的情况下，如果设备仍以额定功率运行，则必然浪费能源。通过在暖通空调系统中应用变频技术，就可实现空调设备的输出功率随着负荷的变化情况而有所调节，发挥节能减排效果。目前，在空调系统中应用比较多的水系统变流量运行的方案主要包括冷却水系统变流量运行与冷冻水系统变流量运行，其中对于设有二次泵的冷冻水系统又分为一次泵变流量运行与二次泵变流运行，变流量设计可通过监测水系统中的压力变化或者温度变化来实现。

空调水泵变频节能效果显著，水泵的流量、扬程、功率与转速之间的具体关系如图4-13所示。水泵流量与转速呈线性变化，扬程与转速呈二次方变化，功率与转速呈三次方变化关系。当流量降低至 80% 时，变频水泵功耗降低至额定 51.2%，节能率达48.8%，节能效果明显。

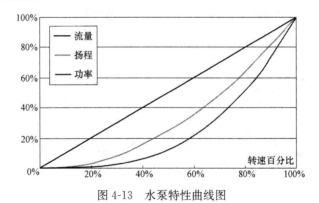

图 4-13　水泵特性曲线图

（3）空调变风量运行

变风量系统（Variable Air Volume System，VAV 系统），能够根据室内负荷变化或室内参数的变化，在保持恒定送风温度的前提下，通过自动调节送风量，使室内参数达到要求（图 4-14）。由于空调系统大部分时间在部分负荷下运行，所以，风量的减少带来了风机能耗的降低。

由于 VAV 系统通过调节送入房间的风量来适应负荷的变化，所以能够节约风机运行能耗和减少风机装机容量。变风量系统与定风量系统相比大约可以节约风机耗能 30％～70％，同时，VAV 系统属于全空气系统，它具有全空气系统的一些优点，能够对负荷变化迅速响应，还可以避免室内风机盘管凝水问题和细菌孳生问题。

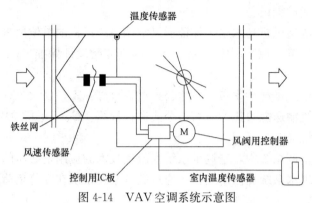

图 4-14　VAV 空调系统示意图

（4）智能新风系统

智能新风系统是根据室内人员对新风的需求，实现变新风运行。该系统以室内二氧化碳浓度为控制目标，来调节新风量，以改善室内空气品质。系统通过二氧化碳传感器控制室内的新风量，在保证室内空气质量的前提下，以最优的新风量运行，节能效果明显。

这种控制方法的原理是利用设置在回风管中的二氧化碳传感器测量二氧化碳的浓度，通过 A/D 转换，把二氧化碳的浓度信号送入控制器，计算机根据预存的程序把该信号与二氧化碳的浓度设定值进行比较，对产生的变差信号进行 PI 或 PID 调解计算，送出控制信号，再经过 D/A 转换，作用于新风和回风电动风阀，在调节新风量的同时调解回风量，从而使送风量的变化不影响新风量的调节（图 4-15）。

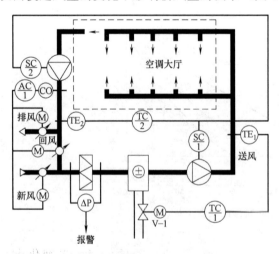

图 4-15　二氧化碳传感器控制空调系统新风量原理图

4. 参考案例

苏州某项目在暖通设计时充分考虑空调输配系统的优化设计，采用了空调水系统变流量运行、末端变风量运行、智能新风系统等技术，节能效果显著。

（1）高效输配系统

本项目采用高效的输配系统，冷冻水泵及冷却水泵均配有变频装置，可实现根据末端负荷变化来控制水量，且空调系统输送能效比均符合《公共建筑节能设计标准》GB 50189 中要求的不高于 0.0241 的规定，具体计算如表 4-10 所示。

（2）变风量系统及智能新风系统

本项目每个办公层的新风量均按照国家标准要求的新风量计算，变风量新风机均设于设备层内，由新风竖管供应新风至各楼层的空调机组，并测量室内二氧化碳浓度来控制新风量的供应，以达到更佳节能效果。

空调冷热水系统输送能效比计算表 表 4-10

编号	扬程(kPa)	水泵效率(%)	供水温差(℃)	输送能效比	计算公式
BL-1~5	380	84.8	8	0.0131	
BL-6~10	380	84.8	8	0.0131	$E_R = 0.002342H(\Delta t\eta)$
BL-11~14	380	70	8	0.0159	

CO_2 传感器安装在空气处理机组的回风管上，通过检测回风 CO_2 浓度的变化来控制新风，然后通过与风速传感器检测风量的对比来调节新风阀门。同时，在 4 层及 35 层会议室也设置了 CO_2 监测点，以保证会议室的空气质量。

5. 相关标准、规范及图集

《安徽省公共建筑节能设计标准》DB 34/1467；

《安徽省居住建筑节能设计标准》DB 34/1466；

《公共建筑节能设计标准》GB 50189；

《夏热冬冷地区居住建筑节能设计标准》JGJ 134；

《采暖通风与空气调节设计规范》GB 50019。

4.2.3 空调自动控制系统

1. 概述

智能建筑是现代高科技的产物，它结合了现代建筑技术与信息技术，是信息社会发展的需要和未来建筑发展的方向。智能建筑主要由三大系统组成：楼宇自动化系统（BAS）、办公自动化系统（OAS）和通信自动化系统（CAS），即所谓的 3A 建筑。而中央空调自动控制系统是楼宇自动化系统中的重要组成部分之一，主要包括制冷机房群控子系统、空调末端群控子系统及通风设备的监测与控制等。

2. 适用范围

中央空调自动控制系统适用于各种中央空调系统。安徽大部分地区处于夏热冬冷地区，建筑均需要使用中央空调系统，因此合理设计中央空调自动控制系统，有助于空调系统在实际运行过程中，避免行为管理的漏洞，以保证中央空调系统以最优的运行模式及运行效率运行，从而实现中央空调系统的节能。

3. 技术措施

（1）制冷机房群控子系统

制冷机房群控子系统包括制冷系统监测和控制两个主要功能模块，以实现对制冷机房内冷热源及输配水泵等设备的监测与智能控制，前面所提到的冷热源的运行控制与空调水系统变流量运行均需要以该系统为平台而实现，从而保证根据实际负荷或制冷机压缩机电流量的变化自动增减制冷机组台数，合理匹配冷冻水泵、冷却水泵、冷却塔风机等设备，进而保证整个中央空调系统高效经济运行（图 4-16）。

（2）空调末端群控子系统

空调末端群控子系统包括空气处理装置（空调末端）的监测与控制两个主要功能模块，通过监测室内空气的温湿度、焓值以及空调末端设备的送/回风参数等，根据空气处理装置进/出风温度、湿度或焓值的差值，自动启停风机、热交换器、加湿器等设备，并控制末端空气处理装置等设备的电动风阀、电动水阀，通过测量室内二氧化碳浓度来合理

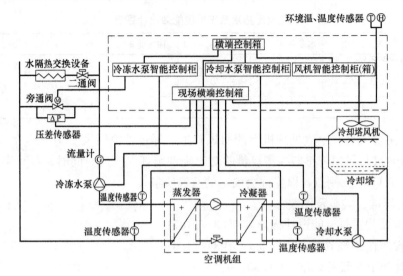

图 4-16 冷热源系统群控系统图

控制新风量，以达到保证室内空气质量的同时降低空调系统能耗（图 4-17）。前面所提到的智能新风系统，即通过采用二氧化碳传感器控制室内空气新风量，需要以该系统为平台而实现。

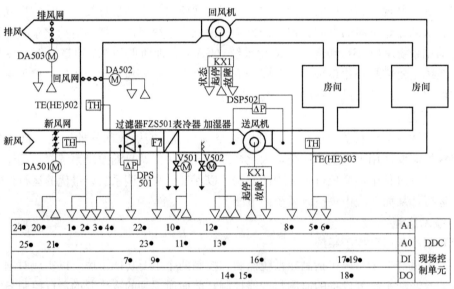

图 4-17 空调箱自动控制系统

4. 参考案例

苏州某项目设有空调自控系统，可实现整个空调系统的自动控制。该系统可实现根据末端负荷变化控制冷水机组、冷却塔等设备的开启台数，根据空气处理装置进/出风参数（温度、湿度或焓值）的差值，自动启停水泵、转轮热交换器、加湿器等设备，并能够根据室内二氧化碳浓度控制室内新风量。

5. 相关标准、规范及图集

《民用建筑电气设计规范》JGJ 16；

《智能建筑设计标准》GB/T 50314；

《智能建筑工程质量验收规范》GB 50339；

《综合布线系统工程验收规范》GB 50312；

《综合布线系统工程验收规范》GB 50311；

《建筑物防雷设计规范》GB 50057；

《电气装置安装工程施工及验收规范》GB 50254-GB 50259；

《信息技术互连国际标准》ISO/IEC ISP 12061-6；

《高层民用建筑设计防火规范》GB 50045；

《采暖通风与空气调节设计规范》GB 50019；

《自动化仪表安装工程施工质量检验验收规范》GB 50131。

4.3 能源综合利用

4.3.1 分布式热电冷联供

1. 概述

分布式热电冷联供系统为建筑或区域提供电力、供冷、供热（包括供热水）三种需求，实现能源的梯级利用，能源利用效率可达 80％以上，大大减少固体废弃物、温室气体、氮氧化物、硫氧化物和粉尘的排放，还可应对突发事件，确保安全供电。本项技术在国际上已经得到广泛应用，我国也已有少量应用，并取得了较好的社会和经济效益。

发展分布式热电冷联供技术可降低电网夏季高峰负荷，填补夏季燃气的低谷，平衡能源利用，实现资源的优化配置，是科学合理地利用能源的双赢措施。

2. 适用范围

分布式冷热电联供技术不适用于夏热冬暖地区、温和地区，对于夏热冬冷地区较为适用。而安徽省处于夏热冬冷地区，因此冷热电联产技术对于安徽地区较为适用。

适用三联供系统的建筑特点如下：

① 电价相对较高的公共用户；

② 有冷、热负荷需求或有常年热水负荷需求的公共建筑；

③ 对电源供应要求较高的用户；

④ 电力接入困难的用户；

⑤ 需要备用发电机的用户。

在目前政策、价格条件下，宾馆、综合商业及办公、机场、交通枢纽、娱乐中心、产业园区等用户适于采用三联供系统。

3. 技术措施

分布式热电冷联供系统以天然气为主要燃料，带动燃气轮机、微燃机或内燃机发电机等燃气发电设备运行，产生的电力供应用户的电力需求，系统发电后排出的余热通过余热回收利用设备（余热锅炉或者余热直燃机等）向用户供热、供冷。通过这种方式大大提高整个系统的一次能源利用率，实现了能源的梯级利用。还可以提供并网电力作能源互补，整个系统的经济收益及效率均相应增加。

分布式热电冷联产系统设计复杂，要求根据实际的冷、热负荷需求平衡，冷量、热量、电量之间的平衡，尤其是电力利用的可能程度，进行科学论证，从负荷预测、系统配置、运行模式、经济和环保效益等方面对方案做可行性分析。

通常发电能力低于 50MW 的热电冷联产系统称为分布式热电冷联产系统。典型的分布式热电联产系统由原动机、发电机、热回收系统以及控制系统组成（图4-18）。按照原动机的类型，分布式热电冷联产系统通常可包括往复式内燃机、微型透平、斯特林发动机以及燃料电池。

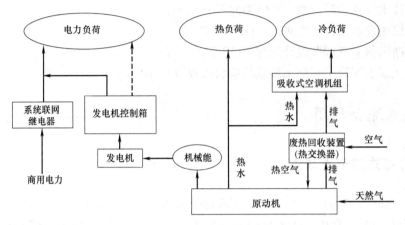

图 4-18　分布式热电冷联供系统图

4. 参考案例

上海某高档超高层建筑，在能源系统设计过程中，合理使用了分布式热电冷联供系统，项目对分布式热电冷联供技术的整个设计过程分析如下。

本项目的建筑面积、空调面积和用电负荷均非常大，但是用热负荷却主要集中在中心的酒店区域。如果整个建筑全部采用分布式能源系统将因为冷、热、电负荷的极不平衡导致系统无法正常运行，同时又增加一笔巨大的额外投资成本。因此设计过程中，本项目经过多次方案论证，提出"以热定电"、"局部设置天然气分布式能源系统"的设计原则，将三联供机组的容量由最初的 10MW 降低至目前的 2.1MW，为提高机组的发电能力，获得最大的经济效益，原动机也由最初的燃气轮机更换为燃气内燃机。

5. 相关标准、规范及图集

《燃气冷热电三联供工程技术规范》CJJ 145。

4.3.2 余热回收再利用

1. 概述

余热是指受技术、理念等因素的局限性，在已投入运行的工业企业耗能装置中，原始设计未被合理利用的显热和潜热。耗能设备在实际运行过程中，余热若不加以回收利用，将直接被排掉，由此不仅造成能源利用的浪费，而且会增加城市热岛效应。因此，合理有效地采用余热回收技术，不仅能够形成可观的经济效益，而且能够体现良好的社会效益。

余热回收技术主要包括锅炉排烟余热回收技术、高温冷凝水余热回收技术，水冷机组冷凝热热量回收，以及其他一些带有热回收装置的热泵机组。

2. 适用范围

锅炉排烟热回收技术及高温冷凝水回收技术适用于采用锅炉的热力系统。安徽省属于夏热冬冷地区，夏季供冷、冬季采暖是该地区的主要特点，供冷采暖则通过空调采暖系统来实现，而采用锅炉热力系统取暖是空调采暖系统较为普遍的热源选择。因此，余热回收技术在安徽地区是比较适用的。

3. 技术措施

（1）锅炉排烟热回收

燃气供暖锅炉的排烟温度一般在 $150\sim250℃$。锅炉排烟损失是由尾部排烟温度、烟气量决定的。据大量测试资料显示，锅炉排烟温度损失一般占 $12\%\sim20\%$。锅炉排烟温度直接影响到锅炉机组的经济性，降低排烟温度和排烟量可以降低锅炉排烟的热量损失，有利于提高锅炉热效率，节约能源，减少锅炉运行费用。

回收烟气余热有两种方式，一种是设置给水预热器，利用烟气余热预热锅炉给水；另一种是设置空气预热器，加热冷空气，实现热风助燃。两者都能节省燃气消耗。设置空气预热器采用热风助燃，不仅可提高火焰温度提高传热效率保证锅炉出力，而且不需要太大的空气系数便可促进低氧燃烧，降低排烟量，有利于环境保护（图 4-19）。

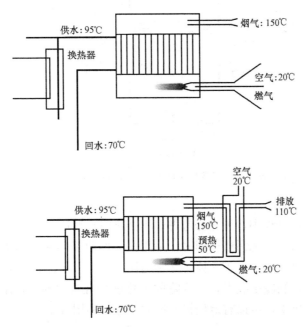

图 4-19　烟气余热回收前后工艺示意图

（2）回收高温冷凝水

蒸汽锅炉产生的饱和蒸汽很大一部分通过换热器产生热水供采暖或生活热水使用，在汽-水换热器中产生的冷凝水可通过重力或机械驱动回到蒸汽锅炉被重复利用，大大减少了燃气耗量。回收高温冷凝水之后补水量也大大减少，因此可显著地减少锅炉的结垢和排污率，维护费用大为降低，起到综合节能效果。

（3）水冷机组冷凝热热量回收

水冷机组供冷的原理实际上是将室内的热量转移到室外，主要通过机组中的冷凝器-冷却塔组成的冷却系统来实现热量的转移，机组在制冷的过程中，大量的冷凝热需要被排走，如果不加以利用将会通过冷却塔排向大气，不但浪费了这部分热量，同时也会对周围的大气环境造成一定的热污染。因此，在同时有冷热需求的场合，适当地进行冷凝热回收，无疑是节能减排的有效举措。对于机组冷凝热的回收利用可通过分体串联式、分体并联式或者单冷凝器的形式加以实现（图4-20），回收的热量可以用于加热生活热水。

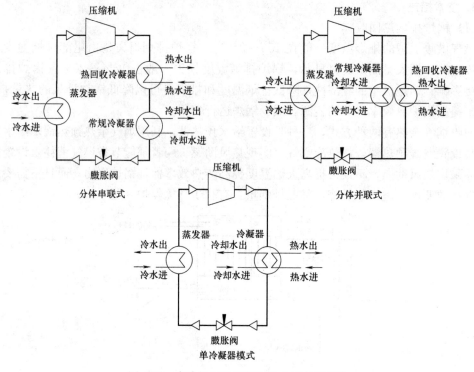

图 4-20 水冷机组冷凝热回收方案示意图●

（4）热回收型热泵机组

在空调冷热源选择过程中，可充分考虑选用全热回收型地源热泵机组，其在运行过程中相对于锅炉系统更清洁，无污染。同时，采用全热回收型热泵机组能够实现一机多用，可以集供冷、供热、供生活热水于一体，非常适用。其中，所提到供生活热水的功能，就是由全热回收型机组在制冷工况下，将排除的余热进行有效的利用，用于加热生活热水。采用全热回收型热泵机组，可以有效地提升能源的综合利用效率。

4. 参考案例

（1）锅炉排烟热回收技术

上海某五星级酒店项目，合理采用了锅炉排烟余热回收技术，并取得了较好的节能效果。

酒店燃气蒸汽锅炉供汽压力为 0.83MPa，排烟温度为 200℃ 以上，高温烟气直接排出，由于酒店的锅炉系统能耗较大，为了实现锅炉系统的节能降耗，酒店对锅炉的排烟温度进行了回收利用，增设了空气预热器装置，用于加热锅炉进气，可将空气加热至 85℃ 左右，排烟温度降至 110℃，通过采用此技术，可节省天然气消耗 3.8%，年可节约燃气耗量将近 7.11 万 m³，节能效果显著。

● 梁增勇. 水冷冷水机组冷凝热回收的设计 [G]. 暖通空调 HV&AC, 2009 第 39 卷第 11 期, 设计参考。

（2）高温冷凝水回用

武汉某超高层公建项目，在蒸汽锅炉热力系统中合理采用了冷凝水回用技术。

本项目蒸汽由设于地下一层的蒸汽锅炉房提供高温蒸汽，再由分汽缸接至用汽设备，并根据各设备用汽压力分别设置蒸汽减压阀组。本项目将地下一层、地下三层、地下四层各热交换器凝结水及洗衣机房凝结水进行回收利用，将其统一回收至凝结水回收装置中，然后送至锅炉房软水箱，经过软化处理后供锅炉使用。本项目通过对系统中产生的高温冷凝水进行回收利用，不仅节约了锅炉系统的用水量，更节约了锅炉系统的能耗。

（3）热回收型热泵机组

武汉某公共建筑项目合理采用了全热回收型地源热泵机组，夏季，在太阳能供热量不足时，全热回收型地源热泵机组在制冷的同时，回收其余热，用于制备生活热水，充分利用了能源。经计算分析，本项目全年可通过全热回收型热泵机组提供生活热水量1298.7m³，经济效益较好。

5. 相关标准、规范及图集

《安徽省公共建筑节能设计标准》DB 34/1467；

《安徽省居住建筑节能设计标准》DB 34/1466；

《公共建筑节能设计标准》GB 50189；

《夏热冬冷地区居住建筑节能设计标准》JGJ 134；

《采暖通风与空气调节设计规范》GB 50019。

4.3.3 蓄冷蓄热

1. 概述

蓄冷蓄热技术是一项有利国家经济和社会发展、代表能源应用发展方向的新技术，将为保护人类生存环境、优化能源资源配置、保证电网安全经济运行发挥积极的作用，蓄冷蓄热技术在我国推广较多，经济效益明显，具有巨大的发展潜力。

目前国内应用比较成熟的蓄冷技术有冰蓄冷技术、水蓄冷技术，应用较为成熟的蓄热技术为蒸汽蓄热技术，电加热蓄热技术虽然应用成熟但是综合经济效益较低，这里不作推荐。

2. 适用范围

冰蓄冷、水蓄冷技术适用于采用分时电价的地区，安徽省采用分时电价，且峰时电价为谷时电价的2.45倍，技术应用经济性较高，蓄冷系统设计不小于典型日累计冷负荷的30%或经过技术经济分析来确定能够满足绿色建筑的要求，但是《安徽省蓄热式电锅炉、蓄冷式空调用电管理办法》中规定"在电网低谷时段，采用中央空调冷水机组制冰（或冷水）并按蓄冷量不低于总用冷量60%进行系统设计，以满足电网非低谷时段建筑物供冷需求，且制冷主机设备用电容量在400千瓦及以上（或供冷建筑面积在1.2万 m² 及以上的建筑）的中央空调制冷装置"还可以额外享受电价优惠。

蒸汽蓄热技术适用于用汽负荷波动大的供热系统以及瞬时供气量有较大需求的供热系统，如医院类建筑较为适用。

3. 技术措施

（1）冰蓄冷技术

冰蓄冷技术是蓄冷技术中最为常用的技术，是利用夜间电网低谷时间，利用低价电制冰将冷量储存起来，白天用电高峰时溶解，与冷冻机组共同供冷，满足空调高峰负荷需要（图 4-21）。

冰蓄冷系统的突出特点：

① 实现电力"削峰填谷"，转移电力高峰负荷，平衡电力供应。

② 减少电厂侧空气污染物的排放，减少建筑物侧 CFC 和燃烧物的排放。

③ 提高电厂侧发电效率从而提高能源的利用效率。

④ 降低总电力负荷，减少电力需求，缓解建设新电厂（机组）的压力。

⑤ 提高城市基础设施的档次，有利于招商引资。

⑥ 节省用户对空调系统的投资、改造、运行维护等费用，降低用户空调系统的运行费用。

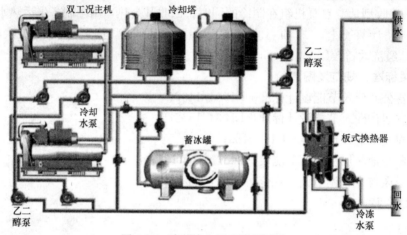

图 4-21　冰蓄冷空调系统原理图

（2）水蓄冷技术

水蓄冷技术是利用峰谷电价差，在低谷电价时段将冷量存储在水中，在白天用电高峰时段使用储存的低温冷冻水提供空调用冷（图 4-22）。当空调使用时间与非空调使用时间和电网高峰和低谷同步时，就可以将电网高峰时间的空调用电量转移至电网低谷时使用，达到节约电费的目的。目前使用最成熟和有效的蓄冷方式是自然分层。

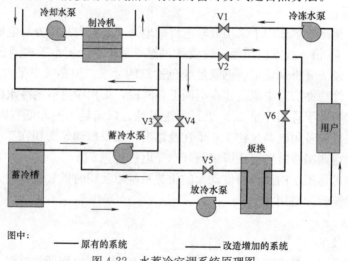

图中：　————原有的系统　　————改造增加的系统

图 4-22　水蓄冷空调系统原理图

（3）蓄热技术

蒸汽蓄热器是应用非常广泛的削峰填谷手段，对于用汽负荷波动很大的供热系统、瞬时供气量有较大需求的供热系统，都可增设蒸汽蓄热器储存蒸汽以备峰值时使用（图4-23）。增设蒸汽蓄热器不仅可以起到锅炉增容的效果，而且投资较省，能将锅炉装机容量最大限度地发挥出来，取得综合节能减排效果。

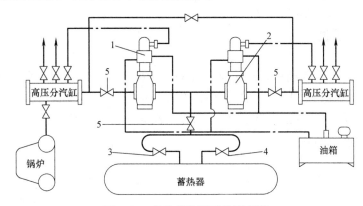

图4-23 蒸汽蓄热器系统原理图

4. 参考案例

（1）冰蓄冷技术

苏州某高档办公楼项目制冷系统中合理采用了冰蓄冷技术。

本项目冷源采用1台2110kW地源热泵机组＋2台2460kW冰蓄冷机组＋1台1582kW水冷螺杆式冷水机组联合供冷，冷冻水供回水温度为6/12℃。冰蓄冷系统采用主机与蓄冰装置串联的循环回路流程，部分蓄冰模式，系统配置二台双工况主机，该主机有空调工况和制冰工况两种运行模式，可在夜间低谷电期间制冰，并可在白天冰量不足时运行空调工况提供冷量，夜间双工况主机全力制冰，总蓄冷量7450RTH。设计日或负荷较大时由一台制冷主机与融冰联合供冷；部分负荷及过渡季时，通过优化控制，采用融冰单供冷模式为末端提供冷量，以节约运行费用。该系统运行策略为优先地源热泵系统，其次单融冰系统，再其次联合融冰系统，最后常规电制冷系统。

（2）水蓄冷技术

安徽某商场项目采用效率较高且运行费用低的水蓄冷中央空调系统。

制冷系统采用三台制冷量800RT离心冷水机组加一台制冷量409RT螺杆冷水机组，夏季的尖峰冷负荷为3439RT（12091kW），如果采用蓄冷空调系统，既可以按照原来的常规空调系统运行，也可以按照水蓄冷空调系统运行，还可以按照上述的混合模式运行。在白天高峰用电时段由水蓄冷槽放冷，既可以减少白天主机的运行时间，又可以降低空调系统的运行费用。

（3）蓄热技术

上海某三甲医院项目在节能改造中合理采用了蒸汽蓄热技术。

医院的用气高峰一般出现在早上，容易造成气压下降，供气质量不足，而在某些时段用气量很少。如此大的用气负荷变化，与锅炉的时间出力极不匹配，择优组合也很难解决。因此，医院设置了蒸汽蓄热器，可以有效实现削峰填谷，对于用气负荷波动很大的供热系统、瞬时供气量有较大需求的供热系统，都可增设蒸汽蓄热器储存蒸汽以备峰值时使用。医院通过增设蒸汽蓄热器，不仅可以起到锅炉增容的效果，而且将锅炉装机容量最大限度地发挥出来，取得了显著的节能减排效果。

5. 相关标准、规范及图集

《冰蓄冷系统设计与施工图集》06K 610；

《蓄冷空调工程技术规程》JGJ 158。

4.3.4　排风热回收

1. 概述

新风负荷一般占到空调总负荷的30%左右，若将空调房间的回风直接排放至大气中，白白浪费了其中的冷热量。如果用排风中的余冷/热来预处理新风，就可以减少冷热源的负荷，提高空调系统的节能性和经济性。目前，排风热回收技术应用比较成熟的主要包括显热回收和全热回收两种。

2. 适用范围

排风热回收技术适用于带有新风系统的暖通空调系统。安徽省属于夏热冬冷地区，夏季供冷、冬季采暖是该地区的主要特点，供冷采暖则通过暖通空调系统来实现，新风系统是空调系统中不可或缺的一部分，因此排风热回收系统对于安徽地区的建筑是较为适用的。

3. 技术措施

对设置集中采暖和（或）集中空调系统的建筑，如设置集中新风和排风系统，由于采暖、空调排风中所蕴含的能量十分可观，采用经济可行的技术集中加以回收利用可以取得很好的节能效益和环境效益。可以选用全热回收装置或显热回收装置，全热回收装置主要包括转轮式全热换热器、翅板式全热换热器，显热回收装置主要包括热管换热器、中间冷媒换热器等。

对不设置集中新风和排风系统的建筑部分，可以采用带热回收功能的新风与排风的双向换气装置，这样既能满足对新风量的卫生要求，又能大量减少在新风处理上的能源消耗。这一类换气装置通常是将换热器、新风机和排风机组合在一起的（图4-24）。有的可以直接安装在外墙上，由于风量不大，只适用于不大的单间房间，对建筑立面的设计会带来一定困难，这一类换气装置独立性很强，适用于单独的房间；另一种需要设风管，设计时需要注意取、排风口的位置布置，同时也要注意该装置送排风的机外余压与风道的阻力要求。

4. 参考案例

■排风热回收

苏州某公建三星的项目，在空调风系统中合理运用了排风热回收技术。

本项目在办公塔楼屋顶设备机房设置了两台热回收机组，其分别为全热转轮热回收机组、热管式能量回收机组，风量均为57500m³/h，效率均大于75%；此外，本项目在一层消防安保室和物业管理用房设置多联式空调＋全热交换器的系统，全热交换器，其额定空气流量为500m³/h，全热效率大于60%。

经计算分析比较本项目采用热回收系统后，每年可以节约电耗29997kWh，每年可节约天然气32827.68m³，每年可节约144893.9元，投资回收期为3.99年。

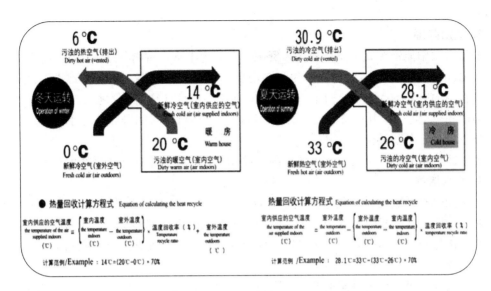

图 4-24 热回收示意图

5. 相关标准、规范及图集

《安徽省公共建筑节能设计标准》DB 34/1467；

《安徽省居住建筑节能设计标准》DB 34/1466；

《公共建筑节能设计标准》GB 50189；

《夏热冬冷地区居住建筑节能设计标准》JGJ 134；

《采暖通风与空气调节设计规范》GB 50019。

4.4 可再生能源利用

可再生能源是指自然界中可以不断利用、循环再生的一种能源，具有自我更新、复原的特性，是可持续利用的一次能源。可再生能源包括太阳能、水能、地热能、生物质能、风能、波浪能、潮汐能等。可再生能源种类很多，根据不同种类的能源利用技术成熟度和各地的环境资源，可再生能源的应用有所不同。

安徽地区可再生能源应用项目主要是太阳能热水系统、太阳能光伏和地源热泵系统。

4.4.1 太阳能热水

1. 概述

太阳能是最清洁的能源之一，每年到达地球表面上的太阳辐射能约相当于 130 万亿吨标煤，其总量属现今世界上可以开发的最大能源，且与煤炭、石油、天然气、核能等矿物燃料相比，太阳能具有的明显优点是普遍、无害、巨大、长久。太阳能热水系统是吸收太阳辐射来加热水的整套装置。由于太阳能热水系统在全年运行中受天气的影响很大，其独立应用存在间歇性、不稳定性和地区差异性，在太阳能热水系统中，除太阳能集热器外，还应采取热水保障系统（辅助加热系统）和储热措施来确保太阳能热水系统全天候稳定供应热水。因此，太阳能热水系统包括太阳能集热装置、贮热水箱、连接管路、辅助加热器、控制器等部件。相对其他可再生能源利用技术，太阳能热水系统较为廉价，经济效益高。

2. 适用范围

安徽省太阳能资源属于三类地区，资源分布较为丰富。省内各地太阳能年总辐射量在 4540～5460MJ/m² 之间，地理分布为北多南少，平原、丘陵多，山区少。淮北地区年总辐射量在 5030～5460MJ/m² 之间；江淮之间在 4950～5210MJ/m² 之间，江南在 4540～4930MJ/ m² 之间；黄山周围为全省最低值区域。总辐射的时间分布是夏季最多，春季次之，秋季较少，冬季最少。

太阳能热水系统对于安徽省内各地的居住建筑以及设有集中热水系统的公建均适用。

3. 技术措施

太阳能热水系统设计流程包括确定设计条件、选定太阳能热水系统、估算集热器面积、初步投资回收分析等。其中，于太阳能热水系统的选定主要从以下几方面考虑：集热器类型、传热类型、运行方式、集热器与水箱的放置关系、辅助热源、能源组合方式、热水供应方式等。

本指南中主要介绍集热器类型、太阳能热水运行方式、热水供应方式等的选择。

（1）集热器类型

太阳能热水系统集热器的基本类型有：平板型集热器、真空管式集热器、热管式集热器、U 形管式集热器等，其各自的特点及利弊介绍详见表 4-11。

集热器类型介绍　　　　　　　　　　　　　　　　　　　　表 4-11

集热器类型	特点	应用形式	结构形式
平板型集热器	承压力强；吸热率高；传递性好；易建筑一体化设计；集热器效率在春夏秋高，冬季低	适用于环境温度高于 5℃、日照时数在 3000h 左右的地区使用。适宜用在夏热冬暖地区，用于制取中、低温热水的建筑。平板型集热器每排并联数目不宜超过 16 个	
真空管式集热器	透光性好、集热效率高、热损小、热膨胀系数低、抗化学腐蚀性较强；承压力差，易碎；当环境温度低于－15℃时，管易裂；一旦一根管破裂，整个集热器性能会降低，甚至不能工作，需做好保温	适用范围较广，在管路做好保温的前提下，能够在低于－10℃的地区使用，在安徽省内具有普遍适用性。在同一斜面上多层布置东西向放置的全玻璃真空管集热器，串联的集热器不宜超过 3 个	
热管式集热器	具有集热快、热损小、热稳定性高、热膨胀系数低；造价高、总量重、管内温度低于＋15℃	适用于安徽北方寒冷地区，特别适用于安徽北方冬季环境温度低于 0℃ 以下，日照时数在 1400h 以上的地区。适用于承压的闭式系统	

续表

集热器类型	特点	应用形式	结构形式
U形管式集热器	安装简单、热效率高、可水平安装、热损小、热稳定性高、热膨胀系数低； 运行稳定性高，由于管内不走水，一个真空管破损，不影响整个系统运行	适用于安徽北方寒冷地区，特别适用于安徽北方冬季环境温度低于0℃以下，日照时数在1400h以上的地区。适用于承压的闭式系统	

（2）太阳能热水系统运行方式

太阳能热水系统按运行方式可分为自然循环系统、强制循环系统和直流式系统，详见表4-12。其中，按太阳能热水系统内有无换热器可分为直接循环系统和间接循环系统。其设计选用见表4-13。

太阳能热水系统运行方式介绍❶ 表 4-12

系统名称	系 统 特 点	适用范围
强制循环间接加热系统（双贮水装置）	集热系统采用强制循环、间接加热方式加热，与辅助热源分置，太阳能预热。采用闭式水罐作为贮热水箱，闭式水罐（或小型热水机组）供热水。辅助热源采用外置加热系统，并配备智能化的控制系统，保证合理使用辅助热源。设置防过热措施。采用防冻工质防冻方式，冬季运行可靠	适用于对建筑美观要求高，供热水规模较大、供热水要求高的建筑
强制循环间接加热系统（单贮水装置）	集热系统采用强制循环、间接加热方式加热。采用承压水箱或闭式水罐，依靠给水系统压力供热水，水加热器可根据建筑需要灵活设置，辅助热源采用内置加热系统，当水箱或水加热器内设定水位的水温低于设定值时，开启辅助热源加热。一般采用防冻工质防冻方式	适用于对建筑美观要求高、供热水规模小、供热水要求高的建筑
强制循环直接加热系统（双贮水装置）	集热系统采用强制循环、直接加热方式加热。采用非承压水箱或闭式水罐作为贮热水箱，闭式水罐（或小型热水锅炉）供热水。辅助热源采用外置加热系统，并配备智能化的控制系统，保证合理使用辅助热源。设置防过热措施。可以采用排回防冻措施，冬季运行可靠	适用于对建筑美观要求高、供热水规模大、供热水要求高的建筑
强制循环直接加热系统（单贮水装置）	集热系统采用强制循环、直接加热方式加热。采用非承压水箱或承压水罐。水箱设置灵活，可在高位依靠水箱的高差供热水；也可在低位，增设一套加压设备供热水。辅助热源采用内置加热系统，当贮热水箱内设定水位的水温低于设定值时，开启辅助热源加热。寒冷地区可采用排回防冻措施	适用于对建筑美观要求高、供热水规模小、供热水要求不高的建筑
直流式系统	集热系统采用定温放水方式，当集热器放水点温度高于设定温度时，温控阀开启将热水放入贮热水箱。采用非承压水箱。当采用高位水箱时需依靠水箱与最不利用水点的高差供热水，采用低位水箱时需增设热水泵热水。热水与空气接触，应采取保证水质的措施。辅助热源可以采用内置也可采用外置加热系统	适用于供热水规模小、用水时间固定、用水量稳定的建筑，如洗衣房、公共浴池
自然循环系统	集热系统仅利用被加热液体的密度变化来实现自然循环；系统简单、成本低；热水箱位置必须高于集热器；单个系统的规模不宜太大。采用非承压水箱，依靠水箱与最不利用水点的高差供热水，水箱中水有过热危险，只能采用冬季排空方式防冻，即冬季无法使用	适用于供热水规模小、用热水要求不高、冬季无冰冻地区。自然循环系统，每个系统全部集热器的数目不宜超过24个

注：1. 当原水总硬度＜150mg/L时，集热系统可采用直接加热系统；
　　2. 当原水总硬度≥150mg/L时，集热系统宜采用间接加热系统。

---

❶ 此表引自图集：《太阳能集中热水系统选用与安装》06SS 128。

太阳能热水系统设计选用表❶ 表 4-13

建 筑 物 类 型			居住建筑			公共建筑及其他		
			低层	多层	中高高层	宾馆医院	游泳馆	公共浴室
太阳能热水系统类型	集热与供热水范围	集中供热水系统	●	●	●	●	●	●
		集中—分散供热水系统	●	●	●	◎	◎	◎
		分散供热水系统	●	●	●	◎	◎	◎
	系统运行方式	自然循环系统	●	●	●	●	●	●
		强制循环系统	●	●	●	●	●	●
		直流式系统	◎	●	●	●	●	●
	集热器内传热工质	直接系统	●	●	●	●	●	●
		间接系统	●	●	●	●	●	●
	辅助能源加热设备安装位置	内置加热系统	●	●	●	●	●	●
		外置加热系统	●	●	●	●	●	●
	辅助能源加热设备启动方式	全日自动启动系统	◎	◎	◎	●	●	◎
		定时自动启动系统	●	●	●	◎	●	●
		按需手动启动系统	●	●	●	●	●	●

注：1. 表中"●"为可选用项目，"◎"为不宜选用项目；

2. 有热水需求的工业及其他建筑参照表中公共建筑选用。

（3）热水供应方式

按照太阳能热水系统在建筑上的供热水范围分为：集中供热水系统、集中集热、分散供热水系统和分散供热水系统。详见表 4-14。

热水供应方式介绍 表 4-14

应用形式	特点	适用范围	系统示意图
集中供热水系统	优点：集热器和贮热容积的共享，可以使同一单元的热水使用峰值下降，均衡度提高。有利于提高系统的经济效益。供水的温度和水量保证率高。类似于集中热水系统。 缺点：有收取热水费的管理问题，若不采用集中辅助加热的形式，系统内各用户用热量不均衡难以控制。若采用集中辅助加热的形式，收取水费及维护管理比较复杂	水点多且分布较密集的建筑，如居住建筑、餐饮、洗浴、宾馆、商业等服务性建筑，医院、院校等公共建筑，游泳馆等体育建筑	
集中集热、分散供热水系统	优点：一般采用双循环方式，太阳能热源部分与室内热水系统完全独立。互不干扰和依存。不受室内给水系统的压力分区影响。有效防止冬季的管道冻裂和水质较硬时管道结垢 缺点：必须每户设温度传感器和可靠的电磁阀控制热媒流量，以保证各户储热水箱中的热量倒流至管网。加热采用间接换热的方式，有一定的热损失	多层以下居住建筑	

❶ 此表引自标准：《太阳能热水系统与建筑一体化技术规程》DB 34/1801。

续表

应用形式	特点	适用范围	系统示意图
分散供热水系统	优点:使用上互不干涉,责任和权益明确。物业管理相对简单,开发商愿意接受。 缺点:管道数量很多,屋面和竖向管道的布置困难。集热器收集的太阳能资源不能共享,调节余缺,不利于提高太阳能热水系统的总体效益	适用于用水量不大的场合,只能对一个或几个用水点供应热水。如多用于独立式住宅、底层联排住宅、多层公寓住宅、中高层住宅和高层以上住宅等居住建筑	

4. 参考案例

武汉某公建项目,设计集中热水系统,供应客房、厨房和公共卫生间盥洗等部位的卫生热水。

(1)卫生热水供应热媒由太阳能与自备燃气锅炉或地源热泵联合供应。太阳能供应不足时采用燃气锅炉辅助加热或地源热泵辅助加热。

(2)在建筑屋顶布置平板式太阳能集热器,太阳能集热板面积 $S＝800m^2$,每个热水供水分区设置一个容积式换热器,转换并贮存太阳能,每个换热器容积 $V＝8m^3$。太阳能热水系统设置贮热水箱,贮存太阳能热水。

(3)本项目集中热水系统采用全日制机械循环,循环系统保持配水管网温度在最不利处不低于 $45℃$,当温度低于 $45℃$,循环泵开启,当温度上升至 $55℃$,循环泵停止,温控点设在二次循环泵吸入口处。

(4)项目太阳能热水系统年可供应热水约 $22034m^3$,约占项目总热水供应量的 75.56%。

(5)本项目电费按 0.87 元/度计算,本项目中太阳能热水系统每年约可节省电费 34.06 万元。

5. 相关标准、规范及图集

《太阳能热水器选用与安装》06J 908-6;

《太阳能集热系统设计与安装》06K 503;

《太阳能集中热水系统选用与安装》06SS 128;

《太阳能集热器热性能试验方法》GB/T 427;

《平板型太阳能集热器》GB/T 6424;

《全玻璃真空太阳能集热器》GB/T 17049;

《真空管型太阳能集热器》GB/T 17581;

《太阳能热水系统设计、安装及验收技术规范》GB/T 18713;

《太阳热水系统性能评定规范》GB/T 20095;

《民用建筑太阳能热水系统应用技术规范》GB 50364;

《家用太阳能热水系统安装、运行维护技术规范》NY/T 651;

《太阳能利用与建筑一体化技术标准》DB 34854;

《太阳能热水系统与建筑一体化技术规程》DB 34/ 1801。

4.4.2　太阳能光伏发电

1. 概述

太阳能光伏发电是利用半导体界面产生的光伏效应而将光能直接转变为电能的一种技术。太阳能光伏发电系统的运行方式基本上可以分为两类：独立光伏发电系统（离网型系统）和并网光伏发电系统。

2. 适用范围

安徽省太阳能资源属于三类地区，资源分布较为丰富，在安徽省内太阳能光伏技术具有一定适用性，但是太阳能光伏发电技术种类较多，光伏技术方案的确定需依据建筑规模、用电情况、城市经济发展、供电政策等统筹考虑选择适宜的技术。各类光伏技术的适用范围详见技术措施。

3. 技术措施

进行光伏发电系统设计，需根据建筑用电情况、建筑特点、区域供电政策等选择适宜的光伏发电系统及其与建筑的结合形式。

（1）独立光伏发电系统

独立光伏发电系统的主要设备有：光伏组件、控制器、蓄电池组、逆变器、直流负载和交流负载。见图 4-25。

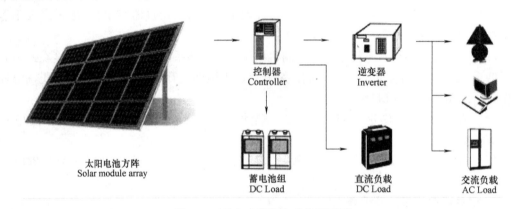

图 4-25　独立光伏发电系统概要图

独立光伏发电系统一般应用于远离公共电网覆盖的区域，如山区等边远地区，独立光伏发电系统的安装容量（包括储能设备）需满足用电力负荷的需求。

（2）并网光伏发电系统

并网光伏发电系统包括：光伏组件、控制器、并网逆变器、电网接入计量、交流负载。见图 4-26。

并网光伏发电系统适用于当地已存在公共电网的区域，并网光伏发电系统可将发出的电力直接送入公共电网，也可就地送入用户侧的供电系统，由用户直接消纳，不足部分再由公共电网作为补充。

并网光伏发电系统按其在电网中的并网位置可分为集中并网系统和分散并网系统。集中并网光伏系统的特点是系统所产生的电能被直接输送到当地公共电网，由公共电网向区域内电力用户供电。此种系统一般为大型光伏电站，规模大、投资大、建设周期长。由于上述条件的限制，目前集中并网光伏系统的发展受到一定的限制。分散并网光伏系统由于

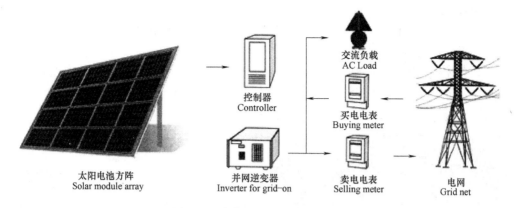

交流负载
AC Load

控制器
Controller

买电电表
Buying meter

太阳电池方阵
Solar module array

并网逆变器
Inverter for grid-on

卖电电表
Selling meter

电网
Grid net

图 4-26 光伏并网发电系统概要图

具备规模小、占地面积小、建设周期短、投资相对较少等特点而发展迅速。

（3）光伏发电系统选型

太阳能光伏发电系统按交直流输出方式又可分为交流系统、直流系统、交直流混合系统；按是否带有储能装置又可分为带有储能装置系统和不带储能装置系统。光伏发电系统的选型应根据应用环境、负载性质等因素综合考虑。具体选型可参见表 4-15。

光伏发电系统选型 表 4-15

系统类型	输出类型	有无储能装置	适用范围
并网光伏发电系统	交流系统	有	用于不允许停电的场合，作为应急电源使用
		无	常规用电
独立光伏发电系统	直流系统	有	偏远无电网地区，电力负荷为直流设备，且供电连续性要求较高
		无	仅适用于给特殊的宽电压范围的直流设备供电
	交流系统	有	偏远无电网地区，电力负荷为交流设备，且供电连续性要求较高

（4）光电一体化系统形式

太阳能光电建筑一体化系统（BIPV）是光电技术的发展方向。即把太阳能光伏系统作为建筑节能技术的新元素，在满足建筑屋顶、幕墙功能的同时，实现节能和发电功能的新建筑。在民用（特别是大型公共建筑、政府办公建筑、医院、学校、大型工矿等）建筑中，将光伏发电产品及系统设计、制造技术与建筑设计紧密结合，充分利用建筑物的受光面资源，使建筑物最大限度地利用太阳能产生的电力，以减少建筑能耗。

光电建筑一体化可以节约输变电建设成本，缓解高峰电力需求，与此同时不占用土地，节约土地资源，是非常具有发展潜力的可再生能源利用技术。从目前来看，光伏与建筑的结合，主要有两种形式：一种是建筑与光伏系统相结合；另一种是建筑与光伏器件相结合。

① 建筑与光伏系统相结合

建筑与光伏系统相结合，即采用光伏支架形式将光伏组件安装在建筑屋顶或屋面上的光伏系统（图 4-27），再与逆变器、蓄电池、控制器、负载等装置相联。光伏系统也可以通过并网逆变器与公共电网连接。

② 建筑与光伏组件相结合

建筑与光伏组件相结合可分为普通型光伏构件和建材型光伏构件。

• 普通型光伏构件

以标准普通光伏组件或根据建筑要求定制的光伏组件与建筑构件在一起或独立成为建筑构件的光伏构件。故光伏组件与屋顶构成一体，或构成雨篷构件、遮阳构件、栏板构件等（图 4-28）。

图 4-27　平面屋顶上的光伏支架

图 4-28　光伏车棚

• 建材型光伏构件

建材型光伏构件是指将太阳能电池材料与瓦、砖、卷材、玻璃等建筑材料复合在一起成为不可分割的建筑构件或建筑材料，如光伏瓦、光伏砖、光伏屋面卷材、玻璃光伏幕墙、光伏采光顶等（图 4-29）。光伏瓦或光伏砖可适用于坡屋面，光伏屋面卷材可铺设在平屋顶上，玻璃光伏幕墙和光伏采光顶直接代替玻璃幕墙或采光玻璃。

但是，这种结合对于光伏组件提出了更高的要求。其在可发电的同时，还同时需具备建材所需要的隔热保温、防水防潮、机械强度、电气绝缘等性能，并要考虑安全可靠、便于施工、立面美观等因素。

图 4-29　光伏幕墙（左）和光伏瓦（右）效果图

③ 民用及市政设施与光伏组件相结合

太阳能光伏发电还可以用在一些民用及市政设施中，如太阳能路灯、太阳能庭院灯、草坪灯、太阳能交通信号灯、太阳能广告灯箱、景观照明、装饰照明等。

对于光电一体化系统形式，需结合建筑情况，综合考虑发电量需求、投资效益、运营维护等因素选择适宜的系统形式和系统规模。

光伏发电系统还应根据当地公共电网条件和供电部门要求配置的光伏发电系统自动控制、通信和电能计量装置，应与光伏发电系统工程同时设计、同时建设、同时验收、同时投入使用。此外，在进行光伏发电设计安装时，还应符合国家和安徽省当地的相关工程安全性要求。

4. 参考案例

武汉某公建项目采用了光伏技术。

（1）在屋面铺设了太阳能光伏板，光伏系统装机容量为 45.92kWP，多晶硅太阳能电池组件数量为 1504 块。

（2）根据武汉的地理位置，考虑最佳倾角铺设，综合屋顶情况，南区 1000 块电池板采用 32°倾角铺设，北区 504 块采用 25°倾角铺设，光伏阵列方位均为正南，综合考虑光伏阵列间可能产生的阴影影响，对于太阳能电池板等遮挡物阴影的长度，一般原则是冬至日上午 9：00 至下午 3：00，太阳能电池组件不应被遮挡，考虑现场实际情况，并经计算后确定，本项目光伏阵列行距为 1.4m。

（3）本项目光伏系统采用并网运行方式，系统将采用分块发电、一次升压、集中并网的设计方案，将系统分为 3 个 115kWP 并网发电单元，配置 3 台 100kW 并网逆变器，光伏发电系统的输出电量由电网自行分配。

（4）建成后光伏系统年平均发电量为 29.34 万度。建成后光伏系统年平均发电量为 29.34 万度，占项目总用电量的 5.7%。

本项目的光伏年发电量约为 29.34 万度，占项目总用电量的 5.7%。武汉电价取 0.87 元/度，则光伏发电每年可直接节约电费 25.53 万元。另可省燃油 26284 升或节省标准煤 105.624 吨，这也意味着少排放 291 吨的二氧化碳，3.45 吨的二氧化硫和 1.26 吨氮氧化物。同时减少因火力发电产生的 79.38 吨粉尘，节约 1167833.5 升净水，具有良好的社会效益和节能环保效益。

5. 相关标准、规范及图集

《太阳能利用与建筑一体化技术标准》DB 34854；

《太阳能光伏能源系统术语》GB/T 2297；

《光伏系统并网技术要求》GB/T 19939；

《公共建筑节能设计标准》GB 50189；

《光电功率发送系统过压保护导则》IEC 61173；

《光伏（PV）系统电网接口特性》GB/T 20046；

《公共建筑节能检测标准》JGJ/T 177；

《并网光伏发电系统工程验收技术规范》CGC/GF 003.1；

《电能量计量系统设计技术规程》DL/T 5202；

《光伏电站接入电网技术规定》国家电网公司；

《光伏（PV）发电系统过电压保护—导则》SJ/T 11127；

《光伏发电站接入电力系统技术规定》GB/Z 19964；

《家用太阳能光伏电源系统技术条件和试验方法》GB/T 19064。

4.4.3　地热能

1. 概述

浅层地热能又名浅层地温能，是指地表以下一定深度范围内（一般为恒温带至 200m 埋深）、温度低于 25℃，在当前技术经济条件下具备开发利用价值的地球内部的热能资源。在地热直接利用中，浅层地热能的利用主要是通过地源热泵技术的热交换方式，将储存于地层中的低温热源转化为可利用的高温热源。

地源热泵系统是以岩土体、地下水、地表水为低温热源，由水源热泵机组、地热能交换系统、建筑物内系统组成的供热空调系统（图 4-30）。根据地热能交换系统形式的不同，地源热泵系统分为地埋管地源热泵系统、地下水地源热泵系统、地表水地源热泵系统。

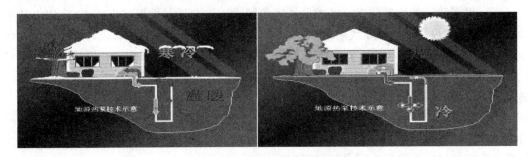

图 4-30　地源热泵技术示意图

地源热泵系统的节能环保优势显著：

① 环境效益显著，环保、无污染，无热岛效应。

② 节能效果明显，COP 系数较高。

③ 一机多用，可供暖、制冷，还可提供生活热水。

④ 应用范围广。

⑤ 机组的使用寿命均在 15 年以上。

⑥ 结构紧凑、节省空间。

2. 适用范围

安徽省地热能资源较为丰富，水温大于 25 度的地热产地有 30 处，地热开采量 877 万立方米/年，天然放热量约 18×10^{10} kJ/年，主要分布在沿江地区、皖中盆地、皖西北地区、皖南及大别山区。地源热泵技术在安徽省内应用、推广的前景和空间十分广阔。现安徽地区很多公共建筑都采用了地源热泵空调，且利用率达到 100%。

地源热泵系统应该广泛，可应用于宾馆、办公楼、学校等公共建筑，更适合用于别墅、住宅的采暖、空调。但地埋管地源热泵系统、地下水地源热泵系统、地表水地源热泵系统各自的适用范围有所不同，各系统的具体适用范围详见技术措施。

3. 技术措施

地埋管地源热泵比水源热泵投资要高，但应用范围较广。水源热泵由于涉及水的使用，所以系统受地下水（地表水）的水量、水温、水质和供水稳定性等因素的影响。且需要考虑回灌问题。

（1）地埋管地源热泵系统

地埋管地源热泵系统有两种不同的埋管方式，为水平埋管方式和竖直埋管方式（图4-31）。水平埋管施工容易但占地大、能效低。竖直埋管造价高、占地小但能效很高。竖直埋管又分为单U形埋管方式、双U形埋管方式。但由于地下换热器会占用较大地面空间，所以对建筑物周边需要有埋管的条件。

图4-31 水平埋管和竖直埋管示意图

（2）地下水地源热泵系统

地下水源热泵系统适用于地下水源丰富，水温常年稳定的地区，这样才能满足用户制热负荷或制冷负荷的需要。地下水源热泵系统分为双井系统（抽水井和回灌井分开）和单井系统（抽水井和回灌井在同一个钻孔井内）。该类系统造价低、易施工但受地方地下水利用政策限制、回灌水不易管理且设备寿命收水质影响（图4-32）。安徽地区多数城市地下水资源较为贫乏，因此，此项技术需谨慎选用。

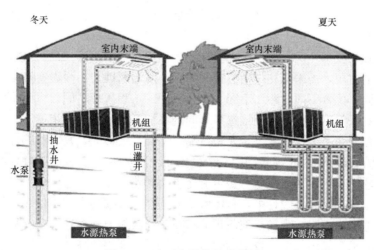

图4-32 地下水源热泵示意图

安徽省内，皖北平原地区、皖南丘陵地区的地下水资源相对较为丰富，该技术有一定的利用可行性，但地下水是主要饮用水源，因此在应用水源热泵技术的时候要充分考虑地下水资源的合理利用和水质的保护，建议尽量采用闭式系统，有条件的室外尽量采用两级换热装置。具体设计系统的时候，要考虑到该区域的地下水盐碱含量高，换热器应选用板式，以减小腐蚀性。有些地下水位过低的区域可以采用地埋管的形式。

（3）地表水地源热泵系统

依据《地源热泵系统工程技术规程》DB 34/1800 的规定，安徽省地区的地表水源热泵系统主要利用江、河、湖水、城市生活污水等地表水作为低温热源（图 4-33）。

图 4-33　地表水源热泵系统示意图

在靠近江河湖等大量自然水体的地方，可以考虑利用这些自然水体作为热泵的低温热源。该系统造价低、易施工、易维护、运行费低，但若水体浅则易影响水体温度而影响生态环境。安徽省地处淮河长江中下游，地表水资源丰富，例如江淮平原地区、皖南丘陵地区的地表水资源较为丰富，该项技术具有一定的适用性。

目前合肥正在试点多种节能环保性的采暖供热形式，试点结果显示对环境伤害最小的采暖供热形式为污水源热泵中央空调。"污水空调"是利用温度相对稳定的城市污水，冬季采集污水中的热能，借助热泵系统，通过消耗部分电能将所取得的能量供给室内取暖；夏季则将室内热量释放到污水中，以降低室内温度。"污水空调"采用的污水是密闭循环的，不会造成环境与其他设备污染。同时，"污水空调"在供热时没有燃烧过程，也就没有排烟污染，供冷时也不会产生任何废渣、废水、废气和烟尘，环保效益十分显著。

现在安徽省正在广泛采用污水源热泵中央空调进行采暖供热，据了解，目前合肥有14 座正在运行的污水处理场，加上正在建设的 7 座污水处理场，一共 21 座。如果能将这些处理场内的污水全部利用起来，除了在节能环保上有明显作用外，合肥市民能因此节省一大笔电费开支。

污水源热泵技术环保效益显著，但在污水利用过程中，为保证污水的水质不影响污水源热泵系统的应用，需采取相应措施控制结垢、防治腐蚀、减少淤塞等水质问题。城市污水的种类不同、位置不同、距离不同、水量不同、工程规模不同、应用功能不同、地形地貌不同、便利条件不同等，就应该选择不同的系统形式和结构。衡量污水源热泵系统方案是否合理，首先要考虑技术上是否安全可靠，是否高效节能，其次要综合考虑投资和运行费用是否节省，经济上能否创造更大的效益，最后还必须考虑社会效益，考虑污水源热泵是否对周边环境、地貌、居民生活是否造成重大影响。

在进行地源热泵系统设计中，具体系统的选择需考虑很多应用特性，包括可用地下水含量、可用地表水面积、现场土地面积、潜在热回收能力、建筑物高度和规模、机房面积和当地规划要求、经济效益、技术能力，以确保系统利用的高效性和安全性。

4. 参考案例

武汉某公建项目设置了一台螺杆式地源热泵机组（全热回收型）作为本项目冷热源的辅助设备，同时该地源热泵机组还具有制热水模式。

（1）作为辅助冷热源，地源热泵机组可以在建筑冷（热）负荷较低时（如只有物业或加班人员时）独立开启；或者当建筑冷（热）负荷需求较高时，作为辅助冷热源。

（2）当太阳能集热板供热不足时，地源热泵可作为其辅助热源，夏季利用地源热泵余热免费制备热水，冬季、过渡季节开启地源热泵机组至制热模式提供生活卫生热水。

5. 相关标准、规范及图集

《地源热泵系统工程技术规范》GB 50366；

《地源热泵系统工程技术规程》DB 34/1800；

《建筑工程施工质量验收统一标准》GB 50300；

《建筑给水排水及采暖工程施工质量验收规范》GB 50242；

《制冷设备、空气分离设备安装工程施工及验收规范》GB 50274；

《风机、压缩机、泵安装工程施工及验收规范》GB 50275；

《建筑节能工程施工质量验收规范》GB 50411；

《水源热泵机组》GB/T 19409。

4.4.4 风能

1. 概述

风能是由于大气的运动而形成的一种能源形式，其能量来自于大气所吸收的太阳能，太阳辐射到地球的能量中大约有 20% 转变成为风能。风能作为一种清洁的可再生能源，越来越受到世界各国的重视。其蕴量巨大，全球的风能约为 2.74×10^9 MW，其中可利用的风能为 2×10^7 MW，比地球上可开发利用的水能总量还要大 10 倍。

风力发电机的工作原理比较简单，风轮在风力的作用下旋转，把风的动能转变为风轮轴的机械能，发电机在风能轴的带动下旋转发电。

风能的利用主要是以风能作动力和风力发电两种形式，其中又以风力发电为主。风能发电的主要形式有三种：一是独立运行；二是风力发电与其他发电方式（如柴油机发电）相结合；三是风力并网发电。

我国风力发电成本比火力发电成本高，预计 2015 年新建陆上风电项目的度电成本在 $0.44 \sim 0.45$ 元/kWh，2020 年度电成本在 $0.41 \sim 0.42$ 元/kWh，度电成本呈明显下降趋势。

2. 适用范围

在城市环境中，风能发电较适用于多风海岸线山区和易引起强风的高层建筑，区域风力资源和局部风环境是建筑风能利用的先决条件，只有在两者同时满足的前提下，高层建筑风力发电系统才能有效工作。安徽省地处季风气候区，部分地区风能资源比较丰富，如黄山市，其年有效风速达 5.9m/s。

3. 技术措施

目前风力发电设备主要分为水平轴风力发电机和垂直轴风力发电机（图 4-34）。水平轴风力发电机的优势是发电效率高，一般能够达到 40% 以上；但是其缺点是需要对风，在风向改变时便无法达到发电效果；并且启动风速较大，因而在城镇住宅区域不适合使用。相比之下，垂直轴风力发电机的发电效率比较低，但是风向改变的时候无需对风；同时启动风速也相对较低，根据实验数据，Darrieus 式 H 型风轮的起动风速只需要 2m/s。

(a) 垂直轴风力发电机　　　　　　　　　　(b) 水平轴风力发电机

图 4-34　垂直轴和水平轴风力发电机

风力发电的应用形式主要有两种：

（1）大型风场发电的应用。风力发电是绿色建筑鼓励的一种绿色电力。

（2）小型风力发电设备与建筑一体化。小型独立风力发电系统一般不并网发电，只能独立使用。但此类成本较高，效益较差，如建筑所在区域并无显著的风力资源，且非高层建筑，则不建议使用。

4. 参考案例

（1）小型风力发电设备与建筑一体化

巴林的世贸中心（图 4-35），三个大型风力发电机，每个直径 29m，置于大厦的两塔之间。三个风力发电机，总功率 1300MW。在满功率运行时，能提供大约 15% 的能源给大厦。

（2）大型风力发电场

安徽龙源风力发电场（图 4-36）是我国第一座大型低速风力发电场，年发电量累积超过 4.4 亿 kWh，发电量比建场初期预计多发 0.31 亿 kW。该风力发电场拥有 165 台我国自主研发的 20 万 kW 低速风力发电机组，于 2011 年 5 月 10 日正式并入国家电网发电，与 20 万 kW 燃煤火力发电厂相比，每年可节约标准煤约 19.4 万吨，减少燃煤所产生的二氧化硫约 4900 吨、二氧化碳约 44.83 万吨，能够为 30 万余户家庭提供清洁能源。

图 4-35　巴林的世贸中心

图 4-36　安徽龙源风力发电场

5. 相关标准、规范及图集

《离网型户用风光互补发电系统》GB/T 19115.2；

《风力发电机组》GB/T 19073；

《离网型风力发电机组》GB/T 19068.3；

《风电场风能资源评估方法》GB/T 18710；

《风电场风能资源测量方法》GB/T 18709；

《风力发电机组安全要求》GB 18451.1；

《小型风力发电机组》GB 17646；

《风力机设计通用要求》GB/T 13981。

4.5　照明与电气

4.5.1　照明系统

1. 概述

照明系统的节能主要是通过采用节能灯具和智能照明控制系统实现的。照明功率密度采用选择高效光源、镇流器和灯具等，设计的照度计算值可低于规定的照度标准值，但不应低于其90%，条件允许时，可适当降低灯具安装高度，以提高利用系数。

2. 适用范围

照明系统的节能适合任何地区的任何形式的建筑，但具体灯具和控制方式需依据建筑类型进行选择。比如，LED光源，建议在公共场所的一般照明系统中推广，但不建议在幼儿园中使用，因LED光源的蓝光会影响幼儿的视力发育。

3. 技术措施

（1）节能灯具

绿色建筑要求建筑功能房间内的照明功率密度不得高于《建筑照明设计标准》GB 50034中现行值，如想达到更高的节能要求，可争取使建筑内的照明功率密度不高于标准中目标值的要求。在满足照明质量的前提下，选用光效高、显色性好的光源及配光合理、安全高效的灯具。

现使用较为广泛的节能灯具有T5荧光灯、LED灯等。T5荧光灯采用稀土三基色荧光灯管，含汞量低，无辐射；比T8灯管更细，发光率更高，其光线无闪烁，接近自然阳光；显色指数高；在相同的功率下，T5电子节能系列灯具比T8电感灯具省电45%以上，亮度增加20%以上。T5产品被广泛应用于商场、工厂、办公区域、学校、家居等不同场所。

LED灯为直流驱动，超低功耗（单管0.03～0.06W）电光功率转换接近100%，相同照明效果比传统光源节能80%以上。LED灯的种类繁多，有LED吸顶灯、LED面板灯、LED球泡灯、LED灯带、LED筒灯等多个系列。见图4-37～图4-39。

推广使用低能耗性能优的光源用电附件，如电子镇流器、节能型电感镇流器、电子触发器以及电子变压器等，公共建筑场所内的荧光灯宜选用带有无功补偿的灯具，紧凑型荧光灯优先选用电子镇流器，气体放电灯宜采用电子触发器。

图 4-37　T5 荧光灯

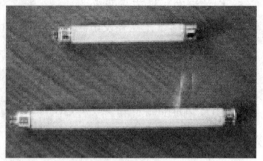

图 4-38　T5 荧光灯电子镇流器

图 4-39　LED 筒灯及平面灯

选择高效光源、镇流器和灯具等，是照明节能的关键。如难以达到照明功率密度限值时，可采取下列措施：

① 设计的照度计算值可低于规定的照度标准值，但不应低于其 90%。

② 作业面邻近周围的照度可以低于作业面的照度，一般允许降低一级（但不低于 200Lx）。如办公室的进门处及不可能放置作业面的地带，均可降低照度。

③ 通道和非作业区的照度可以降低到作业面照度的 1/3 或以上，这个规定符合实际需要，对降低实际照明功率密度值有很明显作用。

④ 对于装饰性灯具，可以按其功率的 50% 计算照明功率密度值。

⑤ 条件允许时，可适当降低灯具安装高度，以提高利用系数。

（2）智能照明控制系统

在建筑的实际运行过程中，照明系统的分区控制、定时控制、自动感应开关、照度调节等措施对降低照明能耗作用显著（图 4-40）。照明系统分区控制需满足自然光利用、功能和作息差异的要求。公共活动区域（门厅、大堂、走廊、楼梯间、卫生间、地下车库等）、大空间及室外照明可采取定时等程序控制或者光电、声控等感应控制。例如，在走道、楼梯等人员短暂停留的公共场所可采用节能自熄开关；在住宅楼道照明采用声光红外一体化的 LED 照明灯具，对地下车库照明采用分区、分块智能控制，人到灯亮，人走灯灭，分时段改变照明照度等方式节电。

4. 参考案例

安徽某居建项目照明节能设计如下：

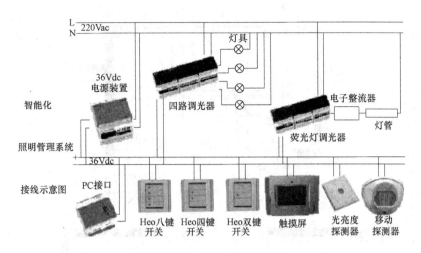

图 4-40 照明控制示意图

（1）节能灯具选择（表 4-16）

节能灯具选择   表 4-16

位置	灯具类别	光源类型		输出流明	镇流器
电梯前室	吸顶灯	节能灯	22W	1250Lm	低损耗电子镇流器 3W
设备用房	双管荧光灯	三基色高效 T8	36W	2850Lm	低损耗电子镇流器 4W
车库	单管荧光灯	三基色高效 T5	28W	2850Lm	低损耗电子镇流器 4W
走道	吸顶灯	三基色高效节能灯	22W	1250Lm	低损耗电子镇流器 3W
楼梯间	吸顶灯	三基色高效节能灯	22W	1250Lm	低损耗电子镇流器 3W

（2）照明功率密度及照度控制（表 4-17）

主要功能房间照明功率密度及照度设计值   表 4-17

房间类型	设计照度值(Lx)	照明功率密度(W/ m²)	
		实际值	现行值
计量间	193.5(200)	5.1	8
大堂	92(100)	4.1	5
排风机房	108(100)	4.1	5
电梯前室	100(100)	4.5	5
楼梯间	65(75)	2.7	5
车库	74(75)	3.1	4
走道	90(100)	3.5	5

（3）照明控制

本项目为居建项目，照明控制只涉及公共区域。电梯厅和设备机房等处的照明采用就地设置照明开关控制（图 4-41）；对于楼梯间采用声光控制。

5. 相关标准、规范及图集

《建筑照明设计标准》GB 50034。

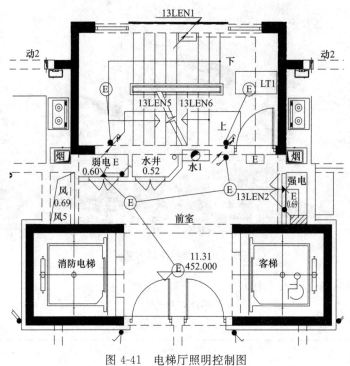

图 4-41　电梯厅照明控制图

注：图中 ⤵ 为单联单控限时自熄开关（待消防接线端子）

4.5.2　电梯系统

1. 概述

电梯节能技术包含改进机械传动和电力拖动系统、采用（IPC-PF 系列）电能回馈器将制动电能再生利用、更新电梯轿厢照明系统和采用先进电梯控制技术。

2. 适用范围

适用于有电梯系统运行的建筑物，尤其在超高层建筑中，电梯系统的节能技术效果显著。

3. 技术措施

（1）节能电梯

节能电梯原理如图 4-42 所示。主要措施有将传统的蜗轮蜗杆减速器改为行星齿轮减速器或采用无齿轮传动，机械效率可提高 15％～25％；将交流双速拖动（AC-2）系统改为变频调压调速（VVVF）拖动系统，电能损耗可减少 20％以上。利用变频器交-直-交的工作原理，将机械能产生的交流电（再生电能）转化为直流电，并利用一种电能回馈器将直流电电能回馈至交流电网，供附近其他用电设备使用，使电力拖动系统在单位时间内消耗电网电能下降。

（2）电梯系统控制

电梯系统控制如图 4-43 所示。使用 LED 发光二极管更新电梯轿厢常规使用的白炽灯、日光灯等照明灯具。

采用目前已成熟的各种先进控制技术，如轿厢无人自动关灯技术、驱动器休眠技术、自动扶梯变频感应启动技术、群控楼宇智能管理技术等均可达到很好的节能效果。

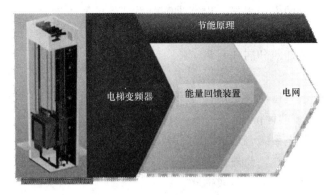

图 4-42　节能电梯原理图

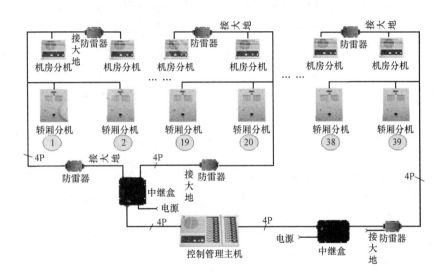

图 4-43　电梯系统控制图

4. 参考案例

某超高层建筑采用节能电梯，具体型号和数量见表 4-18。

项目节能电梯参数表　　　　　　　　　　　　　　表 4-18

节能电梯型号	数量	节能率	使用位置
Elvonic	23	30%～70%（相对不适用能源再生技术的电梯）	办公客梯及服务消防梯
Skyrise	16	30%～70%（相对不适用能源再生技术的电梯）	办公客梯
GeN2 MRL	5	30%～70%（相对不适用能源再生技术的电梯）	停车场穿梭及 VIP2

5. 相关标准、规范及图集

《住宅电梯的配置和选择》JG 5010；

《电气装置安装工程 电梯电气装置施工及验收规范》GB 50182。

4.5.3　供配电系统

1. 概述

供配电系统主要是针对节能变压器的选用以及对电能质量的管理。采取以下措施可以有效地减小变压器自身的电能损耗、提高供配电系统的电能质量。

2. 适用范围

该技术适用于公共建筑和居住建筑。

3. 技术措施

（1）要求所用配电变压器满足现行国家标准《三相配电变压器能效限定值及节能评价值》GB 20052 规定的节能评价值。

（2）对建筑物供配电系统合理采取动态无功补偿装置和措施，或有针对性地采取经济有效的谐波抑制和治理措施。此外，合理选择变配电所的位置，正确选择导线截面、线路的敷设方案也有利于降低配电线路的损耗。

4. 参考案例

安徽省某公建项目选用两台 1000kVA 容量的 SCB11 型变压器，使变压器自身的电能损耗减小了约 15%。在低压侧采取集中电能补偿的措施，补偿后，功率因数达到 0.93，在专供中央空调的变压器低压侧采用有源滤波控制器，极大地抑制了三次谐波，提高了电能质量。

5. 相关标准、规范及图集

《三相配电变压器能效限定值及节能评价值》GB 20052。

4.5.4　能耗分项计量

1. 概述

分项计量是指对建筑的机电系统安装分类、分项能耗计量仪表，从而得到建筑物的总能源消耗量和不同能源种类、不同功能系统分项消耗量，有助于分析建筑各项能耗水平和能耗结构是否合理，发现问题并提出改进措施，从而有效地实施建筑节能，是判断节能效果的重要依据。

2. 适用范围

该技术适用于集中冷热源的公共建筑和居住建筑。

3. 技术措施

（1）对于采用集中冷热源的建筑，在系统设计（或既有建筑改造设计）时必须考虑使建筑内各能耗环节如冷热源、输配系统、照明、办公设备、热水能耗等都能实现独立分项计量。具体分项计量的设计可参照图 4-44。

（2）超高层建筑，其建筑内部业态较多，能源消耗情况更加复杂，对其能耗，应实现按用途和区域进行独立分项计量。分区域主要是根据建筑的功能分区，分别对办公、商业、物业后勤、旅馆等进行独立的能耗分项计量。按用途主要是指建筑内各能源种类及能耗子项如冷热源、输配系统、照明、办公设备和热水能耗等都能实现独立分项计量。

（3）对于国家机关办公建筑和大型公共建筑，分项计量设计必须符合《国家机关办公建筑和大型公共建筑能耗监测系统楼宇分项计量设计安装技术导则》的要求。

（4）分项计量装置的安装可参照《国家机关办公建筑和大型公共建筑能耗监测系统分项能耗数据采集技术导则》等相关技术规范要求。

4. 参考案例

某公共建筑项目的分项计量逻辑图如图 4-44 所示。

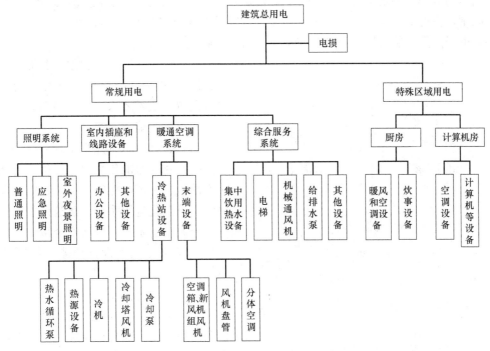

图 4-44　某项目分项计量逻辑图

5. 相关标准、规范及图集

《国家机关办公建筑和大型公共建筑能耗监测系统楼宇分项计量设计安装技术导则》；

《国家机关办公建筑和大型公共建筑能耗监测系统分项能耗数据采集技术导则》；

《用能单位能源计量器具配备和管理通则》GB 17167。

4.5.5　智能化系统

1. 概述

智能化系统为绿色建筑提供各种运行信息，影响着绿色建筑运行管理的整体功效，是绿色建筑的技术保障。一方面，绿色建筑需要采用高效运转的智能系统来保证建设目标的实现，另一方面，智能化系统具备故障诊断和分析工具，能帮助维护人员迅速判断故障原因，以便及时准确排除故障。

近年来安徽省积极推进"三网融合"，合肥市被列入"三网融合"第二阶段试点城市。"三网融合"是指电信网、广播电视网、互联网在向宽带通信网、数字电视网、下一代互联网演进过程中，三大网络通过技术改造，其技术功能趋于一致，业务范围趋于相同，网络互联互通、资源共享，能为用户提供语音、数据和广播电视等多种服务。

在这一大环境下，在设计和管理建筑智能化系统时，除符合国家相应的标准规范外，还需要及时和本地通信和广播电视运营商沟通，了解当地运营商最新的系统搭建，进而采取合适的技术策略。

2. 适用范围

智能化系统适用于各类民用建筑，特别是大型公建以及智能化小区。

3. 技术措施

建筑智能化系统需要确保定位合理，信息网络系统功能完善，并且能够支持通信和计算机网络的应用，保证运行的安全可靠。建筑的智能化系统建设应贯彻总体设计、分步实施的原则，应考虑在建筑节能、生态环保，特别是与建筑结构相关部分（如管线、机房、设备与电子产品安装等）的设计与施工，应满足今后发展的要求。

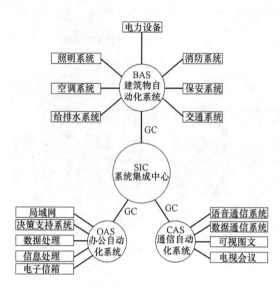

图 4-45 某办公建筑智能化系统构成

在具体操作时，可根据《智能建筑设计标准》GB/T 50314 和《居住区智能化系统配置与技术要求》CJ/T 174，设置合理、完善的智能化系统。

（1）公共建筑智能化系统

公共建筑智能化系统应具备的智能化子系统包括：智能化集成系统、信息设施系统、信息化应用系统、建筑设备管理系统、公共安全系统、机房安全系统、机房工程、建筑环境等设计要素。如图 4-45 所示。

① 信息设施系统

包括通信接入系统、电话交换系统、信息网络系统、综合布线系统、室内移动通信覆盖系统、卫星通信系统、有线电视及卫星电视接收系统、广播系统、会议系统、信息导引及发布系统、时钟系统和其他相关的信息通信系统。

② 信息化应用系统

包括工作业务应用系统、物业运营管理系统、公共服务管理系统、公众信息服务系统、智能卡应用系统和信息网络安全管理系统等其他业务功能所需要的应用系统。

③ 建筑设备管理系统

建筑设备管理系统应具有对建筑机电设备测量、监视和控制功能，确保各类设备系统运行稳定、安全和可靠并达到节能和环保的管理要求；宜采用集散式控制系统；应具有对建筑物环境参数的监测功能；应满足对建筑物的物业管理需要，实现数据共享，以生成节能及优化管理所需的各种相关信息分析和统计报表；应具有良好的人机交互界面及采用中文界面；应共享所需的公共安全等相关系统的数据信息等资源。

《绿色建筑评价标准》GB/T 50378 对建筑设备自动监控提出要求：建筑通风、空调、照明等设备自动监控系统技术合理，系统高效运营。自动监控系统应对公共建筑内的空调通风系统冷热源、风机、水泵、空调等设备进行有效监测。

④ 公共安全系统

包括火灾自动报警系统、安全技术防范系统和应急联动系统等。

⑤ 机房系统

包括机房配电及照明系统、机房空调、机房电源、防静电地板、防雷接地系统、机房环境监控系统和机房气体灭火系统等。

⑥ 智能化集成系统

将建筑设备管理系统、安防系统、照明控制系统等系统集成，集成应汇集建筑物内外各种信息，应能对建筑物内的各个智能化系统综合管理。建筑物内的各种网络管理，必须具有很强的信息处理及数据通信能力。

在《智能建筑设计标准》GB/T 50314 中，给出了办公建筑、商业建筑、文化建筑、媒体建筑、体育建筑、医院建筑、学校建筑、交通建筑等八类公共建筑的智能化系统配置标准。因此，上述各类公共建筑在进行绿色建筑设计时，其智能化系统设计应达到该标准中给出的各类建筑的智能化系统配置要求。

（2）居住建筑智能化系统

居住区智能化系统包含安全防范子系统、管理与监控子系统、信息网络子系统等三大系统，各系统的具体内容详见图 4-46。

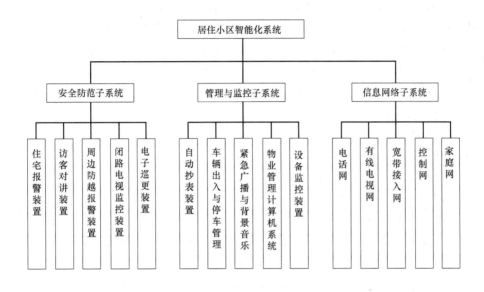

图 4-46 居住小区智能化系统总框图
注：摘自《居住区智能化系统配置与技术要求》CJ/T 174

在《居住区智能化系统配置与技术要求》CJ/T 174 中，各系统建设具体实施功能上又分为基本配置和可选配置。基本配置为在最低功能的情况下必须具备的配置，可选配置可依据具体情况要求扩充功能的配置，依据扩充功能要求选择一项或多项甚至于全部可选配置。当居住建筑进行绿色建筑设计时，其智能化系统应满足《居住区智能化系统配置与技术要求》CJ/T 174 的基本配置要求，必须含有居住区安全技术防范系统、住宅信息通信系统、居住区建筑设备监控管理系统、居住区监控中心等。

4. 参考案例

某公共建筑是一个绿色二星级运行标识项目，其建筑智能化系统主要包括火灾自动报警系统及消防控制系统、安防系统、灯光控制系统、电能管理系统、综合布线系统及系统集成平台等。

（1）火灾自动报警系统及消防控制系统。该系统主要由火灾自动报警系统、消防联动系统、声光报警系统、消防直通对讲电话系统及应急照明控制系统等组成，消防报警控制器设在建筑首层。

（2）安防系统分为电视监控系统和防盗报警系统。电视监控系统在首层的进出口、前厅等处安装低照度半球 CCD 摄像机，用于对主要交通线路安防及其他重要区域的监视和管理。防盗报警系统安装红外/微波双鉴探测器，任何非法进入都将报警传至保安监控中心，并启动相应的摄像机进行录像。

（3）灯光控制系统按照一般照明、应急照明、景观照明等分功能集中控制。在各层前厅设置灯光控制面板对前厅及走道照明进行控制，在敞开式办公区间设置灯光控制面板、照度监测器、红外监测器，在探测范围内不满足照度且有人的情况下，点燃办公灯具，否则自动熄灭灯具。

（4）电能管理系统。在配电间设置管理自己区域的后台监控服务器，同时，在二层的展示机房设置中心监控服务器，负责对区域内配电间进行电力监控。

（5）综合布线系统。在三层设置中心控制机房，在首层弱电竖井预留与院通讯网连接光缆或电话电缆进户套管，各层弱电竖井引出的线路先在吊顶内沿金属线槽敷设。

（6）系统集成平台。以空调自控系统为平台，将安防系统、电能管理系统、灯光控制系统等系统集成，使监测数据通过拟合，得到整楼随机时刻、实时信息状况，通过数据分析整理，提供节能实现运营及图像呈现。

5. 相关标准、规范及图集

《智能建筑设计标准》GB/T 50314；

《居住区智能化系统配置与技术要求》CJ/T 174；

《智能建筑工程质量验收规范》GB 50339；

《国家机关办公建筑和大型公共建筑能耗监测系统建设相关技术导则》（建科［2008］114 号文件）（含《分项能耗数据采集技术导则》、《分项能耗数据传输技术导则》、《楼宇分项计量设计安装技术导则》、《数据中心建设与维护技术导则和建设》和《验收与运行管理规范》）；

《建筑智能化系统集成设计图集》03X 801-1；

《建筑设备设计施工图集·电气工程（上下册）》（中国建材工业出版社，2005 年 1 月版）。

第5章 节水与水资源利用

水资源作为自然资源的重要组成部分之一，其可持续利用是促进可持续发展的基本资源保证。我国属于水资源缺乏的国家，是世界上 26 个最缺水的国家之一。尽管拥有世界上排名第六的 28000 亿 m^3 的年均水资源总量，但人均年占有量只有 $2250m^3$，为世界人均值的 1/4。建筑在开发和维护、使用过程中消耗水资源的量是相当惊人的，约占水资源量的 50%[1]。因此，水资源的节约更加重要。

国内外绿色建筑将"开源节流"作为建筑节水及水资源利用的设计原则和理念，提高用水效率和效益，同时充分利用天然雨水，并进行中水回收利用，以达到节约、利用水资源和保护环境的目的。

本章介绍节水与水资源利用相关的技术，主要从水系统规划、节水器具与设备、非传统水源利用等方面展开。

5.1 水系统规划

1. 概述

对于绿色建筑，在开始阶段即应制订水系统规划方案，统筹、综合利用各种水资源，并设置合理、完善、安全的供水、排水系统，在此基础上，实现建筑给排水系统良好的节水性能。水系统规划方案应包含但不限于以下内容：当地水资源现状分析、项目用水概况、用水定额、给排水系统设计、节水器具、设备和系统、非传统水源[2]综合利用方案、用水计量等。

2. 适用范围

水系统规划对于公共建筑和居住建筑均具有适用性。

3. 技术措施

水系统规划方案应当包括以下几方面：

（1）当地水资源现状分析

在进行绿色建筑设计前，应充分了解项目所在区域的市政给排水条件、水资源状况、气候特点等实际情况，通过全面的分析研究，制定水资源利用方案，提高水资源循环利用率，减少市政供水量和污水排放量。

（2）项目用水概况

根据项目建筑类型，统筹考虑项目内水资源的各种情况，确定综合利用方案。

（3）用水定额

绿色建筑用水定额的确定关系到水量平衡的制定、用水量的确定。用水定额的控制可

---

❶ 李启明，聂筑梅. 现代房地产绿色开发和评价. 南京：江苏科学技术出版社，2003

❷ 非传统水源：不同于传统地表水供水和地下水供水的水源，包括再生水、雨水、海水等。

有效减轻市政供水量和污水排放量。绿色建筑中要求有节水器具的使用，用水定额时不应高于《民用建筑节水设计标准》GB 50555 中节水用水定额的上限值要求，鼓励结合建筑情况，尽量降低用水定额。

（4）给排水系统设计

① 设计依据

给排水系统的规划设计应符合国家标准规范的相关规定，如《建筑给水排水设计规范》GB 50015、《建筑中水设计规范》GB 50336、《城镇给水排水技术规范》GB 50788 等。

② 给水系统

根据建筑功能，依据设计规划合理设计各类供水系统，同时应注意避免供水系统的超压出流和管网漏损，并采取措施保证供水安全。

A. 避免超压出流

在给水配件阀前压力大于流出水头，给水配件在单位时间内的出水量超过额定流量的现象，称超压出流现象。该流量与额定流量的差值，为超压出流量。给水配件超压出流，不但会破坏给水系统中水量的正常分配，还会造成水量浪费。

给水水压应稳定、可靠，供水充分利用市政压力，加压系统选用节能高效的设备，给水系统分区合理，居住建筑的给水分区不应超过 0.35MPa，公共建筑给水分区不应大于 0.45MPa。当采用变频及无负压设备加压供水方式时，不允许采用减压阀二次减压分区。各用水点合理采取减压限流的节水措施，避免超压出流现象。除特殊水压要求的用水器具外，常规用水点的供水压力在不小于用水器具要求的最低工作压力前提下，应争取做到不大于 0.2MPa，且不小于 0.1MPa。

B. 避免管网漏损

管网漏失水量包括：管网漏水量、室内卫生器具漏水量和屋顶水箱漏水量等。住宅区管网漏失率应不高于 5%，公共建筑管网漏失率应不高于 2%。

可采取的相关措施如下：

a. 避免超压出流。

b. 选用密闭性能好的阀门、设备，使用耐腐蚀、耐久性能好的管材、管件，使用的管材和管件必须符合现行产品行业标准的要求。

c. 合理设置检修阀门，位置及数量应有利于降低检修时的泄水量。

d. 根据水平衡测试标准安装分级计量水表，安装率达 100%。

e. 管网防漏损措施和检漏工作安排应在给排水设计说明中进行详细说明。

f. 室内外给水管道要选用合格管材；采取管道涂衬、管内衬软管、管内套管道等措施，如钢管内外防腐，实施阴极保护措施。

g. 选用性能高的阀门、零泄露阀门等。

h. 做好管道基础处理和覆土施工，控制管道埋深，加强管道工程施工监督，把好施工质量关。

C. 供水安全

管材、管道附件及设备等供水设施的选取和运行不应对供水造成二次污染。各类不同水质要求的给水管线应有明显的管道标识。有直饮水供应时，直饮水应采用独立的循环管网供水，并设置水量、水压、水质、设备故障等安全报警装置。使用非传统水源时，应保证非传统水源的使用安全，设置防止误接、误用、误饮的措施。

③ 排水系统

设置完善的污水收集、处理和排放等设施。污水处理率和达标排放率必须达到100%。

（5）节水器具、设备和系统

依据建筑功能，应采用合适的节水型用水器具、高效节水设备和相关的技术措施等。

（6）非传统水源综合利用方案

根据当地水资源和项目用水概况分析，对雨水、再生水❶等非传统水源利用进行技术经济可行性分析和研究，进行水量平衡计算，确定雨水、再生水及海水等水资源的利用方法、规模、处理工艺流程等。

对于非传统水源，处理出水必须保障用水终端的日常供水水质安全可靠，不可对人体建筑和室内卫生环境产生负面影响。再生水和雨水不得用于生活饮用水及游泳池等用水。

依据《民用建筑节水设计标准》GB 50555，景观用水水源不得采用市政供水和地下井水，可以采用地表水和非传统水源。取用建筑场地外的地表水时，应事先取得当地政府主管部门的许可；采用雨水或再生水作为水源时，水景规模应根据设计可收集利用的雨水或再生水量来确定。其中，与人体接触的景观娱乐用水不宜使用再生水。

对于住宅、旅馆、办公、商场类建筑，非传统水源可用于景观水体补水、绿化浇灌、道路冲洗、洗车、冷却水补水、冲厕等非饮用水；但对于养老院、幼儿园、医院等建筑，不宜使用非传统水源进行冲厕。

（7）用水计量

水量计量是进行水平测试、了解掌握用水规律、实行定额用水、防止漏水和超量用水、促进节水的重要硬件基础。在建筑中按照使用用途和水平衡测试标准要求设置水表，对不同使用用途和不同计费单位分别设水表统计用水量，以实现"用者付费"，达到鼓励行为节水的目的，同时还可以统计各种用途的用水量和分析渗透水量，防止漏水和超量用水等。

公共建筑的水表安装要求如下：

① 给水系统总引入管（市政接口）。

② 每栋建筑的引入管。

③ 对于高层建筑，还需在以下位置设置用水计量装置：

• 直接从外网供水的低区引入管上；

• 高区二次供水的水池前引入管上；

• 对于二次供水方式为水池-水泵-水箱的高层建筑，有条件时，应在水箱出水管上设置水表，以防止水箱进水浮球阀和水位报警失灵，溢流造成水的浪费。

④ 按照使用用途，对厨房、卫生间、绿化、空调系统、游泳池、景观灯用水分别设

---

❶ 再生水：污水适当处理后，达到规定的水质标准，满足一定使用要求，可在生活、市政、环境等范围内使用的非饮用水。

置用水计量装置、统计用水量。

　　⑤ 按照付费或管理单元，对不同用户的用水分别设置用水计量装置、统计用水量。

　　⑥ 在学校、旅馆职工、工矿企业等公共浴室、大学生公寓、学生宿舍公共卫生间等淋浴器可设置用者付费的设施，如刷卡用水。这种方式有利于鼓励行为节水。

　　对于住宅小区，应在住宅小区给水引入管设总水表，每户入户管线设水表，对于室外绿化用水也应设置水表计量，以保证计量收费、水量平衡测试以及合理用水分析工作的正常开展。

　　4. 参考案例

　　安徽合肥某住宅项目，其水系统规划概述如下：

　　(1) 用水定额：生活用水定额：150L/人·天，绿化浇洒：2L/m²·天，道路冲洗：0.5L/m²·天。

　　(2) 用水量估算及水量平衡：住宅日均用水量 695.65m³/d。

　　(3) 给水系统设计：本项目 8 栋楼生活给水系统按照各楼的楼层情况进行分区，一层至五层均为一区，由市政管网直接供水，其余各区由生活泵房的变频水泵加压供水。入户前设置可调式减压阀组，保证入户前供水压力小于 0.2MPa。

　　(4) 排水系统：本项目采用雨污水分流的排水体制，雨水汇集后排入小区内雨水管网；污水集中后经化粪池初步处理后排入小区内污水管网。室内排水采用污废合流的排水方式。地下室的废水由集水坑收集，再由潜水泵提升至室外检查井中，潜水泵由集水坑内的水位继电器自动控制启闭。

　　(5) 节水器具：本项目为毛坯房，交房时仅提供龙头供业主测试出水情况，但会对业主后期装修提出要求，即采用节水型并有产品合格证的卫生洁具及其给水配件，并符合《节水型生活用水器具》CJ 164 技术要求。不得使用淘汰产品，水嘴流量不应大于 0.15L/s，坐便器水箱有效容积不应大于 6L。

　　(6) 非传统水源利用：本项目采用雨水回收利用系统，收集小区内一期及部分二期的屋顶、室外绿化及路面的雨水用于项目用地范围的绿化浇洒及道路冲洗。通过雨水逐月水量平衡，非传统水源利用率达到 3.4%。

　　(7) 分项计量：室外绿化单独设置计量水表，每户分别设置计量水表。

　　5. 相关标准、规范及图集

　　《建筑给排水设计规范》GB 50015；

　　《民用建筑节水设计标准》GB 50555；

　　《建筑中水设计规范》GB 50336；

　　《城镇给水排水技术规范》GB 50788；

　　《城市供水管网漏损控制及评定标准》CJJ 92；

　　《生活饮用水卫生标准》GB 5749；

　　《城市供水水质标准》CJ/T 206；

　　《二次供水设施卫生规范》GB 17051；

　　《饮用净水水质标准》CJ 94；

　　《城市污水再生利用城市杂用水水质》GB/T 18920；

　　《城市污水再生利用景观环境用水水质》GB/T 18921；

《生活杂用水水质标准》CJ/T 48；

《建筑与小区雨水利用工程技术规范》GB 50400；

《污水再生利用工程设计规范》GB 50335；

《给水排水构筑物工程施工及验收规范》GB 50141；

《给水排水管道工程施工及验收规范》GB 50268；

《给排水图集（一）》皖 90S 10-107；

《室内给水排水常用图例及总说明》皖 95S 108。

5.2 节水器具与设备

5.2.1 节水卫生器具

1. 概述

节水器具有两层含义：一层含义是其在较长时间内免维修，不发生跑、冒、滴、漏的浪费现象；另外一层含义是其设计先进合理，制造精良，可以减少无用耗水量，与传统的卫生器具相比有明显的节水效果。

住建部《节水型生活用水器具标准》CJ 164 中定义的节水型生活器具包括：节水型生活用水器具、节水型水嘴（水龙头）（非接触式自动控制式、延时自闭、停水自闭、脚踏式、陶瓷磨片密封式等节水型水龙头）、节水型便器系统（两档式便器、小便器、非接触式控制开关装置）、节水型便器冲洗阀、节水型淋浴器、节水型洗衣机。

2. 适用范围

节水卫生器具对各类建筑均适用。具体卫生器具类型的选择应当综合考虑建筑物的功能、经济性等实际情况，可参考技术措施。

3. 技术措施

（1）住宅类建筑节水器具的选用

① 节水水龙头：加气节水龙头、陶瓷阀芯水龙头、停水自动关闭水龙头等。

② 节水坐便器：压力流防臭、压力流冲击式 6L 直排便器、3L/6L 两档节水型虹吸式排水坐便器及 6L 以下直排式节水型坐便器或感应式节水型坐便器，缺水地区可选用带洗手水龙头的水箱坐便器。射式冲洗节水坐便器如图 5-1 所示。

③ 节水淋浴器：水温调节器、节水型淋浴喷嘴等。

（2）办公、商场类公共建筑节水器具的选用

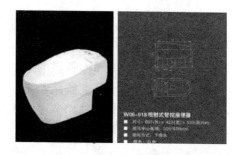

图 5-1　射式冲洗节水坐便器
注：4L、2.5L 两档可手动、自动（电磁阀）控制

① 水龙头：光电感应式等延时关闭水龙头（图 5-2）、停水自动关闭水龙头。

② 坐便器：两档式坐便器、感应式或脚踏式高效节水型小便器、无水小便器（图 5-3）。

图 5-2　红外感应水龙头及其使用示意图

图 5-3　无水小便器

（3）宾馆类公共建筑节水器具的选用

① 客房：陶瓷阀芯、停水自动关闭水龙头；两档式节水型坐便器；水温调节器、节水型淋浴头等节水淋浴装置。

② 公用洗手间：延时自动关闭、停水自动关闭水龙头；感应式或脚踏式高效节水型小便器和蹲便器。

③ 厨房：加气式节水龙头、节水型洗碗机等节水器具。

④ 洗衣房：高效节水洗衣机。

（4）营业性公共浴室节水器具的选用

淋浴器采用恒温混合阀、脚踏开关等。

卫生器具除按上述要求选用节水器具外，绿色建筑还鼓励选用更高节水性能的节水器具。目前我国已对部分用水器具的用水效率制定了相关标准，应尽量选用用水效率等级较高的节水器具。各类卫生器具的用水效率等级指标参见表 5-1～表 5-6。

水嘴用水效率等级指标　　　　　　　　　　　　　　　　表 5-1

用水效率等级	1 级	2 级	3 级
流量/(L/s)	0.100	0.125	0.150

注：此表引自《水嘴用水效率限定值及用水效率等级》GB 25501。水嘴用水效率限定值为用水效率等级的 3 级，水嘴的节水评价值为用水效率等级的 2 级。

坐便器用水效率等级指标   表 5-2

用水效率等级			1 级	2 级	3 级	4 级	5 级
用水量/L	单档	平均值	4.0	5.0	6.5	7.5	9.0
	双档	大档	4.5	5.0	6.5	7.5	9.0
		小档	3.0	3.5	4.2	4.9	6.3
		平均值	3.5	4.0	5.0	5.8	7.2

注：此表引自《坐便器用水效率限定值及用水效率等级》GB 25502。坐便器的用水效率限定值用水效率等级的 5 级，坐便器的节水评价值为用水效率等级的 2 级。

小便器用水效率等级指标   表 5-3

用水效率等级	1 级	2 级	3 级
冲洗水量/L	2.0	3.0	4.0

注：此表引自《小便器用水效率限定值及用水效率等级》GB 28377。小便器的用水效率限定值为用水效率等级的 3 级，小便器的节水评价值为用水效率等级的 2 级。

淋浴器用水效率等级指标   表 5-4

用水效率等级	1 级	2 级	3 级
流量/(L/s)	0.08	0.12	0.15

注：此表引自《淋浴器用水效率限定值及用水效率等级》GB 28378。淋浴器用水效率限定值为用水效率等级的 3 级，淋浴器节水评价值为用水效率等级的 2 级。

大便器冲洗阀用水效率等级指标   表 5-5

用水效率等级	1 级	2 级	3 级	4 级	5 级
冲洗水量/L	4.0	5.0	6.0	7.0	8.0

小便器冲洗阀用水效率等级指标   表 5-6

用水效率等级	1 级	2 级	3 级
冲洗水量/L	2.0	3.0	4.0

注：表 5-5 和表 5-6 均引自《便器冲洗阀用水效率限定值及用水效率等级》GB 28379。大便器冲洗阀用水效率限定值为用水效率等级的 5 级，小便器冲洗阀用水效率限定值为用水效率等级的 3 级。便器冲洗阀的积水评价值为用水效率等级的 2 级。

4. 参考案例

安徽某居建项目所采用的节水器具的参数如表 5-7 所示，节水器具年节水量大于 25090.79m³/a。

项目节水器具参数要求   表 5-7

用水器具	参数要求	节水率
节水型龙头	陶瓷片密封水嘴	8%
节水型坐便器	一次冲洗水量不大于 6L	8%
节水淋浴器	具有水温调节和限流功能	8%

5. 相关标准、规范及图集

《当前国家鼓励发展的节水设备》（产品）目录；

《节水型生活用水器具》CJ 164；

《节水型产品技术条件与管理通则》GB/T 18870；

《水嘴用水效率限定值及用水效率等级》GB 25501；

《坐便器用水效率限定值及用水效率等级》GB 25502；

《小便器用水效率限定值及用水效率等级》GB 28377；

《淋浴器用水效率限定值及用水效率等级》GB 28378；

《便器冲洗阀用水效率限定值及用水效率等级》GB 28379。

5.2.2 节水灌溉

1. 概述

园林绿化用水是建筑运营后期用水的重要部分。节水灌溉包括工程性节水技术和生物性节水技术。工程性技术主要是指采用节约的灌溉技术如喷灌、微灌等高效节水灌溉方式。在此基础上，还可采用湿度传感器或根据气候变化的调节控制器以实现更高的节水率。生物性节水技术主要是指选择种植一些耐旱或抗旱性植物，以减少绿化用水。

2. 适用范围

节水灌溉适用于各类涉及绿化的建筑。具体灌溉设备的选择要依据浇洒管理形式、地形地貌、当地气象条件、水源条件、绿地面积大小、土壤渗透率、植物类型和水压等因素，选择不同类型的喷灌系统。但节水灌溉应符合以下要求：

（1）绿地浇洒采用中水时，宜采用以微灌为主的浇洒方式；

（2）人员活动频繁的绿地，宜采用以微喷灌为主的浇洒方式；

（3）土壤易板结的绿地，不宜采用地下渗灌的浇洒方式；

（4）乔、灌木和花卉宜采用以滴灌、微喷灌等为主的浇洒方式；

（5）带有绿化的停车场，其灌水方式宜按下表 5-8 规定选用；

（6）平台绿化的灌水方式宜按表 5-9 的规定选用。

停车场灌水方式 表 5-8

绿化部位	种植品种及布置	灌水方式
周界绿化	较密集	滴灌
车位间绿化	不宜种植花卉，绿化带一般宽为 1.5～2m，乔木沿绿带排列，间距应不小于 2.5m	滴灌或微喷灌
地面绿化	种植耐碾压草种	微喷灌

平台绿化灌水方式 表 5-9

植物类型	种植土最小厚度(mm)			灌水方式
	南方地区	中部地区	北方地区	
花卉草坪地	200	400	500	微喷灌
灌木	500	600	800	滴灌或微喷灌
乔木、藤本植物	600	800	1000	滴灌或微喷灌
中高乔木	800	1000	1500	滴灌

3. 技术措施

（1）喷灌

喷灌是利用专门的设备（喷头）将有压水（流量 $q > 250L/h$）送到灌溉地段，并喷射到空中散成细小的水滴，均匀地分布于植物间进行灌溉。该方法主要适宜于花卉、草皮灌溉。喷灌可以采用较小的灌溉定额进行浅浇勤灌，因此能严格控制土壤水分，保持肥力，保护土壤的表层团料结构，使土壤疏松，孔隙多，通气条件好，促进作物根系在浅层发育，以充分利用土壤表层养分。喷灌还能改善局部气候，减轻干热风对植物的影响，有利于植物的光合作用。目前喷灌是应用最多的绿化节水灌溉方式，其比地面漫灌要省水30%～50%。但在采用再生水灌溉时，因水中微生物在空气中极易传播，应避免采用喷灌方式。

（2）微灌

微灌包括滴灌、微喷灌、涌流灌和地下渗灌。

① 滴灌

滴灌是指用塑料管将水直接送到植物根部的附近，水由滴头（图5-4）慢慢滴出，真正做到灌植物而不是灌土，使植物根部的水分处于较高的状态。其特点是用水经济，损耗少，自动化程度高，所需压力低，能耗少。缺点是由于滴头出水流速慢，所以对水质要求高。

屋顶绿化，在其建成后一般不允许非维修人员活动，相对维护水平也较低，可进行简单式绿化，所选的植物耐旱性较强，且基质较薄，在正常情况下，不需有规律的灌溉，因此从节水的角度来讲，滴灌较为适合。

② 微喷灌

微喷灌是指通过低压水管将水输送到植物根部附近，并用微喷头（图5-5）将水洒在土壤表面。因此兼有滴灌和喷灌的特点。它的灌溉系统和滴灌相似，不同的是出水流量较大，过滤的要求较滴灌小，流速大不易堵塞；与喷灌相比，微喷灌更节约资源，对管道材质要求低，雾化程度好，对土壤和植物的冲击小，受风的影响也小，微喷灌系统的设计灌水均匀度可大于85%，节水可达30%～80%；其组合喷灌强度小于土壤的入渗能力，因此不会造成表面径流。

图5-4　压力补偿式滴头

图5-5　微喷头及地插头

③ 渗灌

渗灌系统目前认为是一种较节水的灌溉技术，属于地下微灌技术，在低压条件下，通过埋于植物根系的活动层的灌水器（图 5-6），根据植物的需水量向土壤渗水供给植物。渗灌系统的灌水质量高，能有效满足作物的水分需求，减少水分的无效消耗。灌水后土壤表层仍能保持干燥，水分蒸发量减少，利用率提高。而且其技术本身要求灌水量不能太大，否则土壤表层湿润，影响技术优势。

④ 涌泉灌

涌泉灌是微灌形式的一种，属于小管出流灌溉方式（图 5-7），其基本原理与滴灌等其他微灌方式大体相同，技术相对简单。涌泉灌系统主要是机压固定管道式系统，由首部枢纽、输配水管网和小管出流器组成。各级管道均使用塑料管埋于土壤耕作层以下，最末级微管直径为 4mm，一头接地下涌流器，另一头露出地表，灌溉时以射流状出流。其管网主要使用普通的塑料 PVC 管及 PE 管。涌泉灌以细流局部湿润树体附近土壤，具有较好的灌溉效果。对于乔木可采用涌泉型喷头灌溉。

图 5-6　渗灌管

图 5-7　涌泉灌

4. 参考案例

苏州某公建项目，大面积绿地选用地埋草坪喷头，小面积绿地无法采用地埋草坪喷头的，则采用人工灌溉方式进行灌溉，快速取水口布置间距约 30m 左右（图 5-8）。项目采用自动控制轮流喷灌和手动浇灌结合的灌溉方式，自动控制器在设定的时间内对不同站点轮流输出 AC 26.5V 电，轮流启动电磁阀，使电磁阀后喷头轮流自动喷灌；水

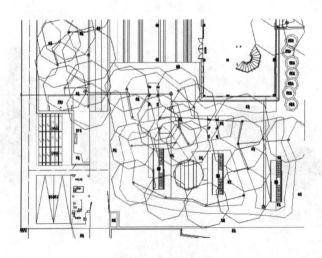

图 5-8　灌溉平面图

源出水口压力保持在 $0.25MPa$，总流量不低于 $15m^3/h$；压力不够需增设水泵增压。如图 5-9 所示。

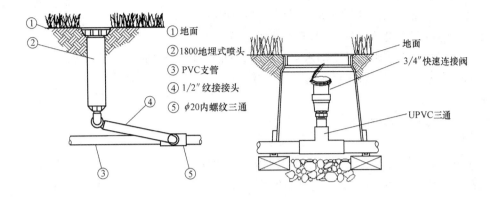

① 地面
② 1800地埋式喷头
③ PVC支管
④ 1/2″纹接接头
⑤ φ20内螺纹三通

地面
3/4″快速连接阀
UPVC三通

图 5-9 地埋式喷头安装示意图和快速连接阀安装示意图

5. 相关标准、规范及图集

《当前国家鼓励发展的节水设备》（产品）目录；

《喷灌工程技术规范》GB 50085；

《园林绿地灌溉工程技术规范》CECS 243；

《民用建筑节水设计标准》GB 50555。

5.2.3 冷却塔节水

1. 概述

在公共建筑中，集中空调系统的冷却水补水量占据建筑物用水量的 $30\%\sim50\%$，减少冷却水系统不必要的耗水对整个建筑物的节水意义十分重大。

2. 适用范围

该技术对于设置了空调冷却水系统的建筑均适用。

3. 技术措施

（1）冷却塔应选择满足《节水型产品技术条件与管理通则》要求的产品。冷却塔补水尽可能使用非传统水源。

（2）充分利用冷却水废水。

（3）采用开式循环冷却水系统时，可采取如下节水措施：

① 设置水处理装置和化学加药装置改善水质，减少排污耗水量，合理控制冷却水系统的浓缩倍数。

② 采取加大积水盘、设置平衡管或平衡水箱的方式，避免冷却水泵停泵时冷却水溢出。

（4）采用无蒸发耗水量的冷却技术，包括采用风冷式冷水机组、风冷式多联机、地源热泵、干式运行的闭式冷却塔等。采用风冷方式替代水冷方式可以节省水资源消耗，风冷空调系统的冷凝排热以显热方式排到大气，并不直接耗费水资源，但由于风冷方式制冷机组的 COP 通常较水冷方式的制冷机组低，所以需要综合评价工程所在地的水资源和电力资源情况，有条件时宜优先考虑风冷方式排出空调冷凝热。

4. 相关标准、规范及图集

《采暖通风与空气调节设计规范》GB 50019；

《当前国家鼓励发展的节水设备》（产品）目录；

《节水型产品技术条件与管理通则》GB/T 18870；

《民用建筑节水设计标准》GB 50555；

《宾馆、饭店空调用水及冷却水水质标准》DB 131/T 143；

《循环冷却水用再生水水质标准》HG/T 3923。

5.3　非传统水源利用

"开源、节流"是绿色建筑水系统规划的两个方面。其中，水资源的"开源"具有很大的潜力，可以采取的措施主要是对非传统水源的利用。该"非传统水源"是指不同于传统地表水供水和地下水供水的水源，包括再生水、雨水、海水等。安徽省位于内陆地区，对于非传统水源的利用主要是指雨水和再生水的利用。

5.3.1　雨水利用

1. 概述

雨水利用不应只是场地内雨水的收集回用，而是雨水入渗系统、收集回用系统、调蓄排放系统的综合设计。场地开发应遵循低影响开发原则，合理利用场地空间设置绿色雨水基础设施，实现对场地雨水的综合利用。绿色雨水基础设施包括雨水花园、下凹式绿地、屋顶绿化、植被浅沟、雨水管截留（又称断接）、渗透设施、雨水塘、雨水湿地、景观水体、多功能调蓄设施等。

在场地内通过绿色雨水基础设施建立蓄、滞、排相结合的排涝及雨水收集回用的综合利用体系，控制场地内的年径流总量控制率❶在 55%～85% 之间，以自然的方式控制城市雨水径流、减少城市洪涝灾害、控制径流污染、保护水环境，生态效益显著。

2. 适用范围

雨水入渗系统可涵养地下水，但在地下水位高、土壤渗透能力差或雨水水质污染严重等条件下雨水渗透技术会受到限制，同时雨水入渗系统在降雨量相对少而集中、蒸发量大、地下水利用比例较大的地区更能凸显其优势。

对于降雨量在 800mm 以上的多雨但缺水地区，除雨水入渗系统外，还应结合当地气候和场地地形、地貌等特点，建立完善的雨水调蓄、收集、处理、回用等配套设施。收集的雨水井处理后可回用于景观补水、绿化浇洒、道路冲洗、冷却水补充、洗车用水、冲厕等非饮用水水源。其中，对于养老院、幼儿园、医院建筑，不建议使用非传统水源作为冲厕用水。

由表 5-10 可知，安徽省内行政分区的降雨量均在 800mm 以上，全省年平均降雨量约为 1173mm 左右。因此，安徽省内各城市均可结合当地的气候条件及场地情况进行雨水综合利用的合理规划。

---

❶　年径流总量控制率：通过自然和人工强化的入渗、滞留、调蓄和回用，一年内场地雨水径流中得到控制的量占全年总雨量的百分比。

安徽省各行政分区的年降雨量 表 5-10

行政分区	年降雨量（mm）	行政分区	年降雨量（mm）
合肥市	952	巢湖市	1120
淮北市	880	芜湖市	1278
亳州市	825	宣城市	1446
宿州市	838	铜陵市	1391
蚌埠市	876	池州市	1609
阜阳市	884	安庆市	1394
淮南市	886	黄山市	1819
滁州市	955	六安市	1182
马鞍山市	1063	全省	1173

注：数据来自 2009 年 5 月安徽省水利厅发布的"安徽省水资源公报（2008 年）"。

3. 技术措施

从区域角度看，雨水的过量收集会导致原有水体的萎缩或影响水系统的良性循环。应合理规划地表与屋面雨水径流，对场地雨水实施外排总量控制。在自然地貌或绿地的情况下，径流系数通常为 0.15 左右，因此建议根据项目情况，控制场地内的年径流总量控制率在 55%～85% 之间。对于场地占地面积超过 $10hm^2$ 的项目，应进行雨水专项规划设计，小于 $10hm^2$ 的项目可不做雨水专项规划设计，但也应根据场地条件合理采用雨水控制利用措施，编制场地雨水综合利用方案。

（1）雨水入渗

根据《建筑与小区雨水利用工程技术规范》GB 50400，雨水入渗系统宜设雨水收集、入渗等设施。可采用绿地入渗、透水铺装地面入渗、浅沟与洼地入渗（图 5-10）、浅沟渗渠组合入渗、渗透管沟、入渗井、入渗池、渗透管-排放系统等方式。

在绿色建筑中，自然裸露地、公共绿地、绿化地面和面积大于等于 40% 的镂空铺地（如植草砖）等室外透水地面设计较多。此外，透水铺装也可有效改善地面透水性能，建议在硬质地面中进行推广使用。"透水铺装"是指既能满足路用及铺地强度和耐久性要求，又能使雨水通过本身与铺装下基层相通的渗水路径直接渗入下部土壤的地面铺装。如透水沥青、透水混凝土、透水地砖等。当透水铺装下方为地下室顶板时，应使得地下室顶板上覆土深度满足当地园林绿化部门的要求，如覆土厚度达不到要求，则需在地下室顶板上方设置疏水板及导水管等可将渗透雨水导入周边与地下室顶板接壤的实土中。

渗井、渗沟、渗池等，这些设施占地面积小，可因地制宜地修建在楼前屋后。

（2）雨水收集回用

雨水收集回用系统应优先收集屋面雨水，不宜收集机动车道路等污染严重的下垫面上的雨水。收集的雨水经净化处理后应首先考虑应用于景观用水、绿化、道路冲洗，如水量有富足，也可用作车库冲洗、洗车、冷却水补水或冲厕用水等非饮用水水源。一般雨水收集回用流程如图 5-11 所示。

雨水收集回用系统的设计范围包括：初期雨水的弃流装置、雨水储水模块；回用系统的取水井、水泵坑、水泵及附件、控制箱；初期弃流井与雨水模块之间的雨水管道连接，包括：初期雨水弃流管出弃流井、弃流井与雨水模块之间的构筑物和管道、雨水模块的溢流管道出模块，回用管道出泵坑。

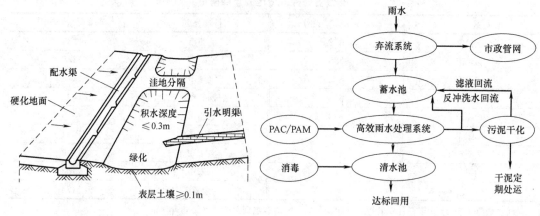

图 5-10　洼地入渗系统　　　　　　图 5-11　雨水处理流程图

① 雨水系统管道设置

雨水回收系统设置两套雨水管道：一套为雨水收集回用管道；另一套为雨水收集排放管道。屋面雨水经雨水管道收集后，排向室外雨水收集回用管道，经室外初期雨水弃流井完成初期雨水弃流后，进入雨水收集模块池储存并回用。雨水收集回用系统弃流的初期雨水、超过雨水收集系统能力的溢流雨水均由室外雨水收集排放管道收集；雨水收集排放管道收集的雨水，最终排入市政雨水管道。

② 初期雨水弃流

初期径流弃流量应按照下垫面实测收集雨水的 COD、SS、色度等污染物浓度确定。当无资料时，屋面弃流可采用 2～3mm 径流厚度，地面弃流可采用 3～5mm 径流厚度。雨水收集利用系统对初期弃流装置的要求：智能流量计具有累计流量计量、信号转换和远传功能，并能在设定的复位时间打开电动阀，使雨水初期弃流装置复位。

③ 雨水储存

雨水储存设施（蓄水池）的有效储水容积不宜小于集水面重现期 1～2 年的日雨水设计径流总量，扣除设计初期弃流流量。

雨水在蓄水池的停留时间较长，一般为 1～3d 或更长，具有较好的沉淀去除效率，蓄水池的设置应充分发挥其沉淀功能，雨水在进入蓄水池前，应考虑拦截固体杂物。

雨水储存可采用钢筋混凝土水池、塑料模块组合水池等。其中塑料模块组合水池的材质为聚丙烯塑料（此类模块简称"PP 储水模块"），模块外部包裹防渗不透水土工布保水，其相对钢筋混凝土水池，更便于安装，施工周期大大缩短，且 PP 储水模块还可回收使用。

PP 储水模块❶的技术要点如下：

A. 水池的平面布置宜采用 I 形、F 形、E 形；

B. 水池的最大高度 4.5m，覆土高度 0.5～1.5m，允许承重荷载应经结构计算确定；

C. 水池建于停车场地面下时，单台机动车的重量不应大于 25t；

D. 入渗池的底面与地下水的距离不小于 1m；

---

❶　PP 储水模块在图集《雨水综合利用》10SS 705 中有详尽的介绍。

E. 入渗池的侧面与建筑物基础边缘不小于 10m，并对其他建筑物和管道基础不产生影响；

F. 在非自重湿陷性黄土地区，应建于建筑物防护区之外，并不影响小区道路的路基；

G. 储水池应做抗浮计算，必要时采取抗浮措施。

④ 雨水处理工艺

雨水水质较为洁净，主要污染物为 COD 和 SS，可生化性很差，且水源不稳定，因此推荐雨水处理采用物理、化学处理等便于适应季节间断运行的技术。

雨水回用水，经初期弃流后的雨水在储水模块池内有充分的时间完成沉淀作用，沉淀处理的雨水经简单消毒后完全可达到回用水水质标准，一般不需要做深度处理。《建筑与小区雨水利用工程技术规范》GB 50400 中推荐的屋面雨水处理工艺流程如下：

屋面雨水——→初期径流弃流——→景观水体；

屋面雨水——→初期径流弃流——→雨水蓄水池沉淀——→消毒——→雨水清水池；

屋面雨水——→初期径流弃流——→雨水蓄水池沉淀——→过滤——→消毒——→雨水清水池。

现雨水处理系统多为集成式处理设备，内含絮凝、过滤、消毒等处理单元。

考虑到降雨随意性大，回收水源不稳定，处理设施经常闲置。因此，如项目中同时设有中水处理系统，则可考虑将雨水与中水处理系统合理组合，减少设备闲置。图 5-12 为某项目中水雨水联合处理工艺流程图。

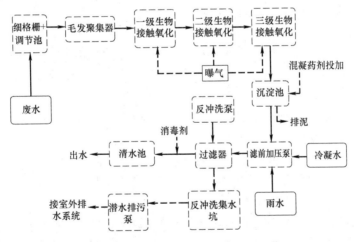

图 5-12 某项目中水雨水联合处理工艺

（3）调蓄排放

雨水调蓄即雨水调节和储存的总称。雨水调蓄属于雨水利用系统，一般在雨水利用系统中以调蓄池的形态存在，雨水调蓄不仅仅可储存雨水，在对雨水的收集上，也起到相应的作用。在进行雨水调蓄设计时，需进行水量平衡分析并防止雨水对原水体的面源污染。

利用场地的河流、湖泊、水塘、湿地、低洼地作为雨水调蓄设施，或利用场地内设计景观（如景观绿地和景观水体）来调蓄雨水（图 5-13），可达到有限土地资源多功能开发的目标。能调蓄雨水的景观绿地包括下凹式绿地、雨水花园、树池、干塘等。

在进行雨水管道设计时，可把雨水径流的高峰流量暂存在这些自然水体中，待洪峰径流量下降后，再从调节池中将水慢慢排出。由于调蓄池调蓄了洪峰流量，削减了洪峰，这

图 5-13　某小区内调蓄水池

样就可以大大降低下游雨水干管的管径，对降低工程造价和提高系统排水的可靠性很有意义。

当需要设置雨水泵站时，在泵站前设置调蓄池，可降低装机容量，减少泵站的造价。此类雨水调蓄池的常见方式有溢流堰式或底部流槽式等。

4. 参考案例

上海某公建项目，区域年降雨量约为 1184.4mm，宜充分利用雨水资源。其雨水利用工程为透水地面入渗和雨水收集回用相结合。

（1）雨水入渗

本项目透水地面包括 727.26m² 的绿地和 41.25m² 的植草砖，室外透水地面面积比 45%；

（2）雨水收集回用

收集大部分面积的屋面雨水、道路雨水以及绿化雨水，经净化处理后回用于室内冲厕、室外绿化浇灌以及景观水池补水。

① 雨水收集量 4399.32m³/a；可利用雨水量 1613.7m³/a。

② 蓄水池为 PP 雨水模块，取 3 天储存水量，考虑余量，大小设置为 32m³，设置在地下室。

③ 雨水处理选用一体化处理设备，净化能力为 10t/h；供水能力：5t/h。雨水处理工艺流程如图 5-14 所示。其出水水质可满足《城市污水再生利用 城市杂用水水质》GB/T 18920 要求。

根据水量平衡计算，雨水年可收集回用量 1613.7m³，本项目整套雨水处理设备总造价为 15.3 万元，根据上海地区办公商业水费 3.5 元/m³ 计算得知，采用雨水系统每年可节约水费 5648 元。

5. 相关标准、规范及图集

《城市污水再生利用景观环境用水水质》GB/T 18921；

《城市污水再生利用城市杂用水水质》GB/T 18920；

《建筑与小区雨水利用工程技术规范》GB 50400；

《透水砖》C/T 945；

《雨水综合利用》10SS 705；

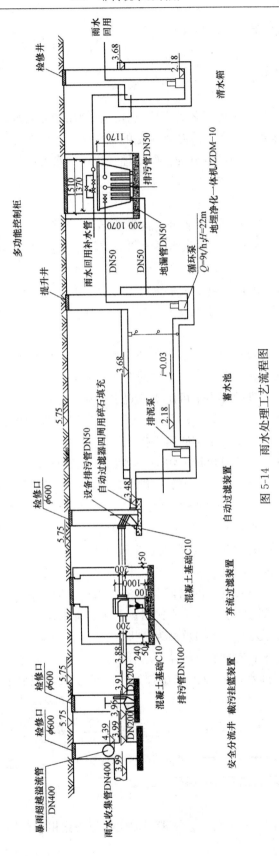

图 5-14　雨水处理工艺流程图

《雨水斗选用及安装》09S 302；

《雨水口》05S 518。

5.3.2　再生水利用

1. 概述

再生水是污水经适当再生工艺处理后具有一定使用功能的水。此处的污水主要是指建筑中水，即指各种排水经处理后，达到规定的水质标准，可在一定范围内重复使用的非饮用水。对于建筑中水的处理可以分为分散处理（建筑中水就地处理回用）或集中处理再生利用（市政再生水）两种方式。

2. 适用范围

市政再生水系统在一定的输水距离内制水成本与分散处理相比较低。故当距建筑10km之内有市政再生水厂，且再生水系统内无重污染工业废水影响再生水水质时，宜优先采用市政再生水。

如建筑10km以内无市政再生水系统，则对于建筑可回收水量大于100m³/d的居住区和集中建筑区，建议设置建筑中水就地处理回用系统。

3. 技术措施

再生水处理技术主要取决于中水水源和中水的用途，中水水源不仅影响处理工艺的选择，而且影响处理成本，因此，中水水源的选择十分关键。目前，我国主要以建筑杂排水作为再生水水源，所处理的再生水可用于景观水补水、绿化灌溉、道路冲洗、洗车、冷却水补水、冲厕等。但对于养老院、幼儿园、医院等建筑，不宜将再生水用于室内冲厕；对于与人身接触的景观娱乐用水不宜使用再生水。

再生水回用处理技术主要包括生物法、物化法及膜分离法等。其中生物处理法是利用水中微生物的吸附、氧化分解污水中的有机物，包括好氧和厌氧微生物处理，一般采用多种工艺相结合的办法；物理化学处理法以混凝沉淀（气浮）技术及活性炭吸附相结合为基本方式，可提高出水水质，但运行费用较高；膜处理技术一般采用超滤（微滤）或反渗透膜工艺，其具有 SS 去除率很高，占地面积少等优点。

依据《建筑中水设计规范》GB 50336，民用建筑物的再生水水源可选择的种类和选取顺序为：①卫生间、公共浴室的盆浴和淋浴排水；②盥洗排水；③空调系统冷却排污水；④冷凝水；⑤游泳池排水；⑥洗衣排水；⑦厨房排水；⑧冲厕排水。上述第①～⑥项可以称为优质杂排水，第①～⑦项总称为杂排水。

具体的再生水处理工艺因水质而异。

（1）对于优质杂排水，处理工艺比较简单，可以采用以物化处理工艺为主的工艺流程：

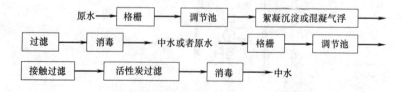

（2）对于杂排水，中水处理工艺一般采取生化与物化相结合的处理工艺流程：

（3）对于包含有粪便污水的综合生活污水，处理工艺流程很多，可采用水解酸化工艺：

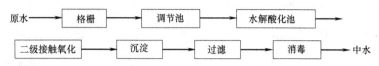

膜生物反应器（MBR）工艺简介

　　膜生物反应器（MBR）工艺是膜分离技术与生物技术有机结合的新型废水处理技术。它利用膜分离设备将生化反应池中的活性污泥和大分子有机物质截留住，省掉二沉池。活性污泥浓度因此大大提高，水力停留时间（HRT）和污泥停留时间（SRT）可以分别控制，而难降解的物质在反应器中不断反应、降解。

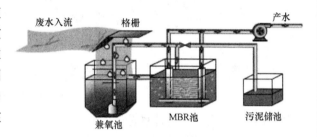

　　MBR工艺具有以下优点：（1）设备紧凑、占地少；（2）出水水质优质稳定；（3）剩余污泥产量少?；（4）可去除氨氮及难降解有机物；（5）操作管理方便，易于实现自动控制；（6）易于从传统工艺进行改造。该工艺在中水处理项目中应用广泛。

　　但同时MBR工艺也存在一些不足：（1）膜容易污染，会给管理带来不便；（2）膜造价较高，使用寿命只有3～5年；（3）能耗高；泥水分离过程需保持一定的膜驱动压力，且系统曝气强度较高。因此，总体而言，该系统处理成本较传统污水处理工艺较高。但随着膜技术的日益成熟，该系统的运行成本也将会逐渐降低。

　　膜生物反应器（MBR）工艺通过膜分离技术大大强化了生物反应器的功能，是目前最有前途的废水处理新技术之一。

4. 参考案例

某酒店项目自建中水系统：

（1）本项目位于缺水地区，且周边无市政中水，因此项目在酒店地下一层中水机房自建中水处理系统，中水源为酒店客房日产废水，中水日产量为$150m^3/d$。处理后用于绿化浇洒、景观补水、地库冲洗和酒店全楼冲厕。选用的处理工艺图如图5-15所示。

（2）中水系统成本为53.6万元，土建费用80万元。中水处理费用包括用电费、人工费、药剂费、水费。则经计算中水处理成本为1.05元/m^3，该市自来水费为4元/m^3，则每利用1m^3中水可节约水费2.95元。本项目中水年利用量为15253.98m^3，故每年可节约水费44999.24元。

5. 相关标准、规范及图集

《城市污水再生利用景观环境用水水质》GB/T 18921；

《城市污水再生利用城市杂用水水质》GB/T 18920；

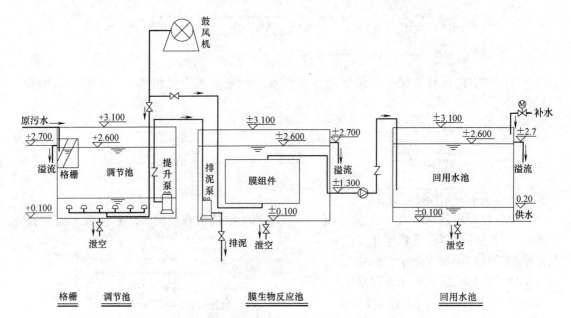

图 5-15　再生水处理工艺流程图

《污水再生利用工程设计规范》GB 50335；

《建筑中水设计规范》GB 50336；

《人工湿地污水处理工程技术规范》HJ 2005；

《建筑中水处理一》03SS 703-1；

《建筑中水处理二》08SS 703-2；

《循环冷却水用再生水水质标准》HG/T 3923。

第6章 节材与材料资源利用

绿色建筑要求尽量减少建筑材料的总用量，提高本地化材料的使用比例，降低高能耗、高排放的建筑材料的比重，尽量多地使用可再循环材料、可利用材料以及符合国家政策、技术要求并已成熟应用的以废弃物为原料生产的建筑材料，尽可能地减少建筑材料对资源和环境的影响。

本章介绍节材与材料资源利用相关的技术，主要从材料选用、旧建筑利用、建筑造型、建筑结构优化、建筑工业化建造、土建装修一体化、室内灵活隔断等方面展开。

6.1 材料选用

1. 概述

材料选用是绿色建筑评价标准中的重要项目之一。对于建筑材料的选用应遵循绿色环保的原则，即所选用的材料需要通过具有相关资质的检测机构出具的检测证明，避免使用有害材料。目前我国绿色建筑的材料选用主要包括高强度钢、高性能混凝土、耐久性材料、3R 材料以及可利用的废弃物等。其中，高性能钢和混凝土主要用于建筑的主体结构，建筑外立面、室内地面、墙面、顶棚等部位主要采用耐久性好和易维护的装饰材料。此外，对于就近取材也很重要，就近取材可以减少运输能耗浪费，同时达到环境保护的效果。

据统计，截至 2011 年安徽省已建成并投用的高层建筑 4957 幢，其中合肥市有 3203 幢，至今相信该数据还会有很大提升，建筑材料需求较大，因此通过材料选用实现提升建筑质量及节约资源的目的具有重要意义。

2. 适用范围

材料的选用要综合考虑建筑使用要求、材料性能、造价、施工量、运营维护等因素。合理选择建筑材料对于任何建筑都是必需的。

一般情况下，高强度混凝土较适用于大跨度工程结构和高层建筑；高性能混凝土有较好的耐久性和受力性能，适用于高层建筑和承受恶劣环境条件的建筑。耐久性好和易维护的装饰材料主要适用于建筑外立面、室内地面、墙面、顶棚等部位；对于改建建筑或者拆迁基础上的新建建筑，可优先考虑 3R 材料和建筑废弃物的利用。

3. 技术措施

（1）本地化建材

建材本地化是减少运输过程的资源和能源消耗、降低环境污染的重要手段之一。使用当地生产的建筑材料，提高就地取材制成的建材产品所占的比例，还可促进当地经济发展。绿标中要求使用距施工现场 500km 以内工厂生产的建筑材料重量占建筑材料总重量的 60% 以上。LEED（美国绿色建筑认证标准）中也同样规定采用来源、采集、再生和生产于工程距离 500 英里（约 800km）以内的建筑材料和产品，并且其费用占工程总材料的价值至少为 10%。

安徽省沙石和废渣资源丰富，生产的节材和利废新型墙体材料产量大、分布广，有利于全省绿色建筑建设对节材和利废材料的选择。目前安徽省本地的建材主要包括以下材料：

① 皖南、江淮和安庆地区主产"混凝土小型空心砌块"、废石屑生产的"混凝土多孔（实心）砖"，淮南等地生产的"轻集料混凝土小型空心砌块"；

② 淮北、淮南、合肥、宿州、蚌埠和宣城等地生产的"全煤矸石烧结多孔（空心）砖"；

③ 合肥、芜湖、铜陵、淮南、滁州、马鞍山等地大量生产的"蒸压粉煤灰加气混凝土砌块"和"蒸压砂加气混凝土砌块"；六安生产的"蒸压尾矿砂混凝土砌块"；

④ 池州、芜湖、淮南等地生产的"蒸压粉煤灰多孔（实心）砖"；

⑤ 芜湖、六安等地生产的"蒸压砂多孔（实心）砖"，黄山、桐城地区生产的"免烧普通砂砖"；

⑥ 合肥、淮南、池州等地生产的"脱硫石膏空心砌块"；

⑦ 合肥、芜湖、阜阳等地生产的"轻质内隔墙条板"和"金属面聚苯乙烯夹心板"等。

（2）可再循环利用材料

可再循环材料是指对无法进行再利用的材料，可以通过改变物质形态，生成另一种材料，即可实现多次利用的材料。建筑中的可再循环材料包含两部分，一是使用的材料本身就是可再循环材料，二是建筑拆除时能够再被循环利用的材料。可再循环材料主要包括：钢、铸铁、铜、铜合金、铝、铝合金、不锈钢、玻璃、塑料、石膏制品、木材、橡胶等。

充分使用可再循环材料可以减少生产加工新材料带来的对资源、能源消耗和对环境的污染，对于建筑的可持续发展具有非常重要的意义。但是，可再循环材料的使用是保证安全和不污染环境的条件下使用。

（3）高强度高性能材料使用

高强度高性能材料的选用可以降低水泥等高耗能高排放建筑材料的比重，在合理的情况下尽量选用 HRB400 级（或以上）的高强钢筋，强度等级不小于 C50 混凝土。采用高强度高性能材料可以避免肥梁胖柱的问题。对于钢筋混凝土结构的建筑，应在受力普通钢筋中尽量使用不低于 400MPa 级钢筋，同时在高层建筑中，混凝土竖向承重结构中应尽量采用强度等级不小于 C50 混凝土；钢结构应尽量选用 Q345 及以上高强钢材。

此外，建筑设计方案应考虑结构和材料强度的合理性，综合考虑钢筋、混凝土用量、净使用面积、二次结构施工工作量、改造余地等因素。对于有些项目，采用高性能混凝土或高强度钢是浪费资源的，可在少量部位采用。

（4）高耐久性建筑材料

高耐久性混凝土须按《混凝土耐久性检验评定标准》JGJ/T 193 进行检测，抗硫酸盐等级 KS90，抗氯离子渗透、抗碳化及抗早期开裂均达到Ⅲ级、不低于现行标准《混凝土结构耐久性设计规范》GB/T 50476 中 50 年设计寿命要求。高耐久性建筑材料主要包括高耐久性的高性能混凝土、耐候结构钢或耐候型防腐涂料等。钢筋混凝土结构应尽量选用高性能高耐久性的混凝土；钢结构应尽量采用耐候结构钢或耐候型防腐涂料。

（5）以废弃物为原料生产的建筑材料利用

废弃物主要包括建筑废弃物、工业废弃物和生活废弃物，可作为原材料用于生产绿色建材产品。在满足使用性能的前提下，鼓励使用和利用建筑废弃物再生骨料制作的混凝土砌块、水泥制品和配制再生混凝土；鼓励使用和利用工业废弃物、农作物秸秆、建筑垃圾、淤泥为原料制作的水泥、混凝土、墙体材料、保温材料等建筑材料。例如，建筑中使用石膏砌块作内隔墙材料，其中以工业副产品石膏（脱硫石膏、磷石膏等）制作的工业副产品石膏砌块。鼓励使用生活废弃物经处理后制成的建筑材料。

4. 参考案例

（1）本地化建材

苏州某高档住宅项目施工现场 500km 以内的工厂生产的建筑材料使用重量 76910.4t，建筑材料总重量 77065.5t，施工现场 500km 以内的工厂生产的建筑材料重量占建筑材料总重量的比例为 99.8%，满足绿标中高于建筑材料总重量的 70% 的要求。

（2）可再循环材料利用

苏州某幼儿园项目在建筑设计选材时，可再循环材料使用重量为 699.8t，所有建筑材料总重量为 6811.8t，可再循环材料使用重量占所有建筑材料总重量的比例为 10.27%。可再循环材料的具体计算见表 6-1。

可再循环材料比例计算表　　　　　　　　　　　　　　表 6-1

建筑材料种类		体积(m³)	密度(kg/m³)	重量(t)	可再循环材料总重量(t)	建筑材料总重量(t)
不可再循环材料	混凝土	2448	2300	5630.4	6112.01	6811.81
	建筑砂浆	115	2000	230		
	乳胶漆	1.32	1400	1.85		
	屋面卷材			1.2		
	石材	4.07	2100	8.56		
	砌块	300	800	240		
可再循环材料	钢材	71.08	7850	558	699.8	
	铜	0.39	8900	3.5		
	木材	27.72	950	26.35		
	铝合金型材	7.45	2750	20.5		
	石膏制品	42.89	1350	57.9		
	门窗玻璃	25.81	1300	33.55		
占总建筑材料比重				10.27%		

注：可再循环材料包括：一是用于建筑的材料本身就是可再循环材料；二是建筑以后被拆除时能够被再循环的材料。目的是减少生产新材料带来的能源消耗和环境污染。

（3）高强度高性能材料使用

苏州某超高层高档公建项目，在结构设计过程中大量使用了高强度钢（表 6-2）及高性能混凝土（表 6-3）。整个项目受力钢筋总量为 15089.67t，其中使用 HRB400 级（或以上）的钢筋总量为 14635.84t，占受力钢筋总量的比例为 96.99%，同时本项目采用强度等级在 C50（或以上）混凝土用量为 260611.62t，占竖向承重结构中混凝土总量 89928.92t 的比例为 34%。

高强度钢使用量统计计算表　　　　表 6-2

楼层名称	建筑面积(m²)	钢筋总重(t)	Ⅲ级钢筋(t)	其他受力钢筋(t)
地下室	31932	5420.74	4985.42	435.32
裙楼	18260	1165.75	1150.55	15.19
塔楼	159117	8503.18	8449.87	53.3
合计		15089.67	14635.84	503.81
Ⅲ级钢筋占比			96%	

高性能混凝土使用量统计计算表　　　　表 6-3

楼层名称	建筑面积(m²)	混凝土总重(t)	C50 及以上(t)	C50 以下(t)
地下室	31932	105827.325	8043.175	97784.15
裙楼	18260	13109.3	8751.65	4357.65
塔楼	159117	141675	73134.1	68540.9
合计		260611.62	89928.92	170682.7
强度等级 C50 以上混凝土占比			34%	

5. 相关标准、规范及图集

《室内装饰装修材料人造板及其制品中甲醛释放限量》GB 18580；

《室内装饰装修材料溶剂型木器涂料中有害物质限量》GB 18581；

《室内装饰装修材料内墙涂料中有害物质限量》GB 18582；

《室内装饰装修材料胶粘剂中有害物质限量》GB 18583；

《室内装饰装修材料木家具中有害物质限量》GB 18584；

《室内装饰装修材料壁纸中有害物质限量》GB 18585；

《室内装饰装修材料聚氯乙烯卷材地板中有害物质限量》GB 18586；

《室内装饰装修材料地毯、地毯衬垫及地毯用胶粘剂中有害物质释放限量》 GB 18587；

《混凝土外加剂中释放氨限量》GB 18588；

《建筑材料放射性核素限量》GB 6566。

6.2　旧建筑利用

1. 概述

充分利用尚可使用的旧建筑，既是节地、节材的重要措施之一，也是防止大拆乱建的控制条件。合理利用旧建筑材料或制品，可充分发挥旧建筑材料或制品的再利用价值，减少新建材的使用量。同时，可以有效引导人们的审美和消费观，鼓励直接回用旧建筑材料或制品，以降低建筑建造过程中对资源、能源的消耗，也可以降低建筑垃圾排放，实现废弃物资源化利用。

2. 适用范围

旧建筑利用适用于建筑项目用地范围内存在尚可使用的旧建筑，尚可使用的旧建筑是指建筑质量经过鉴定能保证使用安全的旧建筑，可根据规划要求保留或改变其原有使用性质，并纳入规划建设项目。

3. 技术措施

（1）利用旧建筑材料

旧建筑材料或制品是指从建筑拆除得到或从其他地方获取的旧建筑材料或制品，有很多是可以直接回用，或经过组合、修复后回用，例如砌块、砖石、管道、板材、木地板、木制品（门窗）、钢材、钢筋、部分装饰材料等。在确认这些旧建筑材料或制品性能质量符合设计要求及使用部位功能要求前提下，在建筑建造过程中应积极予以回用。

如果项目所在原场址内或附近的旧建筑中有拆除下来的旧建筑材料或制品，尽管难以取得这些旧建筑材料或制品的质量检测报告，因而未必能直接设计用于承重结构或较重要的使用功能部位（例如防水构造、围护结构等），但也可以用于点缀、装饰、美化等方面，例如住宅建筑小区内的园林创意美化、公共建筑中的怀旧装饰点缀等。

（2）利用既有建筑物、构筑物

当建筑场地内存在既有建筑物、构筑物，应合理利用场地内已有建筑物、构筑物，若能合理说明场地内已有建筑物、构筑物不能或不适于利用时，可不必采用。

4. 参考案例

安徽合肥市某小学教学楼建筑总面积 $6207m^2$，由于受场地条件限制，建筑平面由五个小矩形组成，每个矩形长约19m，小矩形在宽度方向上交错排列，建筑平面呈明显的锯齿形；建筑层高，主体结构四层。房屋建造于2000年以后，属C类建筑。建筑物平面明显凹凸不规则，一侧凹进尺寸大于投影方向总尺寸30%；鉴定报告中计算结果显示结构扭转振型出现在第二周期，扭转系数值为0.68，扭转周期与第一平动周期比值大于0.9，结构扭转效应明显。为使学校达到重点设防类抗震设防标准，校舍混凝土框架等级由三级提高到二级，计算结果显示14个框架梁端部负弯矩纵筋不足，82根框架柱纵筋配筋面积不足。

本工程采用屈曲约束支撑加固设计着眼于改变平面不规则的受力状态，调整结构内力，实现减震控制。在教学楼内部的2，6，12和14轴上，拆除部分填充墙体，设置南北向人字支撑；在H轴的7～8轴线之间和F轴的11～12轴线之间设置东西向一字支撑。

采用支撑加固，无需增加基础、大面积拆除和破坏地坪；只拆除楼内个别墙体，进行金属构件安装，施工周期短且费用低；而支撑位置不影响原有建筑功能和外立面，及时恢复教学楼使用，工程有着良好社会效益。

总造价包括支撑产品价、钢结构配件价和安装费用，以及加固施工前期拆除和后期装修恢复费用共计约48万元，每平方米单价约77.4元，远低于2009年安徽教育厅校安办颁布的《安徽省中小学校舍加固费用测算参考标准》中关于C类校舍每平方米100元的造价要求，工程有着良好的经济效益。

本工程为安徽省第一个使用屈曲约束支撑加固的项目，在校安工程中起到了良好的示范作用。

6.3 建筑造型

1. 概述

建筑造型设计如片面追求美观而以较大的资源消耗为代价，则不符合绿色建筑的基本理念。在设计中应控制造型要素中没有功能作用的装饰构件的应用。

2. 适用范围

建筑造型对于任何建筑均适用，对于超高层建筑节材效果更为显著。

3. 技术措施

（1）减少使用纯装饰性构件

尽量避免不具备遮阳、导光、导风、载物、辅助绿化等作用的飘板、格栅和构架等作为构成要素在建筑中大量使用。

（2）合理设置女儿墙高度

女儿墙高度应设置合理，避免其超过规范要求 2 倍以上。

（3）合理采用双层外墙

应尽量避免使用不符合当地气候条件的、并非有利于节能的双层外墙（含幕墙），如果必须使用需要保证使用的面积不超过外墙总建筑面积的 20%。

（4）采用装饰和功能一体化构件

而通过使用装饰和功能一体化构件，利用功能构件作为建筑造型的语言，可以在满足建筑功能的前提下表达美学效果，并节约资源。

4. 参考案例

苏州某超高层高档公建项目，在设计过程中严格控制了纯装饰性构件的使用数量，其建筑造型设计满足绿色建筑的理念要求。

本工程的主要装饰项目包括单元式单层玻璃幕墙、单元式双层玻璃幕墙、转角飞翼单元式单层玻璃幕墙、框架式玻璃幕墙、框架式不锈钢板幕墙、转角位置框架铝板幕墙、立面铝合金格栅、屋顶铝合金格栅、玻璃雨篷、拉索玻璃幕墙、有框玻璃地弹门、弧形平滑门等。其中立面铝合金格栅及屋顶铝合金格栅为装饰性构件。经统计计算，本项目的装饰性构件造价占总造价的 0.4‰，满足《绿色建筑评价标准》GB/T 50378 中规定的装饰性构件造价不超过工程总造价的 5‰的要求，具体统计计算见表 6-4。

<table>
<tr><td colspan="5" align="center">装饰性构件造价及其比例计算　　　　　　　　　　　表 6-4</td></tr>
<tr><td align="center">编号</td><td align="center">类型</td><td align="center">数量</td><td align="center">单价(元/套)</td><td align="center">小计(元)</td></tr>
<tr><td align="center">1</td><td align="center">立面铝合金格栅</td><td align="center">1 整套</td><td align="center">170000</td><td align="center">170000</td></tr>
<tr><td align="center">2</td><td align="center">屋顶铝合金格栅</td><td align="center">1 整套</td><td align="center">453000</td><td align="center">453000</td></tr>
<tr><td colspan="3" align="center">装饰性构件总造价(元)</td><td colspan="2" align="center">623000</td></tr>
<tr><td colspan="3" align="center">工程总造价(元)</td><td colspan="2" align="center">1663836121.75</td></tr>
<tr><td colspan="3" align="center">装饰性构件造价占工程总造价比例</td><td colspan="2" align="center">0.4‰</td></tr>
</table>

6.4 建筑结构优化

1. 概述

建筑结构优化是在保证建筑性能要求的同时，以最优的方式进行建筑结构设计，相对于传统的建筑结构形式，可以减少建筑原材料的使用，从而实现节约建筑材料资源的目的。

结构体系相同而结构布置不同的建筑，用材量水平会有很大的差异，资源消耗水平、对环境的冲击也会有很大的差异。因此，除了关注结构体系外，还需关注结构布置的优劣。

2. 适用范围

建筑结构优化设计适用于各区域、各类建筑。尤其是对于超高层建筑，其技术应用对节约建筑材料资源效果更为明显。

3. 技术措施

（1）对地基基础方案进行节材优化选型

在地基基础设计中，充分利用天然地基承载力，合理采用复合地基、复合桩基或补偿地基等，采用变刚度调平技术等均可减小基础材料的总体消耗。

（2）对结构体系和结构构件进行节材优化设计

在设计过程中对结构体系和结构构件进行优化，能够有效地节约材料用量。结构体系指结构中所有承重构件及其共同工作的方式。结构布置及构件截面设计不同，建筑的材料用量也会有较大的差异。提倡通过优化设计，采用新技术新工艺达到节材目的。如纯框架结构，适当设置剪力墙（或支撑），即可减小整体框架的截面尺寸及配筋量；在混凝土结构中，合理采用空心楼盖技术、预应力技术等，可减小材料用量、减轻结构自重等。

（3）采用资源消耗少和环境影响小的建筑结构体系

根据建筑的类型、用途、所处地域条件和气候环境的不同，合理选择采用资源消耗低和环境影响小的建筑结构体系，以减少建筑资源的使用是十分必要的。重点鼓励的是钢结构体系、木结构体系，以及就地取材或利用废弃材料制作的砌体结构体系三类。

① 钢结构

钢结构建筑是一种新型的建筑体系（图6-1），目前钢结构建筑在高层建筑上的运用日益成熟，逐渐成为主流的建筑工艺。钢材的"体积密度与强度比"一般小于木材、混凝土和砖石，因此钢结构比较轻，与钢筋混凝土结构相比要轻30%～50%；另外钢结构断面小，与钢筋混凝土结构相比可增加建筑有效面积8%左右。

② 木结构

木结构建筑是以木结构体系为主（图6-2）。木结构体系的优点很多：如维护结构与支撑结构相分离，抗震性能较高；取材方便，施工速度快等。同时木结构也有很多缺点：易遭受火灾，白蚁侵蚀，雨水腐蚀，相比砖石建筑维持时间不长；成材的木料由于施工量的增加而紧缺；梁架体系较难实现复杂的建筑空间等。

③ 砌体结构

砌体结构是由块材和砂浆砌筑而成的墙或柱，建筑物主要受力构件为砌体的结构

图 6-1　钢结构建筑示意图

图 6-2　木结构建筑示意图

（图 6-3）。砌体结构分为无筋砌体结构和配筋砌体结构。砌体结构在我国县乡镇应用很广泛，这是因为它可以就地取材，具有很好的耐久性及较好的化学稳定性和大气稳定性，有较好的保温隔热性能。较钢筋混凝土结构节约水泥和钢材，砌筑时不需模板及特殊的技术设备，可节约木材。

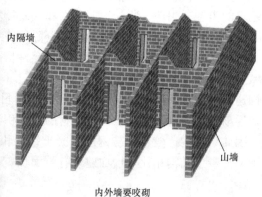

图 6-3　砌体结构建筑示意图

4. 参考案例

　　广州某超高层项目采用带巨型斜撑和加强层的框架核心筒结构体系，利用电梯井、楼梯间及设备间设置的混凝土核心筒和由钢管混凝土柱、钢斜撑组成巨型钢斜撑框架为主要的抗侧力结构。本项目对结构体系和结构构件进行节材优化设计，提高了建筑的侧向刚度，并实现节材的效果。

本项目为进一步提高结构的侧向刚度，利用设备层两层的高度在核心筒与外围钢管柱设置外伸钢桁架，增强结构整体抗倾覆能力。楼盖原初步设计考虑采用钢筋混凝土梁板楼盖，从造价、工期、施工难度和环保方面考虑进行优化对比，最终采用造价较高，但绿色环保的钢梁＋钢筋桁架组合楼盖。

本工程高宽比达 8.2（核心筒的高宽比为 24），侧向刚度相对较弱。经结构布置方案的计算比较，核心筒采用提高混凝土强度至 C70，核心筒四角加入型钢，优化后第一周期降至 6.1s，地震作用和 50 年一遇的风荷载（承载力计算按 100 年一遇）下的层间位移角分别降至 1/987 和 1/724；底部墙厚由原来的 1200mm 厚减为 900mm 厚，大大减少了混凝土的用量，减少了结构的自重。底部的柱截面由于采用钢管柱，通过提高含钢量，直径减小，增加了实际可使用面积。在混凝土和钢筋的使用方面，本着绿色环保的设计理念，尽量采用高性能和高强度混凝土和高强度钢筋。钢管柱里面填充混凝土最大强度至 C100，普通钢筋的选用均采用国家推荐的（HRB400 级）高强热轧带肋钢筋。混凝土均采用商品混凝土，减少对环境的影响。

5. 相关标准、规范及图集

《砌体结构设计规范》GB 50003；

《木结构设计规范》GB 50005；

《钢结构设计规范》GB 50017；

《混凝土结构设计规范》GB 50010；

《砌体工程施工质量验收规范》GB 50203；

《混凝土结构工程施工质量验收规范》GB 50204；

《钢结构工程施工质量验收规范》GB 50205；

《木结构工程施工质量验收规范》GB 50206。

6.5 建筑工业化建造

6.5.1 预制结构构件

1. 概述

预制结构构件是指构件不在施工现场制作，与传统的构件制作工序相比，构件在加工车间里完成，减少在施工现场的高空作业。所有的结构构件在工厂预制，现场装配化施工，基本消除了墙体常见的渗漏、开裂、房间尺寸偏差等质量通病，同时还能够节能降耗、减小环境污染等众多优势。

2. 适用范围

预制构件对于住宅建筑较为适用，对于结构复杂的公共建筑较困难。

3. 技术措施

（1）装配式结构技术体系

以西伟德宝业混凝土预制件（合肥）有限公司为代表的装配式叠合板剪力墙结构技术体系为竖向及水平叠合、部分现浇的预制剪力墙体系，适用于 18 层以下建筑。西伟德装配式叠合板剪力墙结构体系于 2007 年落户合肥，为大面积推广该项技术、确保工程质量安全，先后编制了《叠合板式混凝土剪力墙结构技术规程》DB 34/810、《叠合板式混凝土剪力墙结构施工及验收规程》DB 34/T1468，完善了叠合板结构体系施工、验收标准。

以长沙远大住宅工业有限公司为代表的装配式结构技术体系为竖向现浇、水平叠合、非承重构件预制的体系。长沙远大住宅工业于 2012 年 9 月落户合肥市，正式投产。技术体系采用具有复合功能的"预制三明治保温夹心板"作为外墙挂板，具有良好的安全性和可靠性。2012 年 12 月完成了远大企业标准《装配整体式混凝土结构技术规程》Q/YDA 01 的专家论证和备案工作，解决了试点工程设计、生产、施工和验收的标准依据，目前该体系已在中科大先进技术研究院项目人才公寓中试点应用，设计、生产、施工和验收的地方标准已申请立项，配套的楼梯、管线、电器等构造图集共 7 项已申报 2013 年度立项。

以黑龙江宇辉集团为代表的装配式技术体系为竖向装配、水平叠合、非承重构件预制体系。黑龙江宇辉集团 2013 年 1 月已落户合肥并于 3 月份试生产，其套筒钢筋连接和约束浆锚搭接为关键核心技术，适合住宅产业化的装配式施工建造要求。2012 年 11 月，为满足装配式住宅试点项目应用需求，启动了《装配整体式剪力墙结构技术规程（试行）》DB 34/T 1874 的编制工作，标准正式发布。目前配套图集的编制工作尚未启动。

以上海城建集团为代表的装配式结构体系为竖向受力构件柱预制、水平受力构件叠合、剪力墙现浇、外墙挂板的体系。

（2）预制混凝土结构

与传统的建筑工地现浇混凝土工艺相比，工厂化生产劳动效率高，生产环境稳定。由于构件的定型化和标准化，预制构件比用其他施工方法生产的等效构件可节省较多的材料和人工，且产品按既定标准严格检验出厂，故质量保证率高。建筑总体采用预制混凝土结构，不仅可以减轻结构自重，还可以节约柱、梁、抗震墙和基础支撑体系的费用，同时还可以缩短工期 50% 左右，对周围的工作和生活影响较小。

（3）预制钢筋制品

预制钢筋制品是指在工厂中按混凝土结构设计，预先把盘条或直条钢线条材加工制成钢筋网片、钢筋笼等钢筋成品，运送至工地现场。因其不在工地现场使用制作，从而实现建筑钢筋加工的专业化、工厂化、标准化和商品化。工地现场加工的钢筋废料率约为 10% 左右，而专业化工厂能同时为多个工程配送预制钢筋件，钢材可进行综合套裁，废料率一般在 2% 左右。因此，采用预制钢筋制品可以大大减少废料率，节省钢筋材料。

4. 参考案例

（1）装配式结构技术系统

对于装配式结构技术体系，在技术措施已经进行了详细介绍，这里不予以扩展。

（2）预制混凝土结构

目前，该技术在国内使用较好的是万科的 PC（预制混凝土结构）技术体系，经过 100 多项结构试验验证，万科采用的 PC 结构，其整体性和抗震的性能不低于现浇混凝土结构，同时极大地缩减了工期。我们把这一种结构称之为"预制装配整体式"建筑。

（3）预制钢筋制品

预制的钢筋制品已经在建筑中较为广泛地被使用，如在加工厂制成的钢筋网片、钢筋笼、钢筋桁架楼层板等钢筋成品，这里不予以详细介绍。

5. 相关标准、规范及图集

《预制混凝土构件质量检验评定标准》GBJ 321；

《叠合板式混凝土剪力墙结构技术规程》DB 34/810；

《住宅装饰装修验收标准》DB 34/T 1264；

《叠合板式混凝土剪力墙结构施工及验收规程》DB 34/T 1468；

《建筑节能门窗应用技术规程》DB 34/T 1589；

《装配整体式剪力墙结构技术规程（试行）》DB 34/T 1874；

《钢结构建筑围护技术规程》DB 34/T 1660；

《预制装配式钢筋混凝土检查井技术规程》DB 34/T 1786；

《装配整体式混凝土结构技术规程》Q/YDA 01。

6.5.2　建筑部品

1. 概述

工业化部品是在工厂内生产、组合好，进行系统集成和技术配套，在工程现场直接组装的整体建筑部件。采用工业化部品既提高了效率、保证了工程质量，也大大减少了材料的消耗和现场作业量。工厂的生产条件、质量控制手段都要比施工现场好，因此在工厂生产的部品更有利于保证质量，也是提高质量、降低返修率的一个有效途径。

2. 适用范围

建筑部品适用于各类建筑，对于住宅建筑的适用性更高。

3. 技术措施

（1）整体厨房、卫浴

采用整体厨房、整体卫浴间等定型设计方法。整体厨房是指按人体工程学、炊事操作工序、模数协调及管线组合原则，采用整体设计方法而建成的标准化、多样化完成炊事、餐饮等多种功能的活动空间；整体卫浴间是指在有限的空间内实现洗面、沐浴、如厕等多种功能的独立卫生单元。如果厨房、卫生间设备采用成套定型产品，则可以减少现场作业等造成的材料浪费、粉尘和噪声等问题。

（2）装配式隔墙

装配式隔墙可以在工厂按图纸加工好，并预留好门窗洞口以及预埋的管线、插座开关和踢脚等，运到施工现场即可很快地拼装起来。

（3）复合式外墙

复合式外墙是将保温材料在工厂做成与外墙墙体合一的构件，使保温和外墙一体化，减少保温材料脱落开裂的现象；或是将保温材料在工厂做成与面砖等装饰合一的构件，实现保温装饰一体化，减少外保温加贴面砖的繁琐工序，增加稳固性。

（4）集成吊顶

集成吊顶是将吊顶模块与电器模块制作成标准规格的可组合式模块，安装时集成在一起。集成吊顶各功能模块拆分之后，采用开放分体式的安装方式，不同于以往厨卫吊顶上生硬地安装浴霸、换气扇或照明灯，使电器组件的寿命得以提高。

（5）工业化栏杆

工业化栏杆可以在工厂通过热镀锌、喷漆工艺完成高质量的防锈和外表面处理，并镶嵌好玻璃栏板，运到现场后用锚栓直接与预埋件通过冷连接装配，确保装配过程中不会破坏防锈层和面层。传统的栏杆做法都是工地去购买各种材料、加工、焊接、除锈、刷漆，既费工费料又无法保证质量。

6.6　土建装修一体化

1. 概述

土建与装修工程一体化设计施工，即在施工图设计的同时兼顾装修设计，不破坏和拆除已有的建筑构件及设施，避免重复装修，从而实现节约建筑材料的设计理念。

2. 适用范围

土建装修一体化设计施工适用于精装修建筑，不适用于以毛坯房为销售对象的建筑。

3. 技术措施

土建和装修一体化设计，要求对土建设计和装修设计统一协调，在土建设计时考虑装修设计需求，事先进行孔洞预留和装修面层固定件的预埋，避免在装修时对已有建筑构件打凿、穿孔，这样既可减少设计的反复，又可保证结构的安全，减少材料消耗，并降低装修成本。土建装修一体化设计施工具体要求如下。

（1）土建开工前，土建、装修各专业的施工图纸齐全，且达到施工图的深度。建筑结构施工图纸中，注明预留孔洞的位置、大小，给出土建和装修阶段各自所需要主要固定件的位置、编号和详图；建筑、结构施工图纸与设备、电气、装修施工图纸之间基本无矛盾；土建、装修各专业的施工图纸通过了政府主管部门的审查；重要部位建议制作彩色效果图和模型。

（2）对于菜单式装修项目，土建开工前应对销售对象进行认真分析，并提供多套装修设计方案。参考这些方案，在建筑、结构施工图纸中，注明预留孔洞的位置、大小，给出土建和装修阶段各自所需主要固定件的位置、编号和详图。

（3）有条件的项目在正式装修之前，可在现场进行局部样板施工，以检验和确认装修设计效果、施工工艺、施工质量等，样板应具有代表性，需要局部修改设计时，各专业应同时完成图纸的修改。

4. 参考案例

土建与装修工程一体化设计施工：

上海某高档会所建筑在建筑施工图设计过程中，考虑到后期装修过程中对建筑造成的损坏，在设计之初即对各专业的图纸进行了孔洞预留，在建筑开工前完成装修图纸设计，有效地避免了建筑、结构施工图与设备、电气装修图纸之间的矛盾，对已有的建筑构件破坏较小，有效节省了建筑材料。

5. 相关标准、规范及图集

《建筑地面工程施工质量验收规范》GB 50209；

《建筑装饰装修工程质量验收规范》GB 50210；

《建筑工程施工质量验收统一标准》GB 50300；

《建筑内部装修防火施工及验收规范》GB 50354；

《住宅装饰装修工程施工规范》GB 50327；

《房屋建筑制图统一标准》GB/T 50001；

《建筑制图标准》GB 50104；

《民用建筑设计通则》GB 50352；

《建筑内部装修设计防火规范》GB 50222；

《高层民用建筑设计防火规范》GB 50045；

《建筑设计防火规范》GB 50016；

《民用建筑隔声设计规范》GB 50118；

《建筑照明设计标准》GB 50034；

《民用建筑工程室内环境污染控制规范》GB 50325；

《建筑地面设计规范》GB 50037。

6.7 室内灵活隔断

1. 概述

在保证室内工作环境不受影响的前提下，在办公、商场等公共建筑室内空间尽量多地采用可重复使用的灵活隔墙，或采用无隔墙只有矮隔断的大开间敞开式空间，可减少室内空间重新布置时对建筑构件的破坏，节约材料，同时为使用期间构配件的替换和将来建筑拆除后构配件的再利用创造条件，从而实现节约建筑材料的设计理念。

2. 适用范围

对于办公、商场等类型的公共建筑中可变换功能的室内空间较为适用。除走廊、楼梯、电梯井、卫生间、设备机房、公共管井以外的地上室内空间均应视为"可变换功能的室内空间"。

3. 技术措施

对于办公或商场建筑应尽量多布置大开间或敞开式办公空间，减少分隔。

必须采用隔断时，宜选用可重复使用的隔墙和隔断，在拆除过程中基本不影响与之相接的其他隔墙，拆卸后可进行再次利用，如轻钢龙骨石膏板隔墙、玻璃隔墙、预制板隔墙、木隔墙，以及大开间敞开式空间内的矮隔断等。

4. 参考案例

武汉某绿色公建项目在建筑设计过程中，合理采用了室内灵活隔断技术。

本项目的主要功能空间为办公室、会议室等，总的可变换功能空间面积为68138.78m²。项目在大楼的一层至七层夹层的办公区、商务配套等区域采用轻钢龙骨石膏板隔墙和玻璃隔断进行室内空间的自然分割，经统计采用灵活隔断的面积为22955.63m²，占项目可变换功能空间面积的33.69%，满足《绿色建筑评价标准》GB/T 50378中不低于30%的要求。

第7章 室内环境质量

绿色建筑需要为人们提供健康、适用和高效的使用空间，这一空间质量的优劣主要通过室内环境质量指标达标情况来体现。室内环境是绿色建筑评价指标中组成部分之一，主要考察室内声、光、热、空气品质等环境控制质量，以健康和适用为主要目标。

在绿色建筑中，建筑设计需要满足声、光、热、空气品质等环境控制质量要求，在此基础上，尽量考虑自然通风、自然采光设计，提高围护结构热工性能，提高采暖空调装置的调控能力；有条件的项目，可合理选用新型功能材料、可调节外遮阳、室内空气质量监控系统。通过合理采用这些措施，提升室内空气质量。

本章介绍室内环境质量相关的技术，主要从室内空气品质、室内热湿环境、室内声环境、室内采光与视野等方面展开。

7.1 室内空气品质

7.1.1 室内空气污染源控制

1. 概述

室内空气质量的好坏对人们的身体健康有很大的影响。"室内空气污染"被认为是继"煤烟型污染"和"光化学烟雾型污染"后的第三大污染。人体对室内环境的需求从安全性的角度来说主要指有毒气体含量不得超标。室内空气污染物中对人体危害最大的是挥发性有机化合物，主要有甲醛和苯系物，其污染源主要是装修中所采用的各种材料，如油漆、涂料、有机溶剂、黏合剂、人造板材和家具等；氨主要来源于混凝土防冻剂（南方一般无此情况），也可来源于室内装饰材料和木质板材；氡是一种放射性气体，无色无味，主要来自石材、瓷砖。室外来源主要是室外被污染了的空气，其污染程度会随时间不断地变化，所以其对室内的影响也不断变化。

目前，室内监测实践中应用最多的仍是放射性氡、游离甲醛、总挥发性有机物（TVOC）、氨、苯等5项指标，这些物质主要来源于建筑、装饰装修等过程。新装修住宅的苯、甲苯、二甲苯超标，一是装修材料本身含有，二是由于一部分被检测的房间装修竣工时间较短，尚处于挥发性有机化合物质高释放期内，也造成了空气中的浓度偏高。苯系物属于挥发性有机化合物质，在一定通风条件和时间下，空气中的有害气体浓度会逐渐减少直至消失。

2. 适用范围

对室内空气污染源进行有效控制，对于任何地区、任何类型的建筑均适用。

3. 技术措施

（1）采用绿色环保建材

严禁使用国家及地方建设主管部门向社会公布的限制、禁止使用的建筑材料制品。所应用材料必须通过符合资质要求的第三方检验机构出具的产品检验报告。

（2）入住前进行室内空气质量检测

装修后的居室不宜立即迁入，需要先对室内空气质量进行检测。室内空气的质量检测需根据国家标准《民用建筑工程室内环境污染控制规范》GB 50325 的规定执行，对室内污染物进行监测的内容主要包括放射性氡、游离甲醛、总挥发性有机物（TVOC）、氨、苯等5项指标。按照标准中规定，室内环境监测指标包括与人体健康有关的物理、化学、生物和放射性参数等4大类，共19个指标要求。因此，入住前，需要根据标准中规定的检测方法，对各项污染物指标进行检测，并与限值比较。

应使房屋保持良好的通风环境，同时有效地提高室内温度和湿度会加快有害物质的释放，装修工程竣工后，即使室内空气质量完全达标，业主在入住时还要考虑到居室内的家具、装饰物品和纤维制品对室内空气质量造成的影响和空气中污染物质的叠加效应。

4. 参考案例

江苏省某居住建筑项目在室内空气污染源控制方面做得非常完善，通过采用绿色环保建材、入住前室内污染物浓度测试，以保证室内污染物浓度满足要求，具体措施如下。

（1）绿色环保建材

本项目大量采用了绿色环保建材，建设单位在2006年6月参与了江苏省经济贸易委员会及江苏省建设厅组织的2001～2005年度墙材革新与建筑节能工作，并获得先进集体奖，其建筑材料中未使用国家级当地政府禁止或限制使用的建筑材料及制品。室内装修材料中有害物质含量均符合现行国家标准GB 18580～18588 和《建筑材料放射性核素限量》GB 6566 的要求。本项目所选用的建材信息如表7-1所示。

建材使用信息表 表7-1

建材类型	用途	何种有害物超标
加气混凝土砌块	结构、构件	无
防火涂料	底漆、面漆	无
外墙涂料	底漆、面漆	无
石膏板	装饰材料	无
内墙涂料	装饰材料	无

（2）入住前室内污染物浓度检测

项目建设用房在使用前通过了具有相关检测资质的检测机构的检测。检测机构对本项目的各个建筑进行了室内污染物浓度现场抽样检验，根据《民用建筑工程室内环境污染控制规范》GB 50325，所检项目各栋房中氨、氡、甲醛、苯、TVOC 浓度均符合1类民用建筑工程室内环境污染物浓度限量的要求。具体检测结构如表7-2所示。

室内空气质量检测表 表7-2

抽样位置	氨 （mg/m³）	氡 （Bq/m³）	甲醛 （mg/m³）	苯 （mg/m³）	TVOC （mg/m³）	污染物浓度是否超标
9号	0.15	15.84	0.07	0.02	0.09	否
10号	0.15	16.26	0.07	0.02	0.09	否
11号	0.13	16.16	0.04	0.02	0.04	否

抽样位置	氨 （mg/m³）	氡 （Bq/m³）	甲醛 （mg/m³）	苯 （mg/m³）	TVOC （mg/m³）	污染物浓 度是否超标
12 号	0.11	12.1	0.04	0.03	0.16	否
13 号	0.09	12	0.03	0.01	0.05	否
14 号	0.08	14	0.02	0.03	0.012	否
15 号	0.1	16.13	0.04	0.02	0.016	否
标准限值	≤0.20	≤200	≤0.08	≤0.09	≤0.50	

5. 相关标准、规范及图集

《民用建筑工程室内环境污染控制规范》GB 50325；

《室内空气质量标准》GB/T 18883；

《室内装饰装修材料人造板及其制品中甲醛释放限量》GB 18580；

《室内装饰装修材料溶剂型木器涂料中有害物质限量》GB 18581；

《室内装饰装修材料内墙涂料中有害物质限量》GB 18582；

《室内装饰装修材料胶粘剂中有害物质限量》GB 18583；

《室内装饰装修材料木家具中有害物质限量》GB 18584；

《室内装饰装修材料壁纸中有害物质限量》GB 18585；

《室内装饰装修材料聚氯乙烯卷材地板中有害物质限量》GB 18586；

《室内装饰装修材料地毯、地毯衬垫及地毯用胶粘剂中有害物质释放限量》GB 18587；

《混凝土外加剂中释放氨限量》GB 18588；

《建筑材料放射性核素限量》GB 6566。

7.1.2 室内通风

1. 概述

室内通风的合理设计，能够有效保证室内的空气品质，提升室内的环境质量。随着空调的产生，人们可以主动地控制居住环境，而不像以往一样被动地适应自然。在空调技术得以普及的今天，迫于节约能源、保持良好的室内空气品质的双重压力，室内通风优化设计得到了前所未有的重视。在这样的背景下，合理地对建筑通风系统进行优化设计，使得提升室内空气品质的同时，降低空调通风系统能耗。

2. 适用范围

安徽地处夏热冬冷地区，全年有充足的风资源，可充分利用自然通风来改善室内空气质量。同时，空调通风系统也是本地区建筑主要设备之一，合理设计室内通风系统，优化室内气流组织，对于建筑节能是十分必要的。

3. 技术措施

（1）自然通风利用

绿色建筑应最先、最大程度地利用自然通风技术。合理设计建筑群布局和建筑朝向，优先使用错列式、斜列式等布局方式，同时建筑朝向与夏季主导风向一致。房间可开启外窗净面积不得小于地板面积的 40%，这样可以充分利用热压及风压等自然动力的作用对室内空气进行通风换气（图7-1）。

在建筑设计时应充分考虑窗口的相对位置，尽量在建筑内部形成贯流通风，也即俗称的"穿堂风"。同时，应保证窗户的可开启面积，对于采用外窗的建筑应保证外窗的可开启面积不应小于外窗总面积的30%，对于采用玻璃幕墙的建筑，应保证其具有可开启部分。此外，在建筑设计时还可以采取风道、中庭、双层玻璃幕墙等技术措施来强化热压通风作用，尽量减少机械通风的使用。

（2）室内气流组织设计优化

空调通风系统设计时，避免卫生间、餐厅、地下车库等区域的空气和污染物串通到室内别的空间或室外主要活动场所。住区内尽量将厨房和卫生间设置于建筑单元（或户型）自然通风的负压侧，防止厨房或卫生间的气味因主导风反灌进入室内，而影响室内空气质量。同时，可以对于不同功能房间保证一定压差，避免气味散发量大的空间（比如卫生间、餐厅、地下车库等）的气味或污染物串通到室内别的空间或室外主要活动场所。卫生间、餐厅、地下车库等区域如设置机械排风，并保证负压外，还应注意其取风口和排风口的位置，避免短路或污染。如图7-2所示。

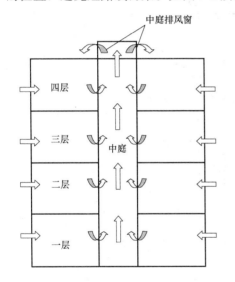

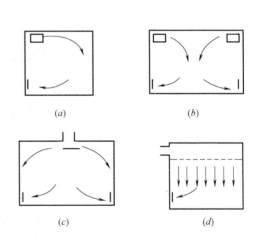

图7-1 热压自然通风原理　　　　　图7-2 室内通风空气气流组织

对于重要功能区域通风或空调供暖工况下的气流组织满足要求，避免冬季热风无法下降，避免气流短路或制冷效果不佳，确保主要房间的环境参数包括温度、湿度分布、风速、辐射温度等达标。公共建筑高大空间包括剧场、体育场馆、博物馆、展览馆等的暖通空调设计图纸应有专门的气流组织设计说明，提供射流公式校核报告，末端风口设计应有充分的依据，必要时应提供相应的模拟分析优化报告。对于精装修住宅，空调设计安装一次到位，需要对空调风口、分体空调位置与起居室床的关系进行阐述。

（3）建筑空间和平面构造设计优化

在过渡季节典型工况下，自然通风房间可开启外窗净面积不得小于房间地板面积的4%，建筑内区房间若通过邻接房间进行自然通风，其通风开口面积应大于该房间净面积的8%，且不应小于2.3m²（数据源自美国ASHRAE标准62.1）。同时，单侧通风房间

139

的进深不超过房间净高的 3 倍；穿堂风房间的进深不超过房间净高的 5 倍。

针对不容易实现自然通风的区域（例如大进深内区、由于别的原因不能保证开窗通风面积满足自然通风要求的区域）进行了自然通风设计的明显改进和创新，或者自然通风效果实现了明显的改进，保证建筑所有房间在过渡季典型工况下平均自然通风换气次数大于 2 次/h。

通过对建筑空间平面和构造设计采取优化措施，可以改善原通风不良区域的自然通风效果，使得建筑在过渡季典型工况下，90% 及以上的房间的平均自然通风换气次数不小于 2 次/h。

（4）空调新风系统设计优化

暖通空调系统在设计过程中，新风量设计应合理，需要严格按照《公共建筑节能设计标准》GB 50189 中规定值进行设计，具体参照值如表 7-3 所示。对于新风系统的新风比应实现可调节，可调节范围应不小于 50%，同时新风系统在设计时需要充分考虑过渡季节通风系统的优化设计，应尽量实现过渡季节全新风运行设计。

公共建筑主要空间的设计新风量　　　　　　　　　　表 7-3

建筑类型与房间名称			新风量（m³/(h·p))
旅游旅馆	客房	5 星级	50
		4 星级	40
		3 星级	30
	餐厅、宴会厅、多功能厅	5 星级	30
		4 星级	25
		3 星级	20
		2 星级	15
	大堂、四季厅	4～5 星级	10
	商业、服务	4～5 星级	20
		2～3 星级	10
	美容、理发、康乐设施		30
旅店	客房	一～三级	30
		四级	20
文化娱乐	影剧院、音乐厅、录像厅		20
	游艺厅、舞厅（包括卡拉 OK 歌厅）		30
	酒吧、茶座、咖啡厅		10
	体育馆		20
	商场（店）、书店		20
	饭馆（餐厅）		20
	办公		30
学校	教室	小学	11
		初中	14
		高中	17

4. 参考案例

苏州某公建项目在室内通风方面的设计较为合理，具体设计措施如下：

（1）自然通风利用

本项目玻璃幕墙上设置了可开启的部分，可开启的通风口基本呈对称分布且分布均匀，易形成"穿堂风"，有利于室内自然通风，具体的可开启面积统计如表 7-4 所示。在夏季主导风向平均风速边界条件下本项目室内主要功能空间的换气效率均在 2 次/h 以上，满足在自然通风条件下保证主要功能房间换气次数不低于 2 次/h 的要求。

幕墙可开启面积比例统计表　　　　表 7-4

编号	幕墙类型	幕墙面积	可开启面积	数量（个）	可开启面积比例（%）
EWS01	竖明横隐单元式玻璃幕墙系统	2004.63	565.92	1	0.28
EWS02	全隐框单元式玻璃幕墙系统	841.01	0	1	0.00
EWS03-01	横明竖隐单元式玻璃幕墙系统	2175.71	293.85	1	0.14
EWS03-02	横明竖隐单元式玻璃幕墙系统	673.02	143.4	1	0.21
EWS03-03	横明竖隐单元式玻璃幕墙系统	768.90	229.74	1	0.30
EWS04	横明竖隐加横向遮阳百叶单元式玻璃幕墙系统	2600.22	729.45	1	0.28
EWS05	入口玻璃雨棚系统	144.18	14.634	1	0.10
EWS06	自行车库采光顶加铝板系统	200.61	0	1	0.00
总计		9408.28	1976.99	—	0.21

（2）合理设置新风量

同时，本项目空调系统的新风量严格按照标准的要求进行设计，既能够满足人员需求又能够实现空调系统节能，具体数值如表 7-5 所示。

空调系统新风量设计值　　　　表 7-5

房间类型	新风量（m³/(h·p)）	
	设计值	标准值
大堂	10	10
办公室	30	30

5. 相关标准、规范及图集

《室内空气质量标准》GB/T 18883；

《住宅设计规范》GB 50096；

《民用建筑工程室内环境污染控制规范》GB 50325。

7.1.3 空气质量监控

1. 概述

建筑内设置空气质量监控系统，能够实现对室内空气污染物浓度监测、报警和控制，预防和控制室内空气污染，保护人体健康。

2. 适用范围

空气质量监控系统适用于各地区各类建筑，尤其适用于人员数量多的区域，如办公室，会议室。对于设有空调通风系统的建筑，空气质量监控系统需要在其基础上进行实现。

3. 技术措施

（1）CO_2 浓度监测

在主要功能房间，利用传感器对室内主要位置的二氧化碳浓度进行数据采集，将所采集的有关信息传输至计算机或监控平台，进行数据存储、分析和统计，二氧化碳浓度超标时能实现实时报警，并与空调的新风系统联动，实现改善室内空气质量的同时，以最小新风量运行，同时能够降低空调系统能耗。

（2）CO 浓度监测

对于地下车库，应设置与排风设备联动的 CO 监测装置，可以通过监测 CO 的浓度，控制车库排风机的启停，当车库内 CO 浓度超过规定的上限时，车库排风机会自动启动进行通风换气，直至空气质量满足要求。

（3）其他污染物浓度实时报警

对室内其他污染物浓度进行监测报警。二氧化碳浓度监测技术比较成熟、使用方便，但甲醛、氨、苯、VOC 等空气污染物的浓度监测比较复杂，使用不方便，有些简便方法不成熟，受环境条件变化影响大，仅甲醛的监测容易实现。为了能够全面改善室内的空气质量，空气质量监控系统需要能够实现其他污染物浓度超标实时报警。

4. 参考案例

苏州某超高层项目合理采用了室内空气质量监控系统，采用 CO_2 传感器及 CO 传感器来控制室内及地下室的通风。

（1）CO_2 浓度监测

本项目在每办公层的新风量均按照国家标准要求的新风量计算，可变风量新风机均设于设备层内，由新风竖管供应新风至各楼层的空调机，并测量室内二氧化碳浓度来控制新风量的供应，以达到更佳节能效果。CO_2 传感器安装在空气处理机组的回风管上，通过检测回风 CO_2 浓度的变化来控制新风，然后通过与风速传感器检测风量的对比来调节新风阀门；同时，在 4 层及 35 层会议室也设置了 CO_2 监测点，以保证会议室的空气质量。

（2）CO 浓度监测

本项目在地下室采用 CO 传感器，通过测试地下室空气中 CO 的浓度，来控制地下室通风。

5. 相关标准、规范及图集

《室内空气质量标准》GB/T 18883；

《室内环境空气质量监测技术规范》HJ/T 167。

7.2 室内热湿环境

建筑热湿环境是衡量室内空气品质的重要指标，直接影响着人们的舒适感，如果长期处于不适宜的热湿环境会对人体健康造成伤害。安徽地区属于夏热冬冷地区，冬夏季区分明显，更应该重视室内热湿环境的变化。

7.2.1 室内空气温湿度控制

1. 概述

室内热湿环境主要由室内温度、湿度等要素综合组成，以人感知的热舒适程度作为评价标准。室内空气温、湿度合理控制直接关系到室内的热舒适性。合理设计室内的温、湿度不仅能够提升室内的热舒适性，同时能够降低暖通空调系统的运行能耗，同时，使用者可以根据实际需要调节室内温湿度。

2. 适用范围

室内空气温湿度的合理控制对于采用暖通空调系统的建筑是非常必需的，而且是暖通空调系统最基本的设计。安徽省处于夏热冬冷地区，暖通空调是该区域建筑不可缺少的组成部分，因此室内空气温湿度的合理控制对于安徽省各类采用暖通空调的建筑均是非常适用的。

3. 技术措施

（1）室内热湿参数设置

在有空调的情况下，一般认为，在供热工况下，室内温度每降低 1℃，能耗可减少 10%～15%，在供冷工况下，室内温度每提高 1℃，能耗可减少 8%～10%。因此，在满足使用要求的前提下，不应任意提高冬季室内供暖温度、降低夏季室内供冷温度。

室内空调计算参数需要严格参照《公共建筑节能设计标准》GB 50189 中规定的限值进行设计，标准中规定的限值如表 7-6 所示。

空气调节系统室内计算参数 表 7-6

参 数		冬 季	夏 季
温度(℃)	一般房间	20	25
	大堂、过厅	18	室内外温差≤10
风速(v)(m/s)		0.10≤v≤0.20	0.15≤v≤0.30
相对湿度(%)		30～60	40～65

在常温条件下，相对湿度在 30%～60% 为最佳区域，在这个范围内，细菌及生物有机组织之间相互发生化学作用的可能性最小。然而，由于满足舒适、健康要求的相对湿度范围较宽，所以对于舒适性空调来说，为了节约能源消耗，通常没有必要刻意追求保持某个特定的湿度值；尤其是冬季供暖时，室内的相对湿度一般可以不进行控制。

（2）空调及其他供暖供冷设备的应用

安徽地处夏热冬冷地区，需要在夏季供冷、在冬季供暖才能使室内处于一个舒适的温湿度范围，对大型公共建筑可采用集中式空调系统，对住宅建筑可以设立分体式空调机组。

无论选用何种形式的空调系统，其末端设计一定要合理，建筑内主要功能房间应设有空调末端，空调末端应设有独立开启装置，温湿度可独立调节。不良的空调末端设计包括不可调节的全空气系统、没有配除湿系统的辐射吊顶等。

良好的空调末端设计能够实现室内人员根据需求自己调节室内温湿度（图 7-3）。该设计是非常重要的，不仅能够满足人的生理和心理需求，提高人体感知的热舒适性，还可以增加人的自主性，而不是完全被动地适应一个环境。

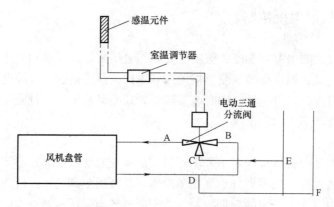

图 7-3　风机盘管系统室温调节装置

4. 参考案例

镇江某超高层公建项目，在暖通空调设计过程中，充分考虑了室内温湿度对室内的影响，室内空调设计参数均满足标准要求，具体设计参数如表 7-7 所示。

项目室内空调设计参数　　　　　　　　　　　　　　　　　表 7-7

房间类型	设计参数			
	夏季空调温度(℃)	冬季采暖温度(℃)	相对湿度(%)	风速(m/s)
大堂	25	18	<60%	1.5～2
办公室	25	20	<60%	1.5～2
商业	25	20	<60%	1.5～2

此外，本项目 VRV 空调系统，室内设有调节方便、可提高人员舒适性的空调末端，可实现风速、温度、风量、风向等参数的调节，以满足使用者的需求。

5. 相关标准、规范及图集

《民用建筑室内热湿环境评价标准》GB/T 50785。

7.2.2　遮阳隔热

1. 概述

建筑选择恰当的外遮阳装置不仅能够起到遮阳隔热作用，而且不会对室内的自然采光造成不利影响，从而达到综合节能效果最优的目的。尤其是住宅建筑，推广外遮阳对住宅产业化具有突出的现实意义。

2. 适用范围

在建筑设计中使用遮阳时必须从光和热两方面综合考虑，在保证室内环境舒适度要求下，尽量减少室内整体能耗。

3. 技术措施

设计可调节遮阳措施不完全指活动外遮阳设施，永久设施（中空玻璃夹层智能内遮阳）、外遮阳加内部高反射率可调节遮阳也可以作为可调外遮阳措施。可调节遮阳设施在设计时需保证太阳直射辐射可直接进入室内的外窗或幕墙透明部分面积的 25% 有可控遮阳调节措施，如果条件允许，应尽量保证透明部分面积的 50% 以上有可控遮阳调节措施。

对于遮阳系统具体设计详见本书 4.1.3 节遮阳系统。

4. 参考案例

相关案例详见本书 4.1.3 节。

5. 相关标准、规范及图集

相关标准、规范及图集详见本书 4.1.3 节。

7.3 室内声环境

7.3.1 建筑布局隔声

1. 概述

公共建筑要按照有关的卫生标准要求控制室内的噪声水平，保护工作人员的健康和安全，还应创造一个能够最大限度提高员工效率的工作环境，声环境质量是其中主要评价指标之一。建筑在设计之初，充分考虑建筑的平面布局及功能布局，可以从根本上提升建筑室内的声环境质量。建筑平面合理布局，能够减少排水噪声、管道噪声，减少相邻空间的噪声干扰；同时，空间功能安排合理能够有效减少外界噪声对室内的影响。

2. 适用范围

合理进行建筑布局设计是每一个建筑项目需要设计的主要元素之一，对于我国的任何地区、任何类型的建筑项目均适用。

3. 技术措施

（1）建筑内部平面、空间布局合理

在建筑设计过程中需要考虑建筑平面和空间功能的合理安排，从建筑设计上将对噪声敏感的房间远离噪声源，如在公共建筑中，主要办公区域应远离变配电房、水泵房、空调机房等设备用房，如将噪声相对较大的设备用房的位置设于地下专门空间；对于住宅建筑而言，不应放在住宅的正下方，以免影响住户的休息。

（2）建筑外部布局合理

在建筑规划设计过程中，建筑内部的功能房间需要结合建设项目所在地的噪声情况进行合理布局，对于噪声敏感的房间应远离室外的噪声源，如室内的主要办公区域应远离室外的主要交通干道，同时在建筑主要交通干道内侧设置绿化、隔声屏障等，减少外部噪声对建筑物的影响。

4. 参考案例

苏州某科技大厦项目在建筑设计过程中充分考虑建筑布局，有效降低了建筑内的噪声影响。

本项目平面布局上，北侧大部分为电梯厅、楼梯间及设备用房，主要办公区域位于隔音效果良好的南侧，建筑功能安排合理，能够为员工提供较为安静的办公环境。另外，项目的冷冻机房、空调机房、风机房、水泵房等动力机房单独设置，远离了主要办公区域，同时内墙面及顶面均做吸声处理，并采用隔音门，有效缓解了对主要功能区域的干扰。

项目的外立面采用隔声效果好的中空玻璃窗，且建筑气密性良好。同时，大厦北侧周边道路内侧设置高大乔木绿化、隔声屏等形式进行改善，能够保证室内具有良好的声环境。

7.3.2　围护结构隔声

1. 概述

建筑室内声环境质量的改善，其中一个主要的实施途径就是提升建筑围护结构的隔声性能，要求主要功能房间的外墙、隔墙、楼板和门窗的隔声性能优于现行国家标准《民用建筑隔声设计规范》GB 50118 中的低限要求标准。

《民用建筑隔声设计规范》GB 50118 将住宅、办公、商业、旅馆、医院、学校等类型建筑的墙体、门窗、楼板的空气声隔声性能以及楼板的撞击声隔声性能分"低限标准"和"高要求标准"两档列出。居住建筑、办公、宾馆、商业、医院、学校建筑应满足《民用建筑隔声设计规范》GB 50118 中围护结构隔声标准的高要求标准要求，但是办公建筑的开放式办公空间除外。对于《民用建筑隔声设计规范》GB 50118 没有涉及的类型建筑的围护结构空气声隔声要求或撞击声隔声要求，可对照相似类型建筑的要求参考执行。

2. 适用范围

围护结构隔声是对于建筑围护结构设计的基本要求，也是《民用建筑隔声设计规范》GB 50118 中的基本规定，对于任何一个绿色建筑均需要满足要求。围护结构隔声优化可以有效改善室内的声环境质量，该技术措施适用于任何地区的建筑项目。

3. 技术措施

（1）优化围护结构隔声量

对于外墙和隔墙的空气隔声量、门和窗空气声隔声量、楼板空气声隔声量的设计应至少高于低限要求和高要求标准的平均数值，如果有条件应以高要求标准的数值进行设计，甚至高于高要求标准的数值。

对于楼板撞击声隔声量设计应至少低于低限要求和高要求标准的平均数值，如果有条件应以高要求标准的数值进行设计，甚至低于高要求标准的数值。

（2）采用围护结构隔声材料

① 墙体、楼板隔声技术

不同的围护结构构造的隔声性能差异较大，在建筑设计过程中应选择合理的墙体、楼板材料，增加墙体密度，并合理控制墙体等的孔隙缝、孔洞大小等。在噪声要求严格的功能空间，应合理选取隔声材料和吸声材料（图 7-4），比如采用带空气层的双层墙结构，在楼板中铺设隔音垫等，以达到隔声效果。

图 7-4　吸声材料

② 门窗隔声技术

隔声门窗，是以塑钢、铝合金、碳钢、冷思钢板建筑五金材料，经挤出成型材，然后通过切割、焊接或螺接的方式制成门窗框扇，配装上密封胶条、毛条、五金件、玻璃、PU、吸间棉、木质板、钢板、石棉板、镀锌铁皮等环保吸隔声材料等，同时为增强型材的刚性，超过一定长度的型材空腔内需要填加钢衬（加强筋），这样制成的门和窗，称之为隔声门窗（图7-5）。针对不同的噪声源，系统考虑影响隔声效果的所有因素，有针对性地选用不同的型材与特殊工艺组合，将隔声门窗有效地应用到建筑中来，可极大地降低噪声影响。

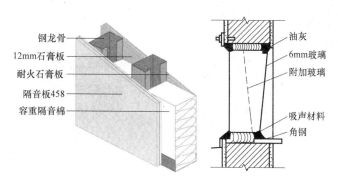

图 7-5 墙体、窗户隔声

4. 参考案例

苏州某超高层项目的围护结构在设计过程中，充分考虑其隔声性能的设计，通过对玻璃墙、楼板、会议室隔墙、会议室门的计权隔声量及楼板的计权标准化撞击声压级进行计算分析，本项目隔墙的空气声计权隔声量大于 45dB，玻璃幕墙的空气声计权隔声量为40dB，楼板的空气声计权隔声量为 50.12dB，会议室门采用木门，通过良好的门缝处理后隔声性能应能达到 27～30dB，楼板的计权标准撞击声级小于 63dB。

本项目建筑围护结构隔声性能满足现行国家标准《民用建筑隔声设计规范》GB 50118 的低限标准要求。即"办公室、会议室与普通房间隔墙、楼板的空气声计权隔声量不小于 45dB，外墙的空气声计权隔声量不小于 45dB，临交通干线的办公室、会议室外窗空气声计权隔声量不小于 30dB，其他外窗空气声计权隔声量不小于 25dB，门的空气声计权隔声量不小于 20dB，楼板的计权标准化撞击声声压级不大于 75dB"。

7.3.3 设备隔声减振

1. 概述

室内声环境是指通过控制室内自身声源和建筑外部的噪声源的影响，使室内噪声等级满足《民用建筑隔声设计规范》GB 50118 的要求。常用的技术有加强墙体、楼板、门窗的隔声性能，以及减少室内通风空调设备、日用电器和周边交通各噪声源等产生的影响。

2. 适用范围

墙体、楼板等的隔声以及设备的减噪及减震等均可以选用相应的隔声材料和吸声材料，通过优化设计使主要功能空间的室内噪声满足要求。这些技术均使用于安徽地区。

3. 技术措施

（1）设备隔声减噪减震技术

首先通风空调设备应尽量布置在远离要求安静的房间，噪声标准要求相差大的房间最好不要共用一个系统。冷冻机房、水泵房宜布置在建筑底层（地下室），空调处理设备放置于专门的机房中。

其次，要选用噪声低的通风空调设备，比如通风机在满足风量风压的前提下，尽量选择低转速的风机。

最后，对噪声大的设备如空气处理机组需设消声器和静压箱，同时对水泵等设备设减震基座，对所有的连管及支架均采取减震措施（图 7-6）。

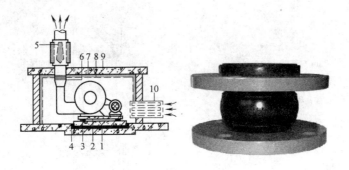

图 7-6　空调设备减噪减振

（2）管道减震技术

① 水泵、冷水机组等设备进出水口与管道连接处采用橡胶软接，在管道弯头上部增加不锈钢金属软接，使设备运行时产生的震动不会通过管道传递出去，起到隔断震动传递的作用。

② 机房管道支架必须与地面接触时采用 SD 型橡胶减震垫，尽量减少支架支设在楼板上；如果需要应在机房主梁间铺设槽钢或工字钢使支架敷设在其上，减少震动的传递。

③ 机房管道吊架全部采用 SD 型橡胶减震垫把吊架与管道隔离。

4. 参考案例

苏州某项目主要噪声污染源为辅助设备噪声，其中包括备用发电机、冷水机组、变压器、冷却塔、水泵、风机等机电设备运行时噪声。在设备隔声减震方面主要采用了如下处理技术：

（1）备用柴油发电机进行隔声、减振、消声、吸声综合处理。

（2）水泵、变压器设置在密闭的设备房内并进行基础减振处理。

（3）冷水机组、冷冻（却）水泵等分别安装在专用设备用房内，通过封闭隔声、基础减振处理后，设备噪声对周围环境基本无影响。

（4）冷却塔进行减振、景观处理；风机经过隔声、减振处理，排风系统进行适当消声处理。

通过上述处理，项目设备产生的噪声满足《工业企业厂界环境噪声排放标准》GB 12348 的要求。

5. 相关标准、规范及图集

《民用建筑隔声设计规范》GB 50118；

《建筑隔声测量规范》GBJ 75；

《建筑隔声评价标准》GB/T 50121；

《建筑玻璃应用技术规程》JGJ 113；

《建筑隔声门窗工程技术规程》DBJ 50/T-138；

《建筑抗震设计规范》GB 50011；

《建筑吸声和隔声材料—建筑材料标准汇编》中国标准出版社。

7.4　室内光环境与视野

7.4.1　室内采光

1. 概述

室内光环境与视野是指合理设置建筑功能空间窗户，充分利用自然采光，使主要功能空间照度、采光系数以及视野满足规范要求。特别是地下空间和大进深空间可采取导光筒、反光板、天窗、采光井以及下沉式庭院等技术手段来实现自然采光要求。这些技术均适用于安徽地区，具有推广价值。

2. 适用范围

对于住宅建筑和公共建筑均可以根据建筑实际情况合理设计功能空间的窗户。对于有地下空间以及大进深空间的建筑，均可采取导光筒、导光玻璃、反光板、天窗、采光井以及下沉式庭院等技术。

3. 技术措施

（1）窗户优化设计

建筑主要功能空间窗户的合理设计，应满足主要功能房间 70% 以上的区域都能通过地面以上 0.8～2.3m 高度处的玻璃窗看到室外环境，满足视野要求。同时，满足主要功能空间的采光系数达到《建筑采光设计标准》GB/T 50033 的要求。对于居住建筑，离地面高度低于 0.50m 的窗洞口面积不计入采光面积内，窗洞口上沿距地面高度不宜低于 2m，窗地面积比不得小于 1/7。

（2）导光玻璃

导光玻璃是利用玻璃夹层中的导光纳米结构，改变光线的路径，将进入室内的光线导向天花板与室内深处，使室内光线均匀柔和，并减少室内灯具使用，达到节能与舒适的效果（图 7-7）。对于窗墙比较大的建筑，包括采用玻璃幕墙的建筑，合理采用导光玻璃，可有效改善室内空间的采光效果。

（3）导光筒利用

导光筒，利用高反射的光导管，将阳光从室外引进到室内，可以穿越吊顶，穿越覆土层，并且可以拐弯，可以延长，绕开障碍，将阳光送到任何地方（图 7-8）。通过采光罩高效采集自然光线导入系统内重新分配，再经过特殊制作的导光管传输和强化后由系统底部的漫射装置把自然光均匀高效地照射到任何需要光线的地方，得到由自然光带来的特殊照明效果。导光筒是一种绿色、健康、环保、无能耗的照明产品。系统照明光源取自自然光线，光线柔和、均匀，全频谱、无闪烁、无眩光、无污染，并通过采光罩表面的防紫外线涂层，滤除有害辐射，能最大限度地保护健康。对于建筑的地下室采光可充分考虑使用导光筒技术，不仅能够有效改善室内的采光效果，而且节能环保。

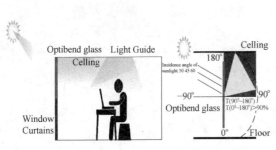

图 7-7　导光玻璃原理图

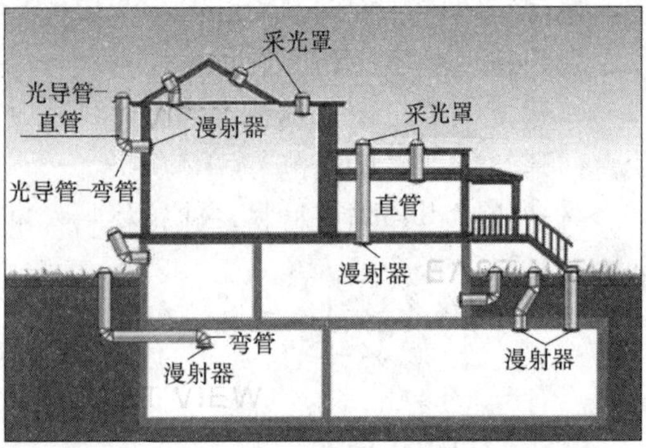

图 7-8　导光筒原理图

（4）反光板利用

反光板是用锡箔纸、白布、米菠萝等材料制成。它在外景下起辅助照明作用，有时作为主要光源使用。不同的反光表面，可产生软硬不同的光线。对于建筑中存在大进深空间等地方，可考虑利用这一技术，效果明显（图 7-9）。

（5）天窗利用

天窗是指设在建筑屋顶的窗户。天窗的采光、通风效率较侧窗高，光线均匀（图 7-10）。天窗在现代建筑中应用广泛，种类繁多，按其结构、位置以及同屋顶的关系，可分为天顶型、凸起型和凹陷型三类。天窗适用于需要屋顶进行大面积采光的建筑，对于商场建筑等较为适用。

图 7-9　反光板效果图

图 7-10　天窗采光

（6）采光井利用

采光井分为两种：第一种指地下室外及半地下室两侧外墙采光口外设的井式结构物。它主要是解决建筑内个别房间采光不好的问题，同时采光井还兼具通风和景观作用。第二种是指大型公共建筑采用四面围合、中间呈井式在建筑内部建造的内天井。这种主要是将光线不足的房间布置于内天井四周，通过天井来解决采光、通风不足的问题。采光井一般用于商场、酒店和政府办公楼等建筑的地下区域的采光（图 7-11）。

（7）下沉式庭院利用

下沉式庭院是指在前后有高差的地方，通过人工方式处理高差和造景，使原本是地下室的部分拥有面向花园的敞开空间（图 7-12）。它可以理解为采光井的更高级别，设计特点是在正负零的基础上下跃一层，同时，附带了很大面积的室外庭院，这一地下一层借助外庭院的采光就相当于地上一层。

图 7-11 采光井效果图

图 7-12 下沉式庭院

4. 参考案例

苏州某科技大厦项目在建筑设计过程中充分考虑室内采光的设计,采用的玻璃幕墙可见光透射比达到 0.61,同时在一层地下车库采用了导光筒,有效改善了室内的采光效果。

经过模拟分析计算,整体主要功能空间约有 75.30% 的采光系数达到《建筑采光设计标准》GB 50033—2001 相关功能房间采光系数的要求。同时,地下一层自行车库设置了导光筒,使得地下一层自行车库约有 9.25% 的空间采光照度大于 75Lx。整体主要功能空间自然采光情况具体汇总表 7-8 所示。

项目采光情况汇总表 表 7-8

分析区域	相似层数	主要功能空间面积(m²)	达标面积(m²)	采光达标比例(%)
一层	1	1665	1392.0	83.60
二层	1	1322	995.3	75.29
三层	3	3561	2825.7	79.35
六层	10	9920	8328.8	83.96
地下一层	1	4084	377.8	9.25
地上主要功能空间		16468	13541.78	82.23

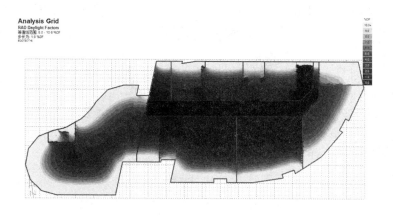

图 7-13 项目某层的采光效果图

5. 相关标准、规范及图集

《玻璃采光顶图集》07J 205；

《建筑采光设计标准》GB/T 50033；

《建筑装饰装修工程质量验收规范》GB 50210；

《玻璃幕墙工程质量验收标准》JGJ/T 139；

《玻璃幕墙工程技术规范》JGJ 102。

7.4.2　室内视野

1. 概述

窗户除了有自然通风和天然采光的功能外，还具有在视觉上起到沟通内外的作用，良好的视野有助于居住者或使用者心情舒畅。

2. 适用范围

良好的建筑视野设计是建筑师共同追求的，也是每一个建筑都希望实现的效果，因此建筑视野的合理设计对于任何地区的任何一个建筑项目均是适用的。

3. 技术措施

（1）居住建筑的视野设计

① 建筑间距设计

现代城市中的住宅大都是成排成片建造，住宅之间的距离一般不会很大，因此应该精心设计，尽量避免前后左右不同住户之间的居住空间的视线干扰。据调研，在低于北纬25°的地区，宜考虑视觉卫生要求。根据国外经验，当两幢住宅楼居住空间的水平视线距离不低于 18m 时即能基本满足要求。

② 卫生间明卫

居住建筑的功能房间包括卧室、起居室（厅）、书房、厨房和卫生间。此外，卫生间是住宅内部的一个空气污染源，卫生间开设外窗有利于污浊空气的排放，同时又能够增加对外部的视野感受。但是套内空间的平面布置常常又很难保证卫生间一定能靠外墙。因此，规定在一套住宅有多个卫生间的情况下，应至少有一个卫生间开设外窗。

（2）公共建筑的视野设计

对于公共建筑，要求主要功能房间至少 70% 的区域能通过外窗看到室外自然景观，且无视线干扰。主要功能空间包括会议室、办公室或者酒店的客房，其他类型建筑或空间可不考虑。

具体的面积计算需要通过视野模拟进行分析。视野计算的方法如下：提供通过距地80cm 到 3m 范围内的视野窗看到室外环境的室内面积。统计方法为，在建筑平面图中，从视野窗画出的视线间的面积；在立面视图中，包括从周边观景窗区域画出的直接视线间的面积。如果室外 20m 距离内有建筑物或室外构筑物形成视线的遮挡，这部分遮挡的视野面积和对应的室内功能房间的面积应该扣除。

第8章 施 工 管 理

施工是建筑全寿命周期中的一个重要阶段。建筑施工是对工程场地的一个改造过程，不但改变了场地的原始状态，而且会对周边环境造成影响，包括水土流失、土壤污染、扬尘、噪声、污水排放、光污染等。绿色建筑要求在建筑施工过程中采取一定措施，尽量减小施工对环境的影响，同时，控制施工过程中的资源消耗，实现资源节约的目的。

要实现建筑施工过程中的资源节约和环境保护两大目标，应对整个施工过程实施动态管理，加强对施工策划、施工准备、材料采购、现场施工、工程验收等各阶段的管理和监督。

2011 年 10 月 1 日《建筑工程绿色施工评价标准》GB/T 50640 正式实施。该标准中对绿色施工的定义为：在保证质量、安全等基本要求的前提下，通过科学管理和技术进步，最大限度地节约资源，减少环境负面影响，实现"四节一环保"（节能、节材、节水、节地和环境保护）的建筑工程施工活动。该标准中绿色施工的技术体系如图 8-1 所示。

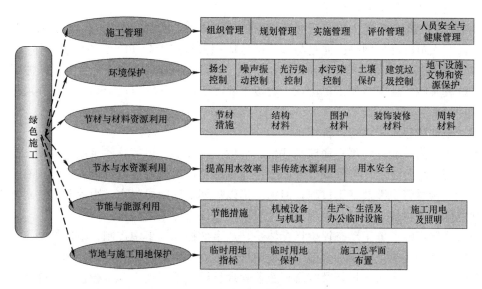

图 8-1 绿色施工技术汇总

在绿色建筑进入施工阶段的初期，可依据《建筑工程绿色施工评价标准》GB/T 50640，并结合绿色建筑对工程项目的要求，组织施工团队进行绿色施工培训，保障施工过程中"四节一环保"相关措施的落实。

本章节介绍施工管理的相关技术，主要从组织与管理、环境保护、资源节约、机电系统调试等方面展开。

8.1 组织与管理

1. 概述

在绿色建筑的施工管理中，首先应当组建完善的管理组织，其次，还应建立环境保护管理体系、绿色施工动态评价体系和人员安全与健康管理制度。

2. 适用范围

对于施工期间的各类建筑项目，均应建立完善的施工管理组织和制度。

3. 技术措施

在施工管理组织和制度方面，应做好以下几点：

(1) 组建施工管理团队

建立以项目经理为第一负责人的绿色施工领导小组，明确绿色施工管理员。明确绿色施工管理控制目标，并分解到各阶段和相关管理人员。编制绿色施工专项方案，或在施工组织设计中独立成章，详述"四节一环保"的相关管理制度和实施策略。业主应依据设计文件中的环境保护要求，在施工招标文件和施工合同中明确施工单位的环境保护责任。施工单位在建设项目施工阶段，应严格按照环境保护法律、法规、政策和项目工程设计文件的环境保护条款，做好污染防治和生态保护措施的实施工作。业主指定的现场总代表与施工单位指定的项目经理为工地绿色施工直接责任人。

(2) 建立环境保护管理体系

业主、施工单位应建立施工现场环境保护管理体系，责任落实到人，形成从项目经理到施工操作人员的环保网络。业主与施工单位应积极运用 ISO 14000 环境管理体系、ISO 9001 质量管理体系，提高施工环保水平，把绿色施工创建标准分解到环境管理体系目标中去，认真实施。业主与施工单位在工程竣工验收前，应争取通过 ISO 14000 环境管理体系认证。

(3) 建立绿色施工动态评价体系

现阶段国内外研究利用寿命周期评价、环境工程评估、可持续建筑设计准则、绿色建筑技术导则、绿色建筑评价标准等开展绿色建筑评价，对建筑业的可持续发展具有重要意义。这些评价尽管也涉及施工过程，但大多仍以规划设计阶段为主，因此制定针对施工阶段的绿色施工评价体系是对整个项目实施阶段监控评价体系的完善。

应研究制定绿色施工动态评价指标体系，从事前控制、事中控制、事后控制三个方面对绿色施工活动进行评价，加强施工过程中环境影响评价和资源、能源耗用效率评价，加强绿色施工管理的要素分析，及时修正企业管理目标体系。建立健全绿色指标体系，进行有效的目标分解并落实到具体的职能部门，同时将其纳入现有的绩效考核指标体系，形成面向绿色的激励约束机制。通过开展绿色施工评价，为施工单位建立绿色施工的行为准则。现国内已有的绿色施工标准有《建筑工程绿色施工评价标准》GB/T 50640、《绿色施工评价标准》ZJQ 08-SGJB 005，可据此开展绿色施工评价工作。

(4) 建立人员安全与健康管理制度

制订施工防尘、防毒、防辐射等职业危害的措施，保障施工人员的长期职业健康。

合理布置施工场地，保护生活及办公区不受施工活动的有害影响。施工现场建立卫生急救、保健防疫制度，在安全事故和疾病疫情出现时提供及时救助。

提供卫生、健康的工作与生活环境，加强对施工人员的住宿、膳食、饮用水等生活与环境卫生管理，明显改善施工人员的生活条件。

4. 参考案例

武汉某公建项目，建立以项目经理为第一负责人的绿色施工领导小组，明确绿色施工管理员。明确绿色施工管理控制目标，并分解到各阶段和相关管理人员。编制绿色施工专项方案，并以《建筑工程绿色施工评价标准》GB/T 50640 为依据，进行了绿色施工评价，评价等级为优良。

5. 相关标准、规范及图集

《绿色施工导则》（建质〔2007〕223 号）；

《建筑工程绿色施工评价标准》GB/T 50640；

《绿色施工评价标准》ZJQ 08-SGJB 005。

8.2 环境保护

8.2.1 防止水土流失、控制扬尘

1. 概述

安徽长江流域由于梅雨季节雨量相对集中，山区、丘陵区森林资源不断遭受破坏，水土流失严重。施工现场应采取相应措施防止水土流失，同时做好扬尘控制。

2. 适用范围

对于各类建筑项目在施工中均应注意防止扬尘现象，具有广泛适用性。

3. 技术措施

（1）设置围墙或淤泥栅栏

建筑外围设置织物制成的过滤网，拦截过滤雨水中的沙石等沉淀物，而让雨水通过，避免水土流失。沿场地边界设置围墙或淤泥栅栏（图 8-2），防止裸露的表层土壤随着雨水流出场址外。

图 8-2 围墙或淤泥栅栏效果图

（2）排水沟

设置临时排水沟、排水土堤坝，将雨水等引流到指定位置，再进行处理（图8-3）。在项目裸露土壤周围设置混凝土排水沟，地表雨水径流会通过这些沟渠汇聚到沉淀池，之后再排入到市政的排水系统中。

图8-3 排水沟效果图

（3）沉淀池/沉淀井

通过引流沟、雨水管等，将雨水汇集到沉淀池、沉淀井中沉淀过滤（图8-4）。设置沉淀池或沉淀井，整个场地的径流通过排水沟流入沉淀池或沉淀井内，通过沉淀池或沉淀井内的过滤装置截留、沉淀表层土壤，并排放雨水。

图8-4 沉淀池效果图

（4）下水道入口处设置过滤网（布）

在下水道入口处设置保护装置或过滤装置，可避免水土流失（图8-5）。

（5）临时覆盖或绿化

种植快速生长的植物，以稳固土壤。用干草、麦秆、木材、砾石等覆盖在裸露土面上避免水土流失及气载尘埃（图8-6）。

（6）清洗台

专门为清洗搅拌机、混凝土输送泵和运输车辆设置沉淀池清洗台（图8-7）。在沉积物经过足够长时间的沉淀处理后再排放。

图 8-5 下水道入口处设置过滤网（布）

图 8-6 临时覆盖或绿化效果图

（7）其他

施工中对易飞扬物质表面采取洒水措施，对易产生扬尘的施工工艺采取降尘措施，在工地建筑结构脚手架外侧设置密目防尘网或防尘布，均具有很好的扬尘控制效果。

4. 参考案例

长沙某小学项目在施工前期进行了绿色建筑施工策划方案，制定了防止水土流失和控制扬尘计划，具体措施如下：

图 8-7 清洗台

（1）任何人进入施工现场严禁吸烟，以防污染空气、引起火灾。严禁在施工现场焚烧任何废弃物和会产生有毒有害气体、烟尘、臭气的物质。

（2）土方开挖阶段，对裸露的土坡等部位采用彩条布等进行适当的覆盖，以有效地减少扬尘，并拍照保留资料。

（3）水泥等易飞扬颗粒散体物料应尽量安排仓库内存放，堆土场、散装物料露天堆放场要压实、覆盖。

（4）施工路面实行硬化，严禁向建筑物外抛弃垃圾，所有垃圾装袋运出现场，禁止从高处直接向地面清扫废料或者粉尘。

（5）运输车辆必须冲洗干净后，方能离场上路行驶；对装运建筑材料、土石方、建筑垃圾及工程渣土的车辆，派专人负责清扫道路及冲洗，保证行驶途中不污染道路和环境。

（6）脚手架采取全封闭，使用合格绿色阻燃密目网，上下全部围护，围扎牢固整齐。

（7）选择合格的运输单位，做到运输过程不散落。为保持环境卫生，避免运土车发生遗洒，指派专人负责将运土车上的土拍实，并在出口处对车轮进行冲洗。指派专人清扫运土车经过的污损路段。施工现场场地硬化和绿化，经常洒水和浇水以减少灰尘污染。

（8）使用清洁能源，炉灶符合烟尘排放规定。

（9）在施工过程中，每天 8：00～8：30、11：30～12：00、16：00～16：30 几个时段冲洗地面或洒水降尘，防止工地扬尘污染。

（10）本项目基坑边坡采用复合式土钉墙支护技术，可有效控制施工场地的水土流失。在地下室结构完成后，在办公区周边设置绿化区，减少水土流失。

5. 相关标准、规范及图集

《绿色施工导则》（建质［2007］223 号）；

《建筑工程绿色施工评价标准》GB/T 50640；

《绿色施工评价标准》ZJQ 08-SGJB 005。

8.2.2 噪声控制

1. 概述

噪声是一种无规律的，具有局部性、暂时性和多发性的无形的环境污染。随着人们的意识和环境需求的逐步加强，人们对居住环境的要求也越来越高，而建筑中的噪声污染是影响居住环境的一个重要因素。施工期间，应当控制场地内噪声，避免对周边居民造成影响。

2. 适用范围

对于施工期间的各类建筑项目，均应进行噪声控制，尤其是周边有住宅建筑时，需避免影响周边居民生活。

3. 技术措施

（1）在施工场界对噪声进行实时监测与控制，加强噪声测量和处理工作，包括测量时间、测量点布置、测量方法、测量记录、测量后的处理等。确保施工场界噪声不能超过《建筑施工场界噪声限值》GB 12523 的规定。

（2）使用低噪声、低振动的机械设备，采取隔声与隔震措施，避免或减少施工噪声和振动。如以油压系统代替连轴传输，并尽早淘汰老旧且噪声较大的施工设备。

4. 参考案例

北京某学校项目在施工前期进行了绿色建筑施工策划方案，制定了施工现场噪声控制措施，具体措施如下：

（1）施工现场遵照《中华人民共和国施工场界噪音限值》GB 12523，制定降噪措施。

（2）调整施工噪声分布时间，根据环保噪声标准（分贝）日夜要求的不同，合理协调安排施工分项的施工时间，将容易产生噪声污染的分项如模板加工、混凝土施工等安排在白天施工，避免木工圆锯机、混凝土输送泵和振动棒等机械使用时产生的噪声扰民。最大限度减少施工噪声污染，加强对全体职工的环保教育，防止不必要的噪声产生。

（3）施工中采用低噪声的工艺和施工方法。

（4）施工现场设置噪声监测仪，对现场内外环境噪声进行预期监测，凡超过《施工场地噪声限值》标准的，要及时对噪声超标的主要因素进行调整。每次噪声监测应做好监测记录。

（5）夜间模板施工时，严格控制产生过大声响。所有土方运输车辆进入现场后禁止鸣笛，以减少噪声。手持电动工具或切割器具应尽量在封闭的区域内使用，夜间使用时，应选择在远离居民住宅的区域，并使临界噪声达标。

（6）现场尽量选用低噪声或备有消声降噪设备的施工机械。

（7）提倡文明施工，加强人为噪声的管理。

（8）牵涉到产生强噪声的成品、半成品的加工、制作作业，应尽量放在工厂、车间完成，尽量减少施工现场的噪声。

5. 相关标准、规范及图集

《建筑施工场界噪声限值》GB 12523；

《建筑施工场界噪声测量方法》GB 12524；

《绿色施工导则》（建质〔2007〕223 号）；

《建筑工程绿色施工评价标准》GB/T 50640；

《绿色施工评价标准》ZJQ 08-SGJB 005。

8.2.3　光污染控制

1. 概述

光污染泛指影响自然环境，对人类正常生活、工作、休息和娱乐带来不利影响，损害人们观察物体的能力，引起人体不舒适感和损害人体健康的各种光。其中眩光是一种最基本、最严重的光污染。按照光线来源分为直射眩光和反射眩光，直接眩光是由人的视野内出现的过亮光源引起的，反射眩光是由光滑表面内光源的映像引起的。

2. 适用范围

对于施工期间的各类建筑项目，均应进行光污染控制。以免对周边人们正常生活造成影响。

3. 技术措施

施工场地电焊操作以及夜间作业时所使用的强照明灯光等所产生的眩光，是施工过程光污染的主要来源。应选择适当的照明方式和技术，尽量减少夜间对非照明区、周边区域环境的光污染。在施工中光污染的防治措施主要有：

（1）采取遮光措施，夜间室外照明等加设灯罩，使透光方向集中在施工范围。对于离居民较近的施工地段，在夜间施工必要时可设密目网屏障遮挡光线。

（2）电焊作业采取遮挡措施，避免电焊弧光外泄。

4. 参考案例

长沙某小学项目在施工前期进行了绿色建筑施工策划方案，制定了光污染控制措施。

（1）落实专人负责调解施工用灯，施工用灯应设置灯罩，防止光源扩散；灯光应照射作业面，转移直光污染民居或周边写字楼。

（2）焊割强光源作业设置移动遮挡。

（3）照明采取光控，以不影响施工能见度为限。

（4）禁止长明灯。

（5）施工光污染控制应提交相关照片。

5. 相关标准、规范及图集

《绿色施工导则》（建质［2007］223 号）；

《建筑工程绿色施工评价标准》GB/T 50640；

《绿色施工评价标准》ZJQ 08-SGJB 005。

8.2.4　固废污染控制

1. 概述

建筑施工废弃物包括工程产生的各类施工废料，有的可回收，有的不可回收，不包括基坑开挖的渣土。建筑施工废弃物数量巨大，堆放或填埋均占用大量的土地。建筑垃圾中的淋滤液如渗入土层和含水层，会污染土壤和地下水；建筑垃圾中有些有机物质在分解过程中会产生有害气体，污染空气。同时，在各类建筑施工废弃物中，有些是可回收再利用的。因此，施工废弃物的减量化、资源化是控制施工固废污染的有效措施。

2. 适用范围

对于施工期间的各类建筑项目，均应进行固废污染控制。

3. 技术措施

施工废弃物减量化、资源化应在材料采购、材料管理、施工管理的全过程中实施。施工废弃物应分类收集、集中堆放、尽量回收和再利用，对不可回收的废料，需进行安全处理。

（1）制定施工场地废弃物管理计划，对现场堆料场进行统一规划。对不同的进场材料及废弃物进行分类、合理堆放和储存，并挂牌标明标识。重要设备材料利用专门的围栏和库房储存，并设专人管理。

（2）施工过程中，严格按照材料管理办法进行限额领料。

（3）对施工废弃物做到每日清理回收，将其分类堆放于指定地点，并指定专人负责废弃物的管理。

（4）对于现场不易处理的，但可回收再利用的施工废弃物，可运往专门的废弃物处理厂进行加工处理再利用，或赠予对施工废弃物有需要的机构或个人。

（5）指定专人以表格的形式记录施工废弃物的处理量，并定期拍摄照片以反映施工废弃物管理及回收利用情况。

施工废弃物回用

➤ 对金属、塑料、玻璃等易于回收再利用的材料，可指定废品收购站进行回收再利用，对现场可再利用的施工废弃物，可直接再应用于施工过程中。

➤ 回收废钢筋、废铁丝、废电线和各种废钢配件等金属，经过分拣、集中、重新回炉后，可以再加工制造成各种规格的钢材。

➤ 回收废竹木材可以用制造人造木材，减少天然森林砍伐。

➤ 砖、石、混凝土等废料经粉碎后可以代砂，用于砌筑砂浆、抹灰砂浆、打混凝土垫层等，还可以用于制造砌块、市政道路铺道砖、广场砖、花格砖等建材制品。

➤ 砖、瓦经清理可以重复使用，废砖、瓦、混凝土经破碎筛分分级、清洗后，可以作为再生骨料配制。

➤ 低强度等级再生骨料混凝土，用于地基加固、道路工程垫层、室内地坪及地坪垫层、非承重混凝土空心砌块、混凝土空心隔墙板或蒸压粉煤灰砖等。

4. 参考案例

长沙某小学项目在施工前期进行了绿色建筑施工策划方案，制定了固体废弃物处理管理制度。对于施工所产生的垃圾、废弃物，应现场进行分类处理。可直接再利用的材料在建筑中重新利用，不可直接再利用的材料通过再生利用企业进行回收、加工。

5. 相关标准、规范及图集

《绿色施工导则》（建质［2007］223号）；

《建筑工程绿色施工评价标准》GB/T 50640；

《绿色施工评价标准》ZJQ 08-SGJB 005。

8.3 资源节约

8.3.1 节地

1. 概述

施工组织设计要以节约和保护临时施工用地为目标，把节约临时施工用地措施纳入编制施工组织设计的范畴。临时设施占地要求平面布置合理、组织科学，在满足环境、职业健康与安全及文明施工要求的前提下合理、紧凑、尽可能减少废弃地和死角。

在施工现场平面布置中，首先应根据材料计划用量合理确定仓库、加工场及材料堆放的位置、运输路线和占地面积，充分利用已有交通线路或即将修建的正式或临时交通路线。在施工过程中，材料和技术部门应按照进度计划合理安排建筑材料、设备及半成品进场，既充分利用临时用地，又保证建筑材料、设备及半成品的及时供应。

2. 适用范围

对于施工期间的各类建筑项目，均应采取相关节地措施。

3. 技术措施

（1）临时用地指标

根据施工规模及现场条件等因素合理确定临时设施，如临时加工厂、现场作业棚及材料堆场、办公生活设施等的占地指标。临时设施的占地面积应按用地指标所需的最低面积设计。

要求平面布置合理、紧凑，在满足环境、职业健康与安全及文明施工要求的前提下尽可能减少废弃地和死角，临时设施占地面积有效利用率大于90%。

（2）临时用地保护

应对深基坑施工方案进行优化，减少土方开挖和回填量，最大限度地减少对土地的扰动，保护周边自然生态环境。

红线外临时占地应尽量使用荒地、废地，少占用农田和耕地。工程完工后，及时对红线外占地恢复原地形、地貌，使施工活动对周边环境的影响降至最低。

利用和保护施工用地范围内原有绿色植被。对于施工周期较长的现场，可按建筑永久绿化的要求，安排场地新建绿化。

（3）施工总平面合理布置

施工总平面布置应做到科学、合理，充分利用原有建筑物、构筑物、道路、管线为施工服务。施工现场搅拌站、仓库、加工厂、作业棚、材料堆场等布置应尽量靠近已有交通线路或即将修建的正式或临时交通线路，缩短运输距离。

临时办公和生活用房应采用经济、美观、占地面积小、对周边地貌环境影响较小，且适合于施工平面布置动态调整的多层轻钢活动板房、钢骨架水泥活动板房等标准化装配式结构。生活区与生产区应分开布置，并设置标准的分隔设施。

施工现场围墙可采用连续封闭的轻钢结构预制装配式活动围挡，减少建筑垃圾，保护土地。施工现场道路按照永久道路和临时道路相结合的原则布置。施工现场内形成环形通路，减少道路占用土地。临时设施布置应注意远近结合（本期工程与下期工程），努力减少和避免大量临时建筑拆迁和场地搬迁。

4. 参考案例

武汉某公建项目在施工前期制定了绿色施工计划，其中包括施工期间"节地与土地资源利用"的控制措施。具体如下：

（1）控制临时用地指标。根据施工规模及现场条件等因素合理确定临时设施，平面布置合理、紧凑，在满足环境、职业健康与安全及文明施工要求的前提下尽可能减少废弃地和死角，临时设施占地面积有效利用率大于 90%。

（2）临时用地保护。利用和保护施工用地范围内原有绿色植被。现场按建筑绿化的要求，安排场地新建绿化。工程完工后，及时对红线外占地恢复原地形、地貌，使施工活动对周边环境的影响降至最低。

（3）施工现场材料仓库、钢筋加工厂、作业棚、材料堆场等布置靠近现场临时交通线路，缩短运输距离。

（4）施工现场道路按照永久道路和临时道路相结合的原则布置。施工现场内形成环形通路，减少道路占用土地。

5. 相关标准、规范及图集

《绿色施工导则》（建质〔2007〕223 号）；

《建筑工程绿色施工评价标准》GB/T 50640；

《绿色施工评价标准》ZJQ 08-SGJB 005。

8.3.2　节能

1. 概述

建筑施工过程中，应制定合理的节能和能源利用规划，规划应做到组织科学、技术先进、费用合理，有条件的情况下应制定具体的施工能耗指标，并将各项能耗指标进行层层分解，以指标控制能耗，提高能源的综合利用效率。

2. 适用范围

对于施工期间的各类建筑项目，均应采取相关节能措施。

3. 技术措施

（1）根据生产需要，合理选择配置机械设备，避免大功率施工设备低负荷或小功率设备超负荷运行，提高其使用率。严格执行国家建筑施工节能的法规、政策和规范；严禁使用国家、行业、地方政府明令淘汰的施工设备、机械器具和产品。

（2）施工现场分别设定生产、生活、办公和施工设备的用电控制指标；定期进行计量、核算、对比分析，并有预防与纠正措施。

（3）施工临时设施应充分结合日照和风向等自然条件，合理布置与设计，尽量采用自然采光与通风。安徽省属于夏热冬冷地区，可根据需要在其外墙窗设遮阳设施。临时设施建设宜采用节能材料，墙体、屋面使用隔热性能好的材料，减少夏天空调、冬天取暖设备的使用时间及耗能量。合理配置采暖、空调、风扇数量，规定使用时间，实行分段分时使用，节约用电。

（4）合理安排施工工序和施工进度，在保证施工质量和安全的前提下，最大限度地提高施工效率，减少和避免返工造成的能源浪费。

（5）临时用电优先选用节能电线和节能灯具，临电线路合理设计、布置，临电设备宜采用自动控制装置。采用声控、光控等节能照明灯具。且照明设计以满足最低照度为原则，照度不应超过最低照度的20%。

4. 参考案例

武汉某公建项目在施工前期制定了绿色施工计划，其中包括施工期间"节能与能源利用"的控制措施。具体如下：

（1）合理安排施工。在施工组织设计中，合理安排施工顺序、工作面，以减少作业区域的机具数量。安排施工工艺时，优先考虑耗用电能少的或其他能耗较少的施工工艺。

（2）加强现场用电管理。规定现场夏季空调温度不低于26℃、冬季空调温度不高于18℃；办公室分片照明，不得1人使用办公室，打开全部照明。

（3）用电量的统计、分析与反馈。根据现场各电表数据，进行现场用电量的"纵横向"对比、分析，总结出值得推广的用电办法，找出用电管理方面存在的弊端并及时向项目全体管理人员进行反馈。

（4）施工照明采用节能灯具，施工机械设备采用高效设备。

5. 相关标准、规范及图集

《绿色施工导则》（建质〔2007〕223号）；

《建筑工程绿色施工评价标准》GB/T 50640；

《绿色施工评价标准》ZJQ 08-SGJB 005。

8.3.3 节水

1. 概述

据有关部门测算，目前我国每平方米建筑施工大约用水1吨，且施工现场水资源浪费严重，估计每年要浪费掉几千万吨水，足够一个大城市居民一年的生活用水。其中混凝土的搅拌及养护用水为10亿吨。同时，施工现场用水普遍存在跑冒漏现象，造成水资源的大量浪费。因此，节水是绿色施工中一个非常重要的问题。

2. 适用范围

对于施工期间的各类建筑项目，均应采取相关节水措施。

3. 技术措施

（1）在施工现场修建蓄水池，把场地内的降水抽进水池沉淀，然后施工现场进行二次利用，可用于冲洗进出工地的车辆、施工现场的降尘洒水及现场养护。

（2）办公区、厕所间采用节水型水龙头和节水型卫生洁具。

（3）合理选择施工措施。施工现场最大量的用水，主要是混凝土养护用水。可采用薄膜养护，此种方式用水量少、施工方便。

（4）加强宣传教育，增强全体职工的节水意识和环保意识。项目部定期进行节水表现考核，进行有效的奖罚措施。

4. 参考案例

武汉某公建项目在施工前期制定了绿色施工计划，其中包括施工期间"节水与水资源利用"的控制措施。具体如下：

（1）施工场地内生产用水优先使用现场收集的雨水或地表水。

（2）生活区使用节水器具，对施工场地内用水进行分项计量。

（3）定期对现场全体员工定期进行"节约用水"教育，安排专人定期对现场各管道及节水器具进行巡查、维护，最大限度地减少水资源的浪费。

（4）采用节水施工工艺。现场水平结构混凝土采取覆盖薄膜的养护措施，竖向结构采取刷养护液养护，杜绝了无措施浇水养护。

（5）对已安装完毕的管道进行打压调试，采取从高到低、分段打压，利用管道内已有水循环调试。

5. 相关标准、规范及图集

《污水综合排放标准》GB 8978；

《绿色施工导则》（建质［2007］223 号）；

《建筑工程绿色施工评价标准》GB/T 50640；

《绿色施工评价标准》ZJQ 08-SGJB 005。

8.3.4 节材

1. 概述

建筑材料是建筑业的物质基础。但现在施工中，建材浪费现象较为严重。根据北京市有关统计，施工中"剩余混凝土"为总混凝土量的 0.8%，北京市每年约用 200 万 m^3，就有 1.6 万 m^3 混凝土浪费。同时，也会产生大量的废建筑玻璃纤维、陶瓷废渣、金属、石棉、石膏，装饰装修中的塑料、化纤边料等，此类建筑如可得到再利用，将可节约大量建材。在保证工程安全与质量的前提下，制定节材措施极具现实意义。

2. 适用范围

对于施工期间的各类建筑项目，均应采取相关节材措施。

3. 技术措施

（1）节材管理措施

加强材料采购、堆放、入库保管、发配料等环节的管理，减少非实体性材料消耗。尽量就地取材，减少建筑材料在运输过程中造成的损坏及浪费。科学合理地布置施工现场，并绘制施工现场平面布置图，材料运输时，选用适宜的工具和装卸方法，防止损坏和遗漏。根据现场平面布置就近堆放，避免和减少二次搬运。

（2）木作业工程节材措施

木饰面及木夹板、天花板开料：必须按计划放样开料，不得随意开料和错开料，开好料后将剩余板块按大小堆放整齐，以便综合利用；各层开料余下的短料、边角料应分大小块分类清理集中堆码待用，杜绝随意乱开料；吊杆的短节进行焊接待用，并及时清理，分长短集中堆放。

（3）施工现场临建节材措施

① 施工中尽量使用可循环材料。

② 现场办公和生活用房采用周转式活动房。现场围挡应最大限度地利用已有围墙，或采用装配式可重复使用围挡封闭，以提高工地临房、临时围挡材料的可重复使用率。降低施工办公耗材，能用电子文档的尽量避免用纸质载体，如施工日志、施工日报表、会议纪要等。贴面类材料在施工前，应进行总体排版策划，以减少非整块材的数量。

③ 提高钢筋利用率。钢筋混凝土结构建筑提高钢筋利用率的主要途径是采用专业化加工的钢筋半成品在现场安装。钢筋专业化加工包括盘卷钢筋冷加工强化、盘卷钢筋矫直、钢筋截断、弯曲成型、钢筋网片焊接、钢筋机械连接、构件钢筋骨架制作、结构钢筋半成品配送、现场安装连接等内容。该技术不仅可以节约钢筋，还可减少现场作业、降低加工成本、提高生产效率、改善施工环境和保证工程质量。

④ 提高模板周转次数。目前，我国的木胶合模板和竹胶合模板的施工技术相对落后，不建议使用。安徽地区可考虑采用工具式定性模板技术，可以提高周转次数、减少废弃物的产出，是模板工程绿色技术的发展方向。

（4）废弃物减量化资源化。技术措施详见本书 8.2.4 节固废污染控制。

4. 参考案例

参见本书 8.2.4 节固废污染控制的参考案例。

5. 相关标准、规范及图集

《钢筋混凝土用热轧带肋钢筋》GB 1499；

《钢筋机械连接通用技术规程》JGJ 107；

《钢筋焊接及验收规程》JGJ 18；

《钢筋机械连接通用技术规程》JGJ 107；

《钢筋焊接及验收规程》JGJ 18；

《绿色施工导则》（建质〔2007〕223 号）；

《建筑工程绿色施工评价标准》GB/T 50640；

《绿色施工评价标准》ZJQ 08-SGJB 005。

8.4 机电系统调试

1. 概述

随着技术的发展，现代建筑的机电系统越来越复杂。为保证建筑机电系统的设计、安装和运行达到设计目标，应当根据运行调试技术规范要求对工程项目中的通风空调系统、空调水系统、给排水系统、热水系统、电气照明系统、动力系统等机电系统进行综合调试和联合试运。在调试过程中，应对建筑设备和系统的运行情况进行测试，确保建筑在各种操作条件下都能根据设计要求运行，满足绿色建筑以及建设者和使用者的需求。

2. 适用范围

对于施工期间的各类建筑项目，均可根据项目机电系统特点进行相应的机电综合调试及联合试运转。

3. 技术措施

建设单位应当委托代建公司和施工总承包单位开展系统综合调试和联合试运工作。

建筑机电系统的综合调试是确保建筑经济高效运行的必要条件。调试工作作为安装工程交工前最关键的一项工作，主要分为三个步骤：设备单机调试→系统调试→系统联动调试。

建筑机电系统调试要求调试人员做到：

（1）提供调试服务：

① 对设计要求和设计原则进行审查；

② 对在施工文件中增加调试操作提供具体要求；

③ 制定指导调试过程的调试计划；

④ 编写供承包商填写的启动设备检查表，确保启动设备正确安装和运行；

⑤ 制定功能测试步骤，对设备和系统进行功能测试；

⑥ 对承包商培训内容和记录文件进行确认，包括附加的系统培训；

⑦ 记录调试过程，包括提供"在调试过程中的项目联系报告"和"最终调试报告"。

（2）按照主要的最佳程序进行调试运行：成立调试运行小组；审查设计意向书和设计文件依据；指定和实施调试启动计划；完成调试运行报告。

（3）每月提交进度报告和竣工时提交最终报告，包括调试启动计划书、调试运行报告、建筑系统调试运行手册、竣工后所遗留试运行有关问题的解决方案计划书、提交所有控制系统的产品数据对照表和生产商的产品数据。

4. 参考案例

上海某公建项目，在施工验收前，建设方委托施工总承包商开展系统综合调试和联合试运工作。调试负责人根据项目机电系统特点组织开展了机电系统的综合调试和联合试运工作，撰写了机电综合调试报告，报告包含调试目的和目标、调试小组成员及其职责、调试过程三部分。

调试过程主要包括：（1）制定工作方式和工作计划；（2）审查设计文件和施工文件；（3）编制检查表和功能测试操作步骤；（4）现场观测；（5）准备功能运行测试；（6）功能测试。

5. 相关标准、规范及图集

《智能建筑工程质量验收规范》GB 50339；

《电气装置安装工程施工及实验规范（配线、照明）》GBJ 232；

《通风与空调工程施工及验收规范》GB 50243。

第9章 运营管理

绿色物业、绿色运营,已成为我国绿色建筑发展的迫切需求!

相对 2～3 年的设计建造过程,建筑的运行使用寿命通常为 50～70 年,建筑的运行阶段占整个建筑全生命时限的 95% 以上,是建筑物能源消耗的最主要时期。2010 年,美国劳伦斯·伯克利实验室关于北京地区建筑全寿命阶段能耗及排放的分析显示,建筑运行阶段消耗了 80% 的能源❶。因此,运行管理模式和具体措施关系到绿色建筑项目的成败,是实现绿色建筑目标和价值的关键。

中国城市科学研究会绿色建筑研究中心、中国绿色建筑与建筑节能委员会、中国建筑科学研究院上海分院等单位于 2012 年启动了全国范围内的绿色建筑后评估调研,挑选了位于各地的 30 个竣工或投入运营一定时间且具有代表性的绿色建筑项目作为调研样本,就绿色建筑的整体发展情况、绿色技术落实情况、运营能耗等方面进行了具体调研和分析。结果表明,绿色建筑在运营阶段存在不少问题。例如:由于物业管理和绿化维护等原因,导致可透水地面破坏严重,植草砖内无草丛存活;不少项目并未认真落实节水灌溉设计方案,运营过程中仍采用人工浇灌方式,有的设备损坏严重;6.7% 的可再生能源设备闲置,10% 的可再生能源利用效率偏低,20% 的设备管理和维护不到位等。中国城市科学研究会绿色建筑研究中心主任李丛笑认为,运营水平的提高是保持建筑绿色的关键。

因此,需要对绿色建筑运营策略和措施进行计划、组织、实施和控制,需要对绿色建筑的设施、设备、绿色方案进行设计、运行、评价和改进,并对绿色建筑的管理者和使用者进行宣传教育。

绿色建筑的运营管理主要是通过物业来实施的。物业必须担负起提高绿色建筑的运行质量、节省建筑运行中的各种消耗、降低运营成本和管理成本的责任,坚持"以人为本"和可持续发展的理念,从建筑全寿命周期出发,应用通信、计算机和自动控制等高新技术,与业主一起实现节地、节能、节水、节材和保护环境的目标。

本章介绍运营管理的相关技术,主要从管理制度、技术管理、环境管理等方面展开。

9.1 管理制度

1. 概述

科学合理、明确可行的管理制度,是绿色建筑有序、高效运行的保障。只有建立现代物业设施管理理念和制度,充分估量物业管理对绿色建筑运行质量的影响,充分体现制度的约束性、引导性作用,才能真正提升物业服务的水平与质量。

管理制度主要涉及物业管理部门资质与能力、管理制度的制定、绿色教育与宣传、资

---

❶ 绿色建筑重在节能运行管理,赵言冰,《能源评论》http://www.sgcc.com.cn/ztzl/newzndw/cyfz/12/261461.shtml

源管理激励机制等。

2. 适用范围

物业管理部门资质与能力的提升、管理制度的制定、绿色教育与宣传、资源管理激励机制的建立在住宅建筑、公共建筑中皆适用。物业管理的专业化、绿色化，是现代物业管理发展的必然趋势。

3. 技术措施

（1）提升物业管理部门的资质与能力

首先，物业管理部门通过 ISO 14001 环境管理体系认证，是提高环境管理水平的重要一步。ISO 14001 作为一个环境管理标准，包括了环境管理体系、环境审核、环境标志、全寿命周期分析等内容，它旨在指导各类组织采取表现正确的环境行为（图 9-1）。

图 9-1　ISO 14001 认证证书

其次，物业公司需要有一套完整规范的服务体系和一支专业精干的业务队伍。应根据建筑设备系统的类型、复杂性和业务内容的不同，配备专职或兼职人员进行管理。管理人员和操作人员必须经过培训和绿色教育，经考核合格后才可上岗。唯有通过专业化的分工和严明的制度管理，才能提高绿色建筑的运营管理水准。

（2）制定科学可行的操作管理制度

需要制定包括节能、节水、节材等资源节约与绿化的操作管理制度，以及可再生能源系统、雨废水回用系统的运行维护管理制度。

节能、节水、节材等资源节约与绿化的操作管理制度不能仅摆在文件柜里、挂在墙上，必须成为指导操作管理人员工作的指南，必须内化到人们的思维和行为中。

特别需要考虑的是，可再生能源系统、雨废水回用系统的运行维护技术要求高，日常管理的工作量大，无论是自行维护管理还是购买专业服务，都需要建立完善的管理制度，并保证实施效果，避免出现低效运转甚至废弃的情况。

运行管理部门应定期检查有关制度的执行情况，需要对操作人员和系统状态进行定时或不定时的抽查，并进行数据统计和运行技术分析。

图 9-2 楼宇智能化系统运行管理制度

图 9-3 设备维护制度

169

> 运营管理制度包括：
> ➤ 节能管理制度：业主和物业共同制定节能管理模式；分户、分类的计量与收费；建立物业内部的节能管理机制；节能指标达到设计要求。
> ➤ 节水管理制度：按照高质高用、低质低用的梯级用水原则，制定节水方案；采用分户、分类的计量与收费；建立物业内部的节水管理机制；节水指标达到设计要求。
> ➤ 耗材管理制度：建立建筑、设备、系统的维护制度，减少因维修带来的材料消耗；建立物业耗材管理制度，选用绿色材料。
> ➤ 绿化管理制度：对绿化用水进行计量，建立并完善节水型灌溉系统；规范杀虫剂、除草剂、化肥、农药等化学药品的使用，有效避免对土壤和地下水环境的损害。
> 垃圾管理制度。
> ➤ 建筑、设备、系统的维护制度。
> ➤ 岗位责任制、安全卫生制度、运行值班制度、维修保养制度和事故报告制度等。

（3）绿色教育与宣传

在建筑物长期的运行过程中，用户和物业管理人员的意识与行为，直接影响绿色建筑的目标实现。绿色教育需要针对建筑能源系统、建筑给排水系统、建筑电气系统等主要建筑设备的操作管理人员，进行绿色管理意识和技能的教育；也需要针对建筑使用者，如办公人员、商场和旅馆的游客、学校的学生等，进行行为节能的宣传（表9-1）。

首先，应定期对用户进行使用、操作、维护等有关节能常识的宣传，最大可能地减少浪费现象的出现。

用户的行为节能——室内温度设置　　　　　　　　　　　　表9-1

相关规定	冬季	夏季	过渡季节
用户的房间温度设置规定	采暖≤20℃	制冷≥26℃	
房间空调器的使用规定	户外干球温度≥16℃	夏季户外干球温度≤28℃	应尽可能利用自然通风

其次，现在很多绿色建筑的使用者并不知道自己所生活、工作的楼宇，获得过某种绿色认证，这样在意识上就很难形成自主的绿色观，在行为上也很难参与到绿色建筑中来。作为物业管理人员有义务指导业主或租户了解建筑物所采用的绿色技术及使用方法，一方面使大家学习掌握节能环保技巧，另一方面培养大家的绿色建筑主人翁精神。一种最简单的做法就是向使用者提供绿色设施使用手册。

再次，需要明确"管理人员的科学管理＋用户的行为节能＝绿色建筑的成功运营"这样的思路。比如在办公建筑中，物业必须让入驻的公司了解他们的行为与建筑物的节能效果是密切相关的，同样，作为入驻公司的管理者也必须让员工了解此道理。成功的绿色建筑在于运营，在于管理，在于建筑物内所有人对绿色建筑的共识、共鸣和共同行动。如某著名跨国公司的每一间会议室都贴有一张纸条提醒员工要关掉电灯，纸条内容是：一间空办公室一整晚亮着的灯所浪费的能源足够用来烧开5000杯冲泡咖啡的热水。这就是很好的绿色教育。

在开展这些工作的过程中，要对绿色教育宣传工作进行记录；如有突出的绿色行为与风气，可邀请媒体报道，以达到扩散宣传的效果。

（4）资源管理激励机制

资源管理激励机制是指物业管理机构在管理业绩上与节能、节约资源情况挂钩，并通过合理的管理制度激励业主积极参与资源节约。

其一，物业管理机构的工作考核体系中应当包含能源资源管理激励机制要求。物业在保证建筑的使用性能要求、投诉率低于规定值的前提下，实现物业的经济效益与建筑能耗、水耗和办公用品等的使用情况直接关联。

其二，与租用者的合同中应当包含节能条款。通过激励机制，做到多用资源多收费、少用资源少付费、少用资源有奖励，从而实现绿色建筑节能减排、绿色运营的目标。

其三，采用能源合同管理模式更是节能的有效方式。例如香港的上海汇丰银行决定将所有物业交由管理公司负责，合约内容包括能源管理；该合约明确列出数项能源管理要求，并提供管理公司相当有利的条件，承诺管理公司可从省下的能源开支中抽取一定比例的金额作为收益❶。

4. 参考案例

苏州某办公建筑，是集办公、展厅、公务餐厅、车库、活动室及小型配套商店等功能的综合性办公设施，曾先后获得绿色建筑设计标识、运行标识，该建筑的物业管理公司制定和实施了以下节能、节水、节材与绿化管理制度：

（1）节能方面

① 节约空调用电：严格执行空调温度控制标准。

② 节约照明用电：自然采光条件较好的办公区域充分利用自然光；夜间楼内公共区域尽量减少照明灯数量；杜绝白昼灯、长明灯。

③ 节约办公设备用电：长时间不使用的要及时关闭，减少待机能耗。

④ 严禁使用电炉、热得快等大功率电器。

（2）节水方面

① 加强节水宣传。

② 安排专人定时、定期抄录水表，对用水量比较分析，发现情况异常，立即进行管网检查并采取有效措施。

③ 注重绿化节约用水。

（3）绿化制度

绿化管理方面，制定治虫、除草、浇水、施肥、修剪等方面的规定。

此外，还采用绩效考核的方式，把物业的经济利益和建筑用能效率、耗水量直接挂钩。通过实施本激励制度，做到多用资源多付费、少用资源有奖励，从而实施绿色建筑节能减排、绿色运营的目的。

（4）物业管理激励制度

① 以 2011 年 6 月至 2012 年 6 月的电耗、水耗为基数，每年节约费用的 50% 作为对物业管理公司资源节约效果的奖励；若产生增加费用，以增加费用的 30% 作为惩罚。

② 物业公司管理下，无跑冒滴漏现象发生，业主年终将对物业给予表扬及适当奖励。

③ 物业公司对节能、节水、节材方面提出具有可行性的合理改造建议，经业主讨论可以付诸实施的，可以申报合理化建议奖励。

---

❶ 《建筑节能：绿色建筑对亚洲未来发展的重要性》，中国大百科全书出版社，2008 年 11 月第一版。

④ 一年内项目的用电、用水、空调采暖设施均运行良好，未出现故障，则一次性奖励 5 万元。

⑤ 经常出现长明灯、长流水现象一次性罚款 1 万元。

5. 相关标准、规范及图集

《物业管理条例》（2003 年 6 月 8 日中华人民共和国国务院令第 379 号公布，根据 2007 年 8 月 26 日《国务院关于修改〈物业管理条例〉的决定》修订）；

《中华人民共和国物权法》中华人民共和国主席令第 62 号（2007 年 3 月 16 日，自 2007 年 10 月 1 日起施行）；

《关于进一步加强住宅装饰装修管理的通知》建质〔2008〕133 号；

《住宅室内装饰装修管理办法》建设部第 110 号部令（2002 年 3 月 5 日颁布，2002 年 5 月 1 日实施）；

《物业服务企业资质管理办法》（建设部第 164 号部令，2004 年 3 月 17 日颁布，2007 年 10 月 30 日修改）；

《前期物业管理招标投标管理暂行办法》（建设部"建住房〔2003〕130 号"文件，2003 年 6 月 26 日颁布，2003 年 9 月 1 日起实施）；

《住宅专项维修资金管理办法》（中华人民共和国建设部部令第 165 号，2007 年 12 月 4 日颁布，2008 年 2 月 1 日起施行）；

《能源管理体系要求》GB/T 23331；

新修订版《安徽省物业管理条例》（2010 年 1 月 1 日起施行）；

安徽省人民政府办公厅关于贯彻落实《公共机构节能条例》的意见（2009 年 5 月 21 日）；

《绿色建筑评价技术细则补充说明（运行使用部分)》（中华人民共和国住房和城乡建设部 2009 年 9 月)。

9.2 技术管理

所谓技术管理，主要是指物业单位确保建筑物智能化系统运行效果良好、对空调通风系统进行定期检查和清洗、对设备系统进行运行优化与能效管理，以及做好建筑工程、设施、设备、部品、能耗等的档案及记录工作。

9.2.1 节能与节水管理

1. 概述

绿色建筑的运营管理是通过物业管理工作来体现的，物业的管理水平直接影响绿色建筑的节能、节水目标的实现效果。

物业公司在建筑节能、节水方面有着天然优势。首先是它非常熟悉建筑系统的运作机制，可以根据预定方案直接、迅速地采取节能、节水措施；其次，它与客户联系密切，可以有效地施加影响。因此物业必须是整个建筑或小区的节能、节水运动的引领者和组织者。

物业公司应当建立节能、节水责任制，把节约能源工作纳入日常工作计划，使用节能/节水新技术、新工艺、新设备，并组织开展节能节水宣传活动，提高建筑用户的资源保护意识。

2. 适用范围

在住宅建筑、公共建筑中皆适用。对于那些不符合民用建筑节能强制性标准的既有建筑的围护结构、供热系统、采暖制冷系统、照明设备和热水供应设施等，需要实施节能改造。

3. 技术措施

（1）分户、分类计量

分项计量是指对建筑的水、电、燃气、集中供热、集中供冷等各种能耗进行监测，从而得出建筑物的总能耗量和不同能源种类、不同功能系统的能耗量。要实现分项计量，必须进行数据采集、数据传输、数据存储和数据分析等。

分户计量与收费是指每户使用的电、水、燃气等的数量能够分别独立计量，并按用量收费。

对于公共建筑，办公、商场类建筑对电能和冷热量具有计量装置和收费措施；按不同用途（照明插座用电、空调用电、动力用电和特殊用电）、不同能源资源类型（如电、燃气、燃油、水等），分别设置计测仪表实施分项计量；新建公共建筑应做到全面计量、分类管理、指标核定、全额收费。通过耗电和冷热量的分项计量，分析并采取相应的节能措施以符合绿色建筑节能运营的目标。

对于居住建筑，要求住宅内水、电、燃气表等表具设置齐全，并采用符合国家计量规定的表具，且对住宅每户均实行分户分类计量与收费。

在绿色建筑的运营管理中，首先，要做好全年计量与收费记录。其次，如果所管理的建筑加入了政府的能耗监测网络（目前以大型公共建筑为主），还要配合相关部门安装能耗计量仪表，并按要求传送相关能耗数据（图9-4）。最后，跟踪能耗数据，准确找出建筑的能耗浪费和节能潜力，对症下药，做好本楼宇节能工作。

（2）节能管理相关技术

业主和物业共同制定节能管理模式；建立物业内部的节能管理机制；节能指标达到设计要求。运营管理过程中，最重要的是依照绿色建筑的设计要求，确保各种系统、设备正常运行，实现最佳节能效果。（参看第4章　节能与能源利用）

（3）节水管理相关技术

建筑中水和市政再生水可优先用于冲厕，满足冲厕后尚有余量时，可依次用于绿化浇灌、水景补水、地面冲洗等。雨水收集可优先用于冷却塔补水，其次是绿化浇灌，尚余量时可再应用于道路浇洒、洗车等其他杂用水。

在节水管理方面，还需要注意防止给水系统和设备、管道的跑冒滴漏，规范地使用节水器具和节水设备、设施。同时，要提高建筑物水资源的使用效率，采取梯级用水、循环用水等的措施。如果建筑已设置了雨水收集、中水回用系统，需要充分使用雨水、再生水等非传统水源。为了保证非传统水源的安全性，必须定期进行水质检测，并准确记录。物业内部也必须建立节水管理机制。（参看第5章　节水与水资源利用）

4. 参考案例

上海某酒店的设计采用了多种绿色环保的管理手段，通过购买当地绿色能源项目的碳排放额度，实现碳中和。该酒店实施了一系列低成本和无成本的节能运行措施，将绿色设计和绿色运营结合，酒店在入住率提高的情况下，实现27%的节能效果。改善的措施有：

173

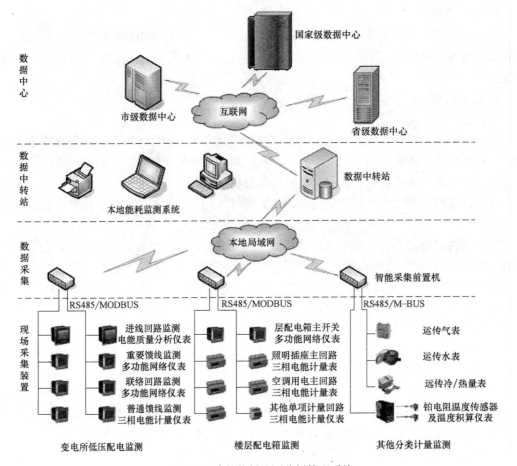

图 9-4　建筑能耗监测分析管理系统

（1）针对酒店高端服务的要求及设备特征，在保证酒店舒适度的情况下，酒店物业工程师严格控制了酒店的四管道供暖/冷系统每天（24 小时）同时运行制冷和供暖设备的运行时间。

（2）定期清洁空调系统过滤网和盘管，大大提高了设备的运行效率，节约了能源。

（3）对客房温控器进行调整，缩小其调整范围。客房内的温度设定在夏季不低于 22℃，冬季不高于 26℃。

（4）对全天 24 小时开启的走廊照明灯的工作时间进行了调整，在有充足的日光照射的时间内手动关闭走廊照明。

（5）为喷泉及客房卫生间采取了节水措施。重新设定了喷泉的运行时间，降低了喷泉高度以防止喷水溢出池外，调整了进水阀以减少向喷泉池的供水量。降低了客房马桶的冲水量，从而在保证满足客人标准的同时，减少了冲洗马桶的耗水量❶。

5. 相关标准、规范及图集

《国家机关办公建筑和大型公共建筑能耗监测系统建设相关技术导则》（建科［2008］

---

❶　绿色建筑重在节能运行管理，赵言冰，《能源评论》http：//www.sgcc.com.cn/ztzl/newzndw/cyfz/12/261461.shtml

114号文件）（含《分项能耗数据采集技术导则》、《分项能耗数据传输技术导则》、《楼宇分项计量设计安装技术导则》、《数据中心建设与维护技术导则和建设》和《验收与运行管理规范》）；

《城市供热价格管理暂行办法》（发改价格〔2007〕1195号）；

《能源管理体系要求》GB/T 23331；

《中华人民共和国水法》；

《当前国家鼓励发展的节水设备》（产品）目录；

《节水型生活用水器具》CJ 164；

《节水型产品技术条件与管理通则》GB/T 18870。

9.2.2 耗材管理

1. 概述

绿色建筑的"节材"理念同样应当体现于绿色建筑的运行阶段。物业公司开展的各项专业管理与服务，如建筑设备的维修养护、清洁保洁、污染防治、绿化管理等，都涉及物料用品的使用和消耗。加强各种耗材的管理，既可以节约运营成本，又能节省资源、保护环境。

2. 适用范围

在住宅建筑、公共建筑中皆适用。

3. 技术措施

建立建筑、设备、系统的维护制度，减少因维修带来的材料消耗；建立物业耗材管理制度，选用绿色材料。从物业内部的角度来讲，则需要注意这些环节：购买放置在容器内的物品以减少包装；制定清洗设备的标准，要求将清洗的化学物降到最低限度，并反复使用清洁布；采用双面打印或电子办公等方式，减少纸张的使用等。

4. 参考案例

某物业公司出台了《物料用品采购规定》，将各种耗材分为由公司统购的物品和由管理处自行采购的非统购物品两种，对大宗、常用、易损物品由公司统一采购，各管理处根据年初预算的需求，到公司仓库领用，对单位价值较低、非常用物品由各管理处自行采买。年度预算时公司从多方面考虑，根据各个物业区域的设施设备、房屋及附属物的老化程度进行物料耗材的预算。如对于清洁保洁用品的预算可以按照保洁人员的数量，根据保洁区域的档次和清洁卫生工作所负责的面积大小，来配置不同的保洁工具用具，预算出不同的费用额。公司对物品的采购实行年初预算总额，日常管理过程中放权和收权相结合的管理模式，通过建立健全物品管理的内部控制制度，在物品采购、领用、储存管理上建立规范的操作程序，堵住漏洞，降低成本。

5. 相关标准、规范及图集

《物业管理条例》中华人民共和国国务院令第379号（2003年6月8日，经国务院第9次常务会议通过并公布，自2003年9月1日起施行）。

9.2.3 室内环境品质管理

1. 概述

室内环境品质包括室内空气品质、室内热舒适性、室内声环境、室内采光与视野，在本书第7章"室内环境质量"已详细论述了这些指标。在绿色建筑的运行管理阶段，控制和提高建筑物的室内环境品质，在满足业主需求的前提下，又保证能源效率、资源效率，是物业管理的职责所在。

2. 适用范围

以公共建筑为主。

3. 技术措施

（1）空调清洗

对风管系统的清洗由符合《公共场所集中空调通风系统清洗规范》规定条件的机构承担，并严格按照该规范规定的程序进行清洗和消毒。

定期对空气处理机组、过滤器（网）、表冷器、加热（湿）器、冷凝水盘进行检查或更换。

开放式冷却塔应当每六个月至少清洗一次；空气处理机组、过滤网、表冷器、加热（湿）器、冷凝水盘等设备或部件应当每年至少清洗一次。

（2）HVAC 设备自动监控技术

HVAC 设备管理系统旨在创造客户安全、健康、舒适、温馨的生活环境与高效的工作环境，并提高系统运行的经济性和管理智能化，在绿色建筑运行管理中具有十分重要的作用。

在实际操作过程中，应对建筑内的空调通风系统冷热源、风机、水泵等设备进行有效监测，对关键数据进行实时采集并记录，设备系统按照设计要求进行可靠的自动化控制。对于照明系统，在保证照明质量的前提下，尽量减小照明功率度设计，采用感应式或延时的自动控制方式实现建筑的照明节能运行。

此外，还要积极应对建筑物使用者关于暖通空调系统使用情况的投诉和建议，制定意见反馈形式，发现问题后及时解决。

4. 参考案例

（1）广州某公共建筑项目，制定了详细的清洗维护制度并加以实施。

① VRV 空调系统保养

本项目制定了《VRV 中央空调系统保养规程》，有专业保养人员进行保养，内容包括：查看控制点；检查开关灯灵敏度；检修更换失灵部件；检查清理控制箱、电源盘、包括磁吸触点、电气开关盒电路等；检查冷媒质量；检查主机控制系统、保护系统和各组件；检查阀门工作状态、密封性；清洗冷凝器及蒸发器；测量温度探头的电压和电阻确保准确性；检查更换底盖上的垫片。

② 风机盘管保养

本项目制定了《VRV 空调系统附属设备保养规程》，对风机盘管每二年保养一次，内容包括：拆机检查保养风机/马达，清洁叶轮机外壳；检查保养轴承；检查清洗表冷器、清洁过滤网；检查保温、冷凝水管；手动盘车试机。

（2）天津某公共建筑项目，通风、空调等设备采用自动监控技术。

① 新风机控制送风典型房间的温度及相对湿度；达到系统降温及除湿的要求。

② 风机盘管设置冷热转换功能的温控器，设置风机三速开关及水管电动两通阀。

③ 毛细管设置冷热转换功能的温控器，设置水管电动两通阀。

④ 制冷机房内监测用户侧及地源侧系统流量，温度及压差。同时监测室外温度及相

对温度。

5. 相关标准、规范及图集

《空调通风系统清洗规范》GB 19210；

《公共场所集中空调通风系统清洗规范》（卫生部，2006 年）；

《室内空气中细菌总数卫生标准》GB 17093。

9.2.4 设备的设置、检测与管理

1. 概述

保持建筑物与居住区的公共设施设备系统运行正常，是保证绿色建筑实现各项目标的基础。应通过将公共使用功能的设备、管道、管井设置在公共部位等措施，在尽量减少对住户干扰的前提下，便于日常维修与更换。在运营维护中，通过物业管理机构的定期检查，以及对设备系统调试、维护，不断提升设备系统的性能，提高建筑物的运行实效。

2. 适用范围

在住宅建筑、公共建筑中皆适用。

3. 技术措施

（1）建筑中设备、管道的使用寿命普遍短于建筑结构的寿命，因此各种设备、管道的布置应方便将来的维修、改造和更换。

设计设备和管道时应考虑以下因素：

① 设备机房功能完善、规模布局合理；

② 各管井（电气间、设备间）应设置在公共部位且方便检修；

③ 管道、桥梁的布置合理方便；

④ 避免公共设备管道设在住户室内。

（2）施工单位必须在施工图上详细注明设备和管道的安装位置，以便于后期检查和更新改造。

（3）物业管理单位有责任定期检查、调试设备系统，标定各类检测器的准确度，根据运行数据，或第三方检测的数据，不断提升设备系统的性能，提高建筑物的能效管理水平。

4. 参考案例

苏州某住宅项目具有公共使用功能的设备为消防水泵房、电度表箱，设置在属于公共部位的地下室、配电间。具有公共使用功能的管道为水、电、新风管井、水暖，设置在属于公共部位的楼道公共管道井内。此外，机房等设备置于地下室便于维修。

天津某公共建筑是一个绿色二星级运行标识项目，物业管理不仅对水暖电设备进行维护保养，保证各种建筑设备能够正常运行，而且通过 BAS 智能控制系统使绿色生态建筑更加节能、环保。

5. 相关标准、规范及图集

《物业管理条例》中华人民共和国国务院令第 379 号（2003 年 6 月 8 日，经国务院第 9 次常务会议通过并公布，自 2003 年 9 月 1 日起施行）。

9.2.5 物业档案管理

1. 概述

严谨的物业档案记录管理是实现绿色建筑物业管理定量化、精细化的重要手段，对保

障建筑的安全、舒适、高效及节能环保的运行效果，提高物业管理水平和效率，具有重要作用。

2. 适用范围

在住宅建筑、公共建筑中皆适用。

3. 技术措施

物业管理方与项目建设方应做好技术交接工作，包括设计资料、施工资料的归库管理，设备调试后，应由检测机构进行综合能效的测试。

不少绿色建筑项目，由于建设方、设计方、施工方和物业管理方工作上的脱节，在设计阶段较少考虑运营管理的细节，造成绿色建筑无法绿色运行的情况，因此物业管理企业应及时、随时与各方面做好衔接、沟通工作。

在建筑物的管理中不同程度地存在工程图纸资料、设备、设施、配件等档案资料不全的情况，对运营管理、维修、改造等带来不便。部分设备、设施、配件需要更换时，往往由于找不到原有型号规格、生产厂家等资料，只能采用替代产品，就会带来由于不适配而需要另外改造的问题。为避免上述各种问题的发送，可采用信息化手段建立完善的建筑工程及设备、能耗监管、配件档案及维修记录。

同时，物业管理方需要按时、连续地对建筑的运行情况作记录，如日常管理记录、全年计量与收费记录、建筑智能化系统运行数据记录、绿化养护记录、垃圾处理记录、废气、废水处理和排放记录。各种运行管理记录应完整、准确、齐全。人工记录数据应定期转化为电子版，以便于统一管理和统计分析。

> 运营管理记录包括：
> ➢ 物业日常管理记录，包括设备、用水、绿化等；
> ➢ 维护保养记录、检修记录和运行记录；
> ➢ 建筑设备系统的运行用能统计记录，如用水量、用电量、用气量、用油量、用冷量、用热量；
> ➢ 给排水系统（包括雨水系统等非传统水源利用，分项计量）运行数据报告（用水量记录报告，全年逐月分析），供水、排水水质运行监测报告；
> ➢ 热回收系统、可再生能源利用的运行记录、运行情况分析报告；
> ➢ 室内空气质量监控系统设计文件、运行监测记录，包括 CO_2 参数的监控和通风系统的联动；
> ➢ 建筑智能化系统运行记录；
> ➢ 化学药品的进货清单与使用记录；
> ➢ 垃圾分类收集率。

4. 参考案例

苏州某公共建筑项目于 2013 年通过绿色三星认证。本项目在运行期间，注意填写、保留以备查询的文字、图表、声像等，使这些物业档案资料在物业活动过程中起着凭证、参考、指导作用。各种物业日常管理记录为本项目绿色建筑标识的申报提供了文本资料方面有力的佐证。

5. 相关标准、规范及图集

《绿色建筑评价技术细则补充说明（运行使用部分）》（中华人民共和国住房和城乡建

设部 2009 年 9 月）；

新修订版《安徽省物业管理条例》（2010 年 1 月 1 日起施行）；

安徽省人民政府办公厅关于贯彻落实《公共机构节能条例》的意见（2009 年 5 月 21 日）。

9.3　环境管理

绿色建筑的环境管理主要包括绿化管理和垃圾管理，具体又可分为：病虫害防治措施、提高树木成活率、垃圾站冲洗、垃圾分类回收、可降解垃圾单独收集等。

9.3.1　绿化管理

1. 概述

在绿化管理方面采用无公害防治技术，保证较大的树木成活率，是绿色建筑的一个重要指标。

2. 适用范围

绿化管理相关技术或制度在住宅建筑、公共建筑中皆适用。

3. 技术措施

（1）采取无公害病虫害防治措施

绿色管理要采用无公害病虫害防治技术，规范杀虫剂、除草剂、化肥、农药等化学药品的使用。

在绿化管理过程中要注意：

① 加强病虫害预测预报：病虫害的发生和蔓延，将直接导致树木生长质量下降，破坏生态环境和生物多样性，应当做好预测预报工作，严格控制病虫害的传播、扩散。

② 增强病虫害防治工作的科学性：要坚持生物防治和化学防治相结合的方法，科学使用化学农药，大力推广生物制剂、仿生制剂等无公害防治技术，提高生物防治和无公害防治比例，保证人畜安全、保护有益生物，防止环境污染，促进生态可持续发展。

③ 对化学药品实行有效的管理控制，保护环境，降低消耗。

④ 对化学药品的使用要规范，要严格按照包装上的操作说明进行使用。

⑤ 对化学药品的处置，应依照固体废物污染环境防治法和国家有关规定执行。

（2）提高树木成活率

绿化管理贯穿于规划、施工及养护等各个阶段，在养护的过程中，物业须及时进行树木的养护、保洁、修理，使树木生长状态良好，保证树木有较高的成活率（图 9-5）。《绿色建筑评价标准》GB/T 50378 对住宅建筑的小区绿化水平有很明确的规定："老树成活率达 98%，新栽树

图 9-5　绿化养护

179

木成活率达85%以上。"

在绿色建筑的绿化管理过程中，物业需要了解植物的生长习性、种植地的土壤、气候、水源水质等状况，根据实际情况进行植物配置，以减少管理成本，提高苗木成活率。

需要对行道树、花灌木、绿篱定期修剪，草坪及时修剪。及时做好树木病虫害预测、防治工作，做到树木无暴发性病虫害，保持草坪、地被的完整。发现危树、枯死树木及时处理。

4. 参考案例

苏州某住宅项目，于2011年获得绿色建筑三星级运行标识，项目在绿化方面采取了以下一些措施：

（1）乔木修剪每年三遍以上、灌木修剪每年五遍以上，无枯枝、萌蘖枝；篱、球、造型植物按生长情况，造型要求及时修剪，做到枝叶茂密、圆整、无脱节；地被、攀缘植物修剪、整理及时，每年三次以上，无枯枝。草坪常年保持平整，边缘清晰，草高不超过6cm。

（2）常年土壤疏松通透，及时清除杂草，做到每平方米低于3棵杂草。

（3）按植物品种、生长、土壤状况适时适量施肥。每年施基肥不少于一遍，花灌木增追施复合肥二遍，满足植物生长需要。

（4）预防为主、生态治理，各类病虫害发生低于3%。

5. 相关标准、规范及图集

《城市绿化条例》（国务院令 [1992] 第100号）；

《城市绿化工程施工及验收规范》CJJ T82；

《合肥市城市园林绿化工程管理规定》（1994年8月1日起施行）；

《合肥市城市绿化管理条例》（2010年2月1日起施行）；

《农药管理条例》（中华人民共和国国务院令 第326号）；

《农药管理条例实施办法》（中华人民共和国农业部令 第9号）。

9.3.2 垃圾管理

1. 概述

需要对垃圾物流进行有效控制和科学管理。一般而言，垃圾管理的技术难度并不高，但要实行到位却也不容易，主要是会遭遇执行力度不够大、用户行为习惯跟不上等阻碍，因此，在解决了技术设备等硬件问题后，还须跟协作单位做好协调，对建筑物用户展开宣传教育，并依照严格的管理操作制度，进行积极有效的控制，最终由所有人同心合力创造一个优雅、整洁、美观、健康的生活环境。

2. 适用范围

垃圾管理相关技术或制度在住宅建筑、公共建筑中皆适用。

3. 技术措施

（1）垃圾站冲洗

垃圾站，是收集垃圾的中途站，也是物料回收的中转站。垃圾站的清洁程度，直接影响整个生活或办公区域的卫生水平。重视垃圾站（间）的景观美化及环境卫生问题，才能提升生活环境的品质。

垃圾站（间）设冲洗和排水设施，存放垃圾需要做到及时清运、不污染环境、不散发臭味。出现存放垃圾污染环境、散发臭味的情况时，要及时解决，不拖延时间，不推卸责任。

（2）垃圾分类回收

垃圾分类回收就是在源头将垃圾分类投放，并通过分类的清运和回收使之分类处理或重新变成资源。垃圾分类收集有利于资源回收利用，便于处理有毒有害的物质，减少垃圾的处理量，减少运输和处理过程中的成本。

垃圾分类收集率是指实行垃圾分类收集的住户占总住户数的比例。在《绿色建筑评价标准》GB/T 50378 中，要求垃圾分类收集率（实行垃圾分类收集的住户占总住户数的比例）达90%以上。

在建筑运行过程中会产生大量的垃圾，包括建筑装修、维护过程中出现的土、渣土、散落的砂浆和混凝土、剔凿产生的砖石和混凝土碎块，还包括金属、竹木材、装饰装修产生的废料、各种包装材料、废旧纸张等，对于宾馆类建筑还包括其餐厅产生的厨余垃圾等。这些种类众多的垃圾，如果弃之不用或不合理处理将会对城市环境产生极大的影响。为此，在建筑运行过程中需要根据建筑垃圾的来源、可否回用性质、处理难易度等进行分类，将其中可再利用或可再生的材料进行有效回收处理，重新用于生产。在垃圾的输运过程中采用封闭的车辆，避免垃圾异味、污水的溢散，减少扬尘等环境污染。

开展垃圾分类回收工作还须注意以下几点：

① 需要明白垃圾分类是个复杂、长期的系统工作（图 9-6）。

② 避免已分类回收的垃圾到垃圾站又重新混合，这是不少分类小区存在的现象。

③ 重心前移，加强前端管理实现垃圾减量化是最根本的办法，重心不要光围着环卫作业，工作重心是社区，以社区为平台，将垃圾分类收集、分类存放、分类运输、分类加工、分类处理等一一落实好，才能抓出成效。

（3）可降解垃圾单独收集

可降解垃圾指可以自然分解的有机垃圾，包括纸张、植物、食物、粪便、肥料等。垃圾实现可降解，大大减少了对环境的影响。

这里所说的可降解垃圾主要是指有机厨余垃圾。

垃圾生物降解技术原理：将筛选到的有效微生物菌群，接种

图 9-6　垃圾分类

到有机厨余垃圾中，通过好氧与厌氧联合处理工艺降解生活垃圾，引起外观霉变到内在质量变化等各方面变化，最终形成二氧化碳和水等自然界常见形态的化合物。降解过程低碳节能，符合节能减排的理念。有机厨余垃圾的生物处理具有减量化、资源化，效果好等特点，是垃圾生物处理的发展趋势之一。

要进行有机垃圾的生物处理，需要实行垃圾分类，以提高生物处理垃圾中有机物的含量。还需要对可生物降解垃圾进行单独收集，设置可生物降解垃圾处理房。垃圾收集房设

有风道或排风，冲洗和排水设施，处理过程无二次污染。

4. 参考案例

苏州某住宅项目，于 2011 年获得绿色建筑三星级运行标识。

本项目物业管理公司制定专门的垃圾管理办法，为小区每家每户免费赠送垃圾袋，在楼栋设置密闭分类垃圾桶，并安排保洁人员定期清理，做到生活垃圾日产日收。

（1）引导业主在室内对垃圾进行分类。

（2）垃圾清运人员在清运时，对垃圾进行简单分类，分类装运。

（3）配备 1 名保洁员，在垃圾房进行分类：

① 不可回收的厨余垃圾进行生物降解处理；其他不可回收垃圾重新装袋统一运走；

② 可回收垃圾集中统一分类放置，联系废品回收机构回收；

③ 有害垃圾送至服务中心集中存放，达到一定量后送至再生资源投资发展有限公司处理。

为了本小区实现垃圾分类及无害化处理，减少垃圾废弃物的产量，实现废弃物的再利用，在小区实行垃圾分类处理，前期选择十七幢一单元作为推进垃圾分类工作的试点，逐步向整个园区推进。

本项目采用某品牌垃圾生物处理机 3 台，处理能力 100kg/24h，处理机外观美观整洁、密封紧密，可设置"正转-停止-反转-停止"的自动运转程序，出料口设置警示灯。处理过程中无需加水，不要添加任何辅料，也没有污水排放。采用国际先进生化技术，完全、彻底地将对人畜有害的有机垃圾进行生化处理，处理后所产生的衍生物为纯绿色的有机肥料，不含任何化肥成分，不但可以解决有机垃圾对环境的污染，而且可以通过衍生物补偿在垃圾处理过程中的成本支出，处理过程无二次污染。处理过程中产生的二氧化硫、氨、硫化氢和噪声等均远远小于标准限值，不会对周围环境造成影响。

垃圾分类宣传主要通过入户向业主发放调查问卷、倡议书、宣传栏张贴宣传海报、小区主入口摆放宣传海报、网络宣传、LED 宣传等手段，全方位、多维度地向业主推广小区的垃圾分类活动，吸引更多的业主参与。通过从小区业主中招募环保志愿者，发展环保宣传和推进垃圾分类的骨干，使更多的业主参与到垃圾分类进程中。

5. 相关标准、规范及图集

《中华人民共和国固体废物污染环境防治法》（主席令第三十一号）；

《中华人民共和国水污染防治法实施细则》（中华人民共和国国务院令 第 284 号）；

《中华人民共和国水土保持法》（主席令第三十九号）；

《城市生活垃圾管理办法》（中华人民共和国建设部令第 157 号）；

《安徽省城市生活垃圾处理收费管理暂行办法》（2008 年 1 月 1 日起执行）。

案 例 篇

第10章 绿色建筑实例

10.1 武汉市民之家项目（公建三星）

1. 项目简介

武汉市民之家工程项目位于湖北省武汉市江岸区金桥大道以西，三环南路以南，西侧与南侧分别为井南一路和井南三路，基地东北部为三金潭立交，是北面进入武汉市区的窗口（图10-1）。总用地面积9.917公顷，总建筑面积123423m²，地下一层，地上三～七层。地上88474m²，地下34949m²，其中行政服务中心建筑面积为68528m²（不含地下车库），规划展示馆21504m²。

图10-1 建筑效果图

2. 项目亮点技术

项目定位为绿色建筑三星级，根据项目当地的气候资源特征以及项目的功能性同时采用多项绿色建筑技术，包括地源热泵、太阳能热水、太阳能光伏可再生能源技术，空调排风热回收技术；高效用能设备；设置可调外遮阳；使用节能灯具；收集雨水回用于绿化浇洒、道路冲洗，回收室内盥洗、淋浴废水回用于室内冲厕。另外，武汉市民之家项目会议室、服务大厅等大开间共享办公区、展厅等设CO_2传感器，在地下车库区域设置了CO传感器；使用了灵活隔断和大量可再循环材料等。本项目的亮点技术主要有：

（1）地源热泵

本项目空调总冷负荷为10750kW，总热负荷为8850kW。本项目采用螺杆式地源热泵机组（全热回收型）与四台离心式冷水机组一起作为中央空调的冷源，其中地源热泵机组制冷量为1000kW，同时，该地源热泵机组与三台燃气常压热水锅炉一起作为中央空调的热源。其中，地源热泵机组的制热量为1050kW。中庭部分为独立环路，夏季可由离心式冷水机组与热泵机组联合供冷，也可通过电动阀门的切换，由热泵机组单独供冷；冬季由锅炉供给60℃的空调热水（回水温度50℃）、或由地源热泵机组单独供给50℃的空调热水（回水温度为45℃）。在建筑负荷需求较低时，通过电动阀门的切换，可仅开启地源热泵机组对整栋建筑物供冷供热。

（2）太阳能光伏发电

本项目光伏发电系统将采用分块发电、一次升压、集中并网的设计方案，实现并网发电功能，并入市民之家局域电网，光伏发电系统的输出电量由电网自行分配。光伏系统装机容量为 345.92kWp，多晶硅太阳能电池组件数量共 1504 块，其中电池板尺寸为 1650mm×820mm。

本项目光伏系统采用并网运行方式，建成后光伏系统年平均发电量为 29.34 万度，约占项目总用电量的 5.7%，年可节约电费约 255258 元。可省燃油 26284 升或节省标准煤 105.624 吨，这也意味着少排放 291 吨的二氧化碳，3.45 吨的二氧化硫和 1.26 吨氮氧化物。同时减少因火力发电产生的 79.38 吨粉尘，节约 1167833.5 升净水，具有良好的社会效益和节能环保效益。

（3）太阳能热水

本项目设置集中热水供应系统，卫生热水（厨房、办公）供应热媒由太阳能与自备燃气锅炉或地热热泵联合供应。平时利用太阳能供应热水，在太阳能供应不足时采用燃气锅炉或地源热泵辅助加热。经换热器二次换热，热交换器供水由生活变频水泵供应。太阳能热水系统设置贮热水罐，贮存太阳能热水。

太阳能集热板布置在六层屋顶，面积为 800m²，集热板采用平板式太阳能集热器，与建筑屋盖相结合，实现一体化设计。本项目日平均用热水量 60.368m³/d，太阳能平板型集热器平均每日可提供热水用量为 45.61m³/d，占建筑生活热水消耗量的比例为 75.56%，年可节约电费 34.06 万元。

（4）非传统水源利用

本项目还回收了屋面雨水，用于室外绿化浇灌和道路冲洗，同时回收室内淋浴、盥洗废水，用于室内冲厕和屋顶绿化。雨水年可利用量为 11405.3m³，中水年可利用量为 8147.106 m³，非传统水源利用率为 18.9%。

3. 项目技术指标（表 10-1）

武汉市民之家项目技术指标   表 10-1

指 标	单 位	数 值
地下面积比	%	175.80
透水地面面积比	%	38.64
建筑总能耗	MJ/a	18570960.00
单位面积能耗	kWh/m²a	41.80
节能率	%	60.53
非传统水量	M³/a	19552.41
用水总量	M³/a	103194.71
非传统水源利用率	%	18.90
建筑材料总重量	t	26575.96
可再循环材料重量	t	263423.9
可再循环材料利用率	%	10.19
可再生能源产生的热水量	M³/a	17949.16
建筑生活热水量	M³/a	22034.32
可再生能源产生的热水比例	%	81.46
可再生能源发电量	万 kWh/a	29.34
建筑用电量	万 kWh/a	515.86
可再生能源产生发电比例	%	5.70

10.2 绿地合肥滨水花都一期住宅（1、3～9号楼）项目（居建二星）

1. 项目简介

绿地合肥滨水花都一期住宅位于合肥市，归属包河区烟墩街道规划中宿松路与慈光路交口西南角，住宅区东侧为宿松路（目前在建），隔宿松路为空地，再往东约100m为京台高速公路，西侧为滨湖时光住宅小区，南侧约150m处为卫店庄居民区，西南约200m处为合肥市第六十中学，北侧为慈光路，隔慈光路为康利住宅小区和空地。本项目为高层住宅建筑（图10-2），工程总投资约22489.80万元，申报用地面积4.47万 m²，建筑总面积14.03万 m²，地下建筑面积15768.2m²。建筑采用钢筋混凝土剪力墙结构。

2. 项目亮点技术

本项目定位为绿色建筑二星级，合理运用了绿色生态技术，主要包括节能高效照明、太阳能热水、雨水收集回用、节水喷灌、土建装修一体化施工等技术措施。其中，项目的亮点技术为：

（1）景观绿化设计合理，环境优美，绿地率为46.04％，人均公共绿地面积达到1.52m²。景观设计采用乔、灌、草结合的复层绿化。

图10-2 建筑效果图

（2）采用雨水回收利用系统，收集屋面、绿化区域和地面的雨水，处理后用于绿化浇洒、道路冲洗等。

（3）透水地面面积比例达到38.64％，改善土地涵养情况。

（4）建筑钢混主体结构中HRB400级（或以上）钢筋作为主筋的用量为5758.47吨，主筋总用量为7607.52吨，HRB400级钢筋作为主筋的比例达到75.69％。

（5）采用太阳能热水器，为小区建筑一半以上的住户提供热水，合理利用地区日照，降低建筑能耗，使用户数占总户数的比例达50.5％。

（6）小区智能化系统定位正确，采用的技术先进、实用、可靠，达到安全防范子系统、管理与设备监控子系统与信息网络子系统的基本配置要求。

3. 项目技术指标（表10-2）

绿地合肥滨水花都一期住宅（1、3～9号楼）项目技术指标 　　　表10-2

指　　标	单位	数值
地下面积比	％	251.00
透水地面面积比	％	38.64

续表

指　　标	单位	数值
建筑总能耗	MJ/a	3358785.71
单位面积能耗	kWh/m²a	23.94
节能率	%	63.68
非传统水量	M³/a	5976.00
用水总量	M³/a	176533.20
非传统水源利用率	%	3.40
建筑材料总重量	t	134293.74
可再循环材料重量	t	16162.48
可再循环材料利用率	%	12.04
绿地率	%	46.40
可再生能源使用比例(太阳能热水使用户数)	%	50.50

10.3　芜湖镜湖万达广场购物中心项目（公建一星）

1. 项目简介

芜湖镜湖万达广场购物中心是由芜湖万达广场有限公司开发建设的商业建筑项目（图

图 10-3　建筑效果图

10-3），位于芜湖市镜湖区，东至规划道路、南至北京东路、西至弋江中路、北至赭山东路。规划用地面积为 83877m²，总建筑面积为 134846.08m²，其中地下建筑面积 31561.63m²，主要为地下车库及设备用房。

2. 项目亮点技术

本项目定位为绿色建筑一星级。重点采用增强客户舒适性的技术，侧重于节能与能源利用以及室内环境质量两方面，融合围护结构保温隔热体系、高效节能设备、节能照明、水蓄冷技术、雨水回用、节水喷灌、灵活隔断、室内步行街自然采光优化设计、智能化控制技术等绿色生态技术为一体。本项目的亮点技术如下：

（1）水蓄冷技术

采用效率较高且运行费用低的水蓄冷中央空调系统。

制冷系统采用三台制冷量 800RT 离心冷水机组加一台制冷量 409RT 螺杆冷水机组，制热系统采用二台真空锅炉。

夏季的尖峰冷负荷为 3439RT（12091kW），如果采用蓄冷空调系统，既可以按照原来的常规空调系统运行，也可以按照水蓄冷空调系统运行，还可以按照上述的混合模式运行。在白天高峰用电时段由水蓄冷槽放冷，既可以减少白天主机的运行时间，又可以降低空调系统的运行费用。

根据主机配置，低谷用电时段使用二台 800RT 离心冷水主机蓄冷。

（2）室内采光效果优化

采用 Ecotect 建模结合 Radiance 计算的方式对室内光环境进行模拟，并分析判断采光效果。

当室内步行街屋顶不设天窗时，步行街的采光效果基本达不到要求，主要功能区面积约为 14548.0m²，其中约 763.8m² 的采光系数大于 1.1%，仅占总量的 5.25%。步行街屋顶采用玻璃顶时，则可以充分利用自然光，同时 1~3 层步行街两侧的功能空间也可得到一定的日光补偿，采光效果得到了极大的提高，约有 83.36% 的空间采光系数大于 1.1%，主要功能区面积中约 12127.2m² 的采光系数达到了要求。

（3）雨水收集系统

对部分屋面、路面及绿地的雨水进行回收利用。年收集雨水量 15417.24m³，收集后的雨水经处理后用于绿化浇洒、道路广场冲洗以及景观水补水用水，雨水处理构筑物为地下式，设置于大商业地下二层，收集的雨水经初期弃流-混凝-石英砂过滤-消毒-增压等处理后回用，由机房内水泵提升供给室外杂用水，非传统水源利用率达到 1.94%。

（4）节能照明

本项目主要采用紧凑型节能荧光灯或 T5 荧光灯管、LED 灯等节能光源和灯具，荧光灯采用电子镇流器，所有灯具功率因数不低于 0.9。

本项目走廊、楼梯间、门厅等公共场所的照明采用集中控制，按建筑使用条件和天然光状况采取分区、分组控制措施，并按需要采取调光或降低照度的控制措施；应急照明具有应急时自动点亮的措施。公共区域的照明纳入 BA 系统控制范围，应急照明与消防系统联动，保安照明与安防系统联动。

3. 项目技术指标（表 10-3）

芜湖镜湖万达广场购物中心项目技术指标　　　　　　表 10-3

指　　标	单位	填报数据
地下面积比	%	130.19
透水地面面积比	%	7.40
建筑总能耗	MJ/a	49073479.20
单位面积能耗	kWh/m²a	86.47
节能率	%	50.37
非传统水量	M³/a	5279.80
用水总量	M³/a	272590.09
非传统水源利用率	%	1.94
建筑材料总重量	t	373465.41
可再循环材料重量	t	24549.98
可再循环材料利用率	%	6.57

10.4　赤峰万达广场嘉华酒店项目（公建一星）

1. 项目简介

本工程位于内蒙古自治区赤峰市红山区，东临平双路，西临宝山里，南临西拉沐沦大街，北临锡伯河岸。项目为公共建筑（图 10-4），工程总投资约约 25 亿，用地面积 13773m² 总建筑面积约 4.7 万 m² 建筑面积 7093.84m²。项目采用框架-剪力墙结构。

图 10-4　建筑效果图

2. 项目亮点技术

项目合理采用相关绿色生态节能技术，达到绿色建筑一星级指标要求。结合基地的环境特点和规划的要求，将商务会议、特色餐厅与客房住宿等各种功能进行综合，采用高效节能设备、节能照明、中水利用、微喷灌节水技术、智能化控制技术等绿色生态技术，有效提高室内舒适度，同时实现资源的高效利用。本项目的亮点技术为：

（1）地下空间

合理开发利用地下空间，地下空间主要功能为：地下车库、员工餐厅、库房、办公及公共设备用房等。地下建筑面积 7093.84m²，建筑占地面积 4046.48m²，地下建筑面积与建筑占地面积之比为 1.75：1。

（2）建筑节能

本项目外墙构造为岩棉板 80＋蒸压加气混凝土 200、岩棉板 80＋钢筋混凝土 400、岩棉板 80＋钢筋混凝土 400、岩棉板 80＋钢筋混凝土 400，外窗采用平均＋PA 断桥铝合金窗框＋Low-E 中空玻璃（在线）＋空气层厚 12mm，屋面采用细石混凝土、泡沫混凝土、岩棉板（毡）、水泥砂浆、水泥珍珠岩找坡层、钢筋混凝土、石灰砂浆。

（3）中水系统

本项目工程自建中水处理系统，供给酒店建筑全楼冲厕以及冲洗地面、绿化灌溉、地库浇洒。非传统水源利用率为 7.21％。

（4）节能照明

公共走道采用高效节能灯，客房、办公室、会议室、设备用房采用节能型荧光灯。所有气体放电灯配电子镇流器，灯具功率因数不小于 0.9。照明设计按照《建筑照明设计标准》GB 50034 第 5.4.1 条规定的照明功率密度（LPD）的目标值进行设计。

（5）分项计量

在酒店下列区域设置计量电表，客房、宴会厅、会议区、商务中心、中西餐厅、健身房、美容美发、夜总会、酒吧、洗衣房、室外照明、电梯、制冷系统（包括制冷机、循环水泵、冷却塔、补水泵）、热交换系统。所有电度表均采用具有远传功能的表具，数据信息通过总线可接入楼控系统。

（6）空调部分负荷运行

空调机组及风机盘管采用四管制空调系统，在需要时可根据不同房间的需要同时供冷和供热。为节约能源，在冬季、过渡季采用冷却塔作为冷源，对酒店内区"免费"供冷。部分负荷性能系数 IPLV 满足《公共建筑节能设计标准》GB 50189 的要求。

3. 项目技术指标（表 10-4）

赤峰万达广场嘉华酒店项目技术指标　　　　　　　　　　　表 10-4

指　标	单位	数值
地下面积比	%	175.00
透水地面面积比	%	62.14
建筑总能耗	MJ/a	1675996.00
单位面积能耗	kWh/m²a	127.36
节能率	%	71.73
非传统水量	M³/a	15253.98
用水总量	M³/a	211626.17
非传统水源利用率	%	7.21
建筑材料总重量	t	5176.13
可再循环材料重量	t	29485.23
可再循环材料利用率	%	18.00

10.5　鹏远住工办公楼项目（公建三星）

1. 项目简介

鹏远住工办公楼位于合肥市经济技术开发区内，东北侧及东侧为芙蓉路标准化厂房，南侧隔芙蓉路为海景包装公司，西侧隔天都路为汇林园小区、西北侧为青翠路。项目为旧建筑改造，由原康拜工业园办公楼主体改造而成（图 10-5），改造在原建筑的主体结构上，添加多种节能环保技术，以达到绿色建筑的设计目标。

2. 项目亮点技术

项目场地内原建筑为安徽康拜工业园内的一栋办公楼，办公楼建成时间为2006 年。鹏远住宅工业有限公司于 2010年 5 月对该办公楼进行改造，在保持原建筑主体结构的基础上，将外保温厚度加厚至 100mm，同时采用多项绿色建筑技术，包括屋顶绿化、高效节能照明、可再生能源利用、非传统水源利用、节水喷灌、室内空气质量监控系统、导光筒、可调节外遮阳、智能化系统等技术，力图改造出一栋低能耗、环保型办公楼。

图 10-5　建筑效果图

本项目的亮点技术有：

（1）旧建筑改造利用

将原长期空置的建筑改建利用，充分发挥了绿色建筑理念。

（2）建筑节能

建筑外墙采用 100mm 厚 EPS 进行保温，屋面部分采用 40mm 厚 XPS 进行保温。外窗统一采用塑钢低辐射中空玻璃窗（6 中透光＋12A＋6 透明），传热系数 2W/(m² · K)，自身遮阳系数 0.64，同时外窗设置铝合金卷帘可调节外遮阳。经节能计算，均满足相关规范要求。

（3）地源热泵

采用集中地源热泵空调系统，根据对办公楼的负荷计算，夏季总的排热量为 84kW，冬季总的吸热量为 52kW。埋管管材为 PE 管，打孔 24 口，孔深 65m，孔间距 4m。同时选用 1 台涡旋式地源热泵机组为办公楼空调系统提供冷热水。

（4）节能照明

照明光源除有装修要求外，其余均装设稀土三基色节能荧光灯，T8（T5）灯管，配电子镇流器（均须自带无功补偿器，功率因数＞0.9）。显色指数 $Ra \geqslant 80$。室内开敞式灯具效率＞75％，其余灯具效率大于 70％。

在照明节能设计上综合考虑自然采光、节能灯具、合理控制和管理，实现照明节能的最大化。在灯具设计上严格按照国家标准《建筑照明设计标准》中的相关规定进行，照明功率密度值应低于现行规定的目标值，满足优选项（各房间或场所的照明功率密度值不高于现行国家标准《建筑照明设计标准》GB 50034 规定的目标值）的要求，项目以照明功率不高于目标值进行设计。

（5）二氧化碳监测

在一楼门厅、会议室、三楼办公室等位置设置二氧化碳传感器和湿度传感器，传感器和设置在新风管路中的风阀联动，根据设定的参数和室内的情况自动调节新风量，以保证室内环境舒适。当室内 CO_2 浓度大于 600PPM 时，打开新风阀，增加新风量。当检测到的 CO_2 浓度等于或小于 600PPM 时，关闭新风阀。

（6）改善室内照明

在三层开敞办公区设置 3 个导光筒，对室内自然采光效果进行优化。

三层面积 376.1m²，通过采光模拟分析，未添加导光筒前，采光系数达到《建筑采光设计标准》GB 50033 中相关功能空间采光系数的要求的面积为 223.6m²，占 3 层面积的59.44％；添加导光筒后，达标面积达到 303.6m²，占 3 层面积的 80.72％。

（7）屋顶绿化

办公楼的三层屋顶主要种植高羊毛，面积为 582m²，占屋顶可绿化面积的 95％以上。高羊毛属多年生草本植物，丛生型，须根发达，具有广泛的适应性，耐寒能力强，耐旱性极强，耐践踏性强，抗病性强，较耐低修剪。叶片较早熟禾宽，观赏效果中等，绿期长。屋面覆土层由种植草＋200mm 腐殖土＋50mm C20 混凝土保护层＋50mm C20 混凝土保护层构成。

（8）雨水收集利用

本项目位于合肥市经济技术开发区内，对开发区内所有屋面雨水进行收集，处理后回用于绿化浇洒、道路冲洗、景观补水等。由于雨水收集量较大，考虑部分雨水外排，再根据雨水处理设备的能力，设计采用有效容积为 400m³ 的雨水收集池、有效容积为 350m³ 的雨水清水池，可保证约 20 天的绿化、景观等用水，不足部分由自来水补齐。雨水系统年节约新鲜水 1291.4t，非传统水源利用率为 45%。

3. 项目技术指标（表 10-5）

鹏远住工办公楼项目技术指标

表 10-5

指　　　标	单位	数值
地下面积比	%	0
透水地面面积比	%	66.43
建筑总能耗	MJ/a	444321.00
单位面积能耗	kWh/m²a	69.67
节能率	%	60.13
非传统水量	M³/a	1291.70
用水总量	M³/a	2870.40
非传统水源利用率	%	45.00
建筑材料总重量	t	2001.30
可再循环材料重量	t	213.80
可再循环材料利用率	%	10.68
绿地率	%	53.28
可再生能源使用比例	%	10.00

10.6 上海宝山万达广场购物中心项目（公建一星）

1. 项目简介

上海宝山万达广场为大型综合商业建筑，由百货楼、娱乐楼和室内商业步行街、室外商业步行街及办公楼等组成，是一个集购物中心、休闲文化娱乐、办公楼为一体的大型商业公建综合体项目（图 10-6）。本次申报范围为宝山万达广场购物中心（包括百货楼、娱乐楼、室内步行街、室外步行街），申报建筑层高为 3～6 层。

宝山万达广场总建筑面积 301124.77m²，其中地上建筑面积 218386.77m²。本次申报的购物中心总建筑面积为 162737.67m²，其中地上建筑面积 117993.46m²，地下建筑面积 44744.21m²，地下共 2 层。

2. 项目亮点技术

项目合理采用相关绿色生态节能技

图 10-6　建筑效果图

术，达到绿色建筑一星级指标要求。根据项目自身特点，侧重于节能与能源利用以及室内环境质量两方面，融合围护结构保温隔热体系、高效节能设备、节能照明、新风热回收、雨水回用、节水喷灌、灵活隔断、室内步行街自然采光优化设计、智能化控制技术等绿色生态技术为一体，结合基地的环境特点和规划的要求，将办公、文化娱乐、休闲、购物等各种功能进行综合，集约土地和城市资源，在上海宝山打造一个高品质的万达商业中心。

本项目的亮点技术有：

（1）高效能设备和系统

超市、百货、娱乐楼的大空间空调方式采用全空气一次回风定风量系统，商业室内步行街各层商铺及中厅空调方式采用新风加风机盘管系统，室内步行街地面设置低温地板辐射采暖系统及步行街外门设置热水风幕系统。

冷源采用离心式冷水机组，性能参数（W/W）5.6 以上，热源采用真空热水锅炉，热效率达到 92%。空调系统的冷热源机组能效比符合现行国家标准《公共建筑节能设计标准》GB 50189 第 5.4.5、5.4.8 及 5.4.9 条规定。

选用奥的斯节能电梯，节能率大于 30%。

（2）节能高效照明

采用荧光灯及紧凑型节能荧光灯等节能光源和灯具，采用节能镇流器或电子镇流器（L 级），单灯功率因数应为 0.9 以上。一般显色指数（Ra）要求不小于 80 的各类房间或者场所，选用 T5 直管型荧光灯。

本项目走廊、楼梯间、门厅等公共场所的照明采用集中控制，按建筑使用条件和天然光状况采取分区、分组控制措施，并按需要采取调光或降低照度的控制措施；应急照明具有应急时自动点亮的措施。公共区域的照明纳入 BA 系统控制范围。

（3）全空气系统

超市、百货、娱乐楼的大空间空调方式采用全空气一次回风定风量系统。空调区域气流组织采用上送，集中回风方式。过渡季节采用 50%全新风运行。

（4）能量回收

室内步行街区域新风系统采用热管式排风热回收装置，显热回收效率达到 65%，有效保证新风的空气质量的同时，减少新风处理的能耗。

（5）灵活隔断

百货楼大空间商业部分均采用大开间设计，可对不同机能区域进行分割，减少重新装修时的材料浪费和垃圾产生。

3. 项目技术指标（表 10-6）

上海宝山万达广场购物中心项目技术指标   表 10-6

指　　标	单位	数值
地下面积比	%	156.74
透水地面面积比	%	16.70
建筑总能耗	MJ/a	148898585.00
单位面积能耗	kWh/m²a	186.87
节能率	%	50.46(A区);50.72(B区)52.81(C区)

续表

指　标	单位	数值
非传统水量	M³/a	4101.50
用水总量	M³/a	817398.01
非传统水源利用率	%	0.50
建筑材料总重量	t	388413.39
可再循环材料重量	t	39498.01
可再循环材料利用率	%	10.17

10.7 大型居住社区江桥基地项目（居建一星）

1. 项目简介

大型居住社区江桥基地（绿地新江桥城）是上海绿地置业有限公司开发的保障房项目（图 10-7）。基地地处嘉定区江桥镇，地块东至金园一路，南至爱特路，西临嘉闵高架路和京沪高速铁路，北至鹤旋路，用地总面积 34.87 公顷。此次申报绿色建筑范围为 D1 地块 9 栋 15 层高层住宅楼。本项目申报范围地块总用地面积 28028.88m²，本项目总建筑面积 73405.55m²，主要建设为地上建筑包括 1～9 号共 9 栋住宅，共 817 户，主要有 12 个户型，地下为机动车停车库、非机动车停车库、设备用房等。

2. 项目亮点技术

上海市大型居住社区江桥基地（绿地新江桥城）定位为绿色建筑一星级，整体

图 10-7 建筑效果图

按绿色建筑设计，顺应世界潮流，有效地降低建筑能耗，减少建筑对环境的影响，符合我国建筑政策。作为保障性住房，主要采用围护结构外保温系统设计，大大提升建筑节能率、降低建筑能耗，同时结合自遮阳、可循环材料、雨水回用、节水喷灌等绿色建筑技术，大大节约能源和资源，具有很高的推广价值。本项目的亮点技术为：

（1）围护结构优化

本项目地处夏热冬冷地区，建筑外墙采用 40mm 膨胀聚苯板保温隔热措施；屋顶部分，采用 40/35mm 膨胀聚苯板保温隔热措施。外窗统一采用隔热金属型材中空玻璃窗（6＋12A＋6），传热系数 2.5W/m²·K，自身遮阳系数 0.55。并且充分采用建筑自身构件遮阳，减少太阳辐射。本项目阳台门自身遮阳系数为 0.62，设置构件外遮阳后遮阳系数为 0.417。经节能计算，满足《居住建筑节能设计标准》DG/TJ 08-205 建筑节能率 65% 的要求。

（2）雨水系统

本项目对整个地块内屋面、绿地等进行雨水收集，处理后的雨水水质标准执行《生活杂用水水质标准》CJ 25.1-89，用于项目内的绿化、景观补水及地下车库地坪冲洗及道路浇洒等。年收集雨水量9533.2m³/a，经过弃流和折减后的雨水利用率为8218.1m³/a，能够满足大部分月份的用水需求。经过计算，非传统水源利用率达到4.27%。

（3）透水地面

本项目室外地面面积为18027m²，透水地面面积为13215m²。其中绿地面积为11597m²；植草格为35mm厚高密度聚乙烯植草板，填种植土植草，其面积达到1618m²，总透水地面面积比达到73.3%。

（4）节水灌溉

绿化灌溉采用自动喷灌系统，整个设计范围共分为17个轮灌组，由电磁阀自动控制每个轮灌组工作，水源处设有雨水感应器，可根据降雨量的变化自动控制灌溉系统的启闭。亦可通过自动控制器编制灌溉模式，或人工控制进行指定灌溉。同时绿地中安装一定数量的取水器，以满足乔、灌、草不同的需水要求，取水器布置间距为50m。

3. 项目技术指标（表10-7）

大型居住社区江桥基地项目技术指标　　　　　　　　　　　表10-7

指　　标	单位	数值
地下面积比	%	96.00
透水地面面积比	%	73.30
节能率	%	63.68
非传统水量	M³/a	9533.20
用水总量	M³/a	223260.00
非传统水源利用率	%	4.27
建筑材料总重量	t	150169.96
可再循环材料重量	t	16701.18
可再循环材料利用率	%	11.12
绿地率	%	41.37

10.8 财富中心项目（公建三星）

1. 项目简介

财富中心项目，位于广州市新城市中心区珠江新城CBD中轴线上，位于珠江新城北部，西面紧靠广州新CBD中心区公共绿化广场，与烟草大厦相对，西临珠江大道东，南面与广州"双塔"对望；东南西三面均以规划路为界，视野开阔，环境优美，交通便利。项目主要功能包括：甲级写字楼，会议室和少量辅助性的餐饮和休闲服务。

本项目为新建商业办公楼建筑，工程总投资175378万元，用地面积110837万m²，建筑总面积211414万m²。地下4层，地上68层，建筑高度295.2m（顶层结构标高），为超高层建筑（图10-8）。建筑采用带巨型斜撑和加强层的框架核心筒结构体系。

2. 项目亮点技术

财富中心项目定位为绿色建筑三星级和 LEED-CS 金级，是我国夏热冬暖地区首例获得绿色建筑三星级设计标识的超高层项目。本项目采用了多项超高层建筑适宜技术，主要有呼吸式幕墙、幕墙通风器、透水地面、屋顶绿化、太阳能热水、排风热回收、雨水系统、冷却塔回水系统、室内空气质量监控系统、导光筒、可调节外遮阳等。项目的亮点技术主要有：

（1）围护结构优化

项目外墙材料主要为玻璃幕墙，整个幕墙系统中南北两侧采用了 Low-E 镀膜双层中空玻璃，东西两侧为双层幕墙系统，内侧虚实相间，窗墙比 60%，外侧幕墙拟采用普通透明玻璃，有效控制光污染。其中南北侧，东西侧主体单层玻璃幕墙采用 8mm 离线双银 Low-E 半钢化玻璃 1.52PVB＋8mm 半钢化玻璃＋16mm 氩气层＋8mm 钢化玻璃。可开启面积、隔热检查、外窗气密性、幕墙气密性、综合权衡计

图 10-8　建筑效果图

算负荷现行国家和地方公共建筑节能设计标准规定要求。

（2）节能照明

公共场所和部位照明采用高效光源、高效灯具。办公层、地下层、避难层以 T5 荧光灯为主；景观、大堂、屋顶花园照明以金属卤化物灯、LED、冷阴极管为主。各房间或场所的照明功率密度值不高于现行国家标准。

办公层区装修后采用 DALI 照明数字调光控制系统，该系统采用日补充式调光，以最大限度地实现照明灯用电节能；大堂、楼层公共通道、避难层、屋顶花园、景观照明采用智能照明控制系统集中控制和就地面板控制；楼梯间采用感应开关自动开关控制；其他区域采用就地面板控制。

（3）能量回收系统

每办公层的新风量均按照国家标准要求的新风量计算，可变风量新风机均设于设备层内，由新风竖管供应新风至各楼层的空调机，并测量室内二氧化碳浓度来控制新风量的供应，以达到更佳节能效果。新风空调机设新、排风全热回收装置来回收排风的能量。排风热回收效率≥70%。

（4）可再生能源利用

本工程采用定温温差循环和随时供热水的太阳能热水系统为 62～68 层卫生间随时提供热水。为减少受天气影响，采用电热水器作为辅助加热设备。

（5）分项计量

本项目分别对照明、动力、办公设备、空调等进行用电分项计量。中压设专用计量柜作建筑总体用电总计量；所有低压用户均分别设置计量。标准层公共用电在楼层设置分项计量；每层按 2 个出租单元在楼层配电间设置分户计量。所有动力、照明、空调用电均在

低压电房或楼层设置分项计量。内部计量管理可通过智能数字仪表采集数据，通过电力监控系统集中自动化管理，并向租户收取电费。

（6）通风换气装置

本项目 6～14 层采用幕墙通风器，加强室内自然通风。

（7）楼宇设备自动控制系统

系统采用实时监控、分布式管理系统，管理主机设于地下一层的网络中心，其他需要对系统进行控制的场所如制冷机房设工作站或控制屏。系统应支持多种通信接口和协议，并具有接口开放和开发功能，可以直接集成各类系统和设备。考虑到本工程的规模、重要程度以及特点，电力监控、智能照明监控、电梯监控均自成独立管理系统，并以系统集成模式集成到一起。系统应建立标准、统一的数据库，并具有标准、开放的通信接口（OPC接口）和协议，便于被集成信息的利用和更高层次的信息集成，为建筑内的综合管理与调度提供基础平台。

中央空调采用楼宇自动控制系统（BAS）进行系统的监测与控制，包括制冷机房群控子系统、空调末端群控子系统及通风设备的监测与控制。

3. 项目技术指标（表 10-8）

财富中心项目技术指标   表 10-8

指　　标	单位	数值
地下面积比	%	1149.00
透水地面面积比	%	44.14
建筑总能耗	MJ/a	7.407×10^7
单位面积能耗	kWh/m²a	97.32
节能率	%	61.67
非传统水量	M³/a	22076.34
用水总量	M³/a	155622.76
非传统水源利用率	%	14.18
建筑材料总重量	t	511460.41
可再循环材料重量	t	7387.31
可再循环材料利用率	%	1.44
可再生能源产生的热水量	M³/a	2496.00
建筑生活热水量	M³/a	22172.80
可再生能源产生的热水比例	%	19.60

10.9　苏州玲珑湾社区十一区东侧幼儿园项目（公建三星）

1. 项目简介

本幼儿园位于苏州市工业园区苏慕路南面，玲珑街二号，玲珑湾小区内。项目规划用地面积为 7262.88m²，总建筑面积为 6121.13m²，其中地上建筑面积 5594.24m²，地下建筑面积 526.89m²，建筑密度为 28.17%，容积率 0.75。建筑高度 12.5m，地上三层，地下一层。本项目采用的结构为框架结构（图 10-9）。

图 10-9　建筑效果图

本幼儿园为四轨 16 班，设计幼儿人数 480 人，教师人数 40 人，保育员 16 人。园中设有幼儿活动室、图书阅览室、音体教室、美术创意室、科学发现室、餐厅及配套设施用房、儿童专用卫生间、保健室、隔离室、洗衣房以及办公、会议室、教工寝室等。

2. 项目亮点技术

本项目定位为绿色建筑三星级，根据幼儿园建筑特点，采用的主要技术有：选用地源热泵作为冷热源，并在幼儿主要活动区域铺设了地暖；采用了排风热回收技术；高效用能设备；设置可调外遮阳；使用节能灯具；收集雨水回用于绿化浇洒、道路冲洗和冲厕；幼儿活动室内安装了空气质量监测器；使用了大量可再循环材料等，为幼儿打造一个舒适的成长环境。本项目的亮点技术主要有：

（1）全热回收型地源热泵

本项目采用地源热泵系统给空调系统提供冷热源，并提供生活热水。

地源热泵机组配置情况为：采用 1 台带热回收功能的螺杆式地源热泵主机，制冷量：196.8kW，制热量：197.1kW，全热回收量：196.8kW；2 台不带热回收功能的螺杆式地源热泵主机，制冷量：196.8kW，制热量：197.1kW。

（2）地板辐射采暖

幼儿主要活动区设地板辐射采暖。

室内温度的竖向分布对人体的热舒适影响较大。从生理学上看，人的足部血液循环相对头部较差，温度偏低，而头部温度较高。下暖上凉更符合人的舒适要求，为适宜的环境温度分布状态。幼儿身材小，且常与地面接触，低温热水地板辐射采暖方式所形成的热环境尤其适合幼儿的活动特点，更有利于幼儿的健康和热舒适。

（3）排风热回收

空调系统采用全热回收和新风处理系统。新风换气机换热效率达到 65%。安装全热新风换气机后，全年节约的运行费用约为 18825.6 元，投资回收期为 5.81 年，如再加上循环水泵、冷盘管等部件节省的投资和运行费用，初投资回收期将更加大大缩短。

（4）空气质量监测

幼儿活动区等送新风的区域设置室内空气监测装置，该装置安装在监测区域的墙面上并与新风系统手动旋钮相连，实时检测幼儿园室内部分区域空气二氧化碳浓度，当二氧化碳浓度超过设定值 1000ppm 时，启动室内新风系统，通过换气达到降低室内空气二氧化碳浓度的作用。同时通过实时监测，自动按需启闭室内新风系统，达到节能并延长新风系统工作寿命的作用。

（5）可调外遮阳

本项目在建筑南立面设置了抗风百叶外遮阳（J-KB80 全金属型遮阳百叶帘），其采用富有现代感的弧形叶片设计，既符合建筑设计师和业主的美学要求，又能达到最佳的碰撞防护功能。

在夏季，南立面外遮阳可有效降低外窗的遮阳系数。在此外遮阳的作用下，南立面夏季的平均遮阳系数可达 0.24。有效改善了室内热环境。

3. 项目技术指标（表 10-9）

苏州玲珑湾社区十一区东侧幼儿园项目技术指标　　　　　　　　表 10-9

指　　标	单位	数值
地下面积比	%	25.80
透水地面面积比	%	48.10
建筑总能耗	MJ/a	584604.00
单位面积能耗	kWh/m²a	28.50
节能率	%	60.85
非传统水量	M³/a	2257.60
用水总量	M³/a	8799.30
非传统水源利用率	%	25.66
建筑材料总重量	t	6811.81
可再循环材料重量	t	699.80
可再循环材料利用率	%	10.27

10.10　梅溪湖片区保障性住宅小区配套小学项目（公建二星）

1. 项目简介

梅溪湖片区保障性住宅小区配套小学位于长沙梅溪湖中央商务区西北侧，用地东临玉兰路，南接秀川路，北临肖河路，西接梅溪湖中学。用地面积为 33678m²，总建筑面积为 23729.17m²，地上计容建筑面积为 23277.83m²，由教学楼、实验楼、行政办公楼、宿舍、食堂、风雨操场和游泳池建筑组成（图 10-10）。建筑总占地面积 7223 m²，容积率 0.69，建筑密度 21.45%，绿地率 35.11%，机动车停车位 54 辆，自行车停车位 190 辆。

图 10-10　建筑效果图

本项目的教学楼（含行政楼、实验楼）申报了绿色建筑二星级和 LEED-SCHOOL 银级，本项目为国内第一所 LEED-SCHOOL 小学。申报区域净用地面积为 15616m²，总建筑面积为 15202m²，计容建筑面积为 14923.8m²，容积率为 0.96，绿地率为 37.9%。

2. 项目亮点技术

梅溪湖片区保障性住宅小区配套小学工程在设计过程中应用了包括太阳能热水系统、雨水收集利用、节水灌溉等适宜且效果明显的多项技术，真正体现绿色建筑的现实意义。

其中，项目的亮点技术为：

（1）围护结构优化

项目外墙体采用无机保温砂浆（20mm）内保温。外窗采用塑钢低辐射中空玻璃窗（6＋12A＋6遮阳型），玻璃幕墙采用断热铝合金低辐射中空玻璃窗（6＋12A＋6遮阳型）。屋顶采用绿化屋面，并设置150mm憎水型珍珠岩板进行保温。

（2）可调外遮阳

本项目在合班教室东向和南向的玻璃幕墙处安装铝合金电动翼帘型遮阳系统，总安装面积达$201.5m^2$，可有效降低夏季的太阳辐射及改善室内的热舒适环境。

（3）节能照明

优先选用效率高的灯具，选择电子镇流器或节能型高功率因数电感镇流器，单灯功率因数不小于0.9；梯间灯具基本为一灯一控，走道公共部分灯具采用集中手动控制与时间继电器双重控制。场地路灯、庭院景观照明灯具采用分时段分回路控制，集中在箱式变电站处设置时间自动控制与手动控制。

（4）太阳能热水

梅溪湖片区保障性住宅小区配套小学工程采用集中式太阳能热水系统，该系统将太阳能集热器和水箱集中布置，通过管路将热水送至各楼栋卫生间。系统集热面积为$216m^2$，贮水箱容积为$4m^3$，日产热水量达$3.99m^3$，本项目太阳能热水系统产生的热水量占项目生活热水消耗量的30.2%。

（5）屋顶绿化

本项目屋顶全部采用屋顶绿化，其面积为$3162m^2$，占屋顶可绿化面积的100%；同时，在教学楼走廊及连廊外侧设置种植花池，起到美化立面景观效果的作用。

（6）废弃物再利用

本项目外墙填充砌块采用以废物为原料生产的轻骨料混凝土多孔砖，总用量达$894.7m^3$，占项目砌块总用量的比例为78.4%，充分体现了建筑节材及废物再利用的目的。

3. 项目技术指标（表10-10）

梅溪湖片区保障性住宅小区配套小学项目技术指标　　　　　表10-10

指标	单位	数值
地下面积比	%	34.90
透水地面面积比	%	53.85
建筑总能耗	MJ/a	1348599.00
单位面积能耗	kWh/m²·a	88.71
节能率	%	58.08
非传统水量	M³/a	4476.11
用水总量	M³/a	17735.15
非传统水源利用率	%	25.20
建筑材料总重量	t	12796.40
可再循环材料重量	t	1296.21
可再循环材料利用率	%	10.13
绿地率	%	46.40
可再生能源使用比例	%	30.20

政策篇

第 11 章　绿色建筑政策标准

11.1　国家层面相关政策法规与标准规范

在建筑节能、绿色建筑的相关领域，我国已经在法律、行政法规和部门规章等不同层面上制定了多项法律法规。其中 1998 年 1 月 1 日起正式实施的《中华人民共和国节约能源法》首次给节能赋予法律地位。2007 年 10 月 28 日修订通过的《中华人民共和国节约能源法》共 7 章 87 条，内容涉及节能管理、合理使用与节约能源、节能技术进步、激励措施、法律责任等。同时，我国又出台了许多与绿色建筑密切相关的行政法规，为绿色建筑深入发展、规范发展提供了保障。

在国务院 2005 年颁布的《国家中长期科学和技术发展规划纲要》(2006～2020) 中，明确提出建筑节能与绿色建筑是"城镇化与城市发展"重点领域的 5 个优先发展内容之一；2006 年 3 月，科技部与建设部签署了"绿色建筑科技行动"合作协议。

为加强建筑节能管理、降低建筑能耗、提高能源利用率，2008 年 8 月国务院正式颁布《民用建筑节能条例》和《公共机构节能条例》，明确指出各级政府应当加强对民用建筑节能工作的领导，积极培育民用建筑节能服务市场，推动民用建筑节能技术的开发应用，同时做好民用建筑节能知识的宣传教育。

2005 年以来，住房和城乡建筑部先后发布了《绿色建筑技术导则》、《绿色建筑评价标准》、《绿色建筑评价技术细则（试行）》、《绿色建筑评价标识管理办法》、《绿色建筑评价标识实施细则（试行）》和《绿色施工导则》等。2009 年、2010 年分别启动了《绿色工业建筑评价标准》、《绿色办公建筑评价标准》编制工作。并针对北京奥运会和上海世博会相继推出《绿色奥运评估体系》和《世博园区绿色建筑应用技术导则》。近两三年来，北京、上海、重庆、深圳、广西等地也相继制定了地方性的绿色建筑评价标准。

2012 年 4 月发布的《关于加快推动我国绿色建筑发展的实施意见》，明确财政奖励政策，对二星级绿色建筑每平方米奖励 45 元，对三星级绿色建筑每平方米奖励 80 元，对绿色生态城区以 5000 万元为基准进行补助。

2013 年国务院办公厅 1 号文，转发《绿色建筑行动方案》，该方案提出"十二五"期间要完成新建绿色建筑 10 亿 m^2；到 2015 年末，20% 的城镇新建建筑达到绿色建筑标准要求。

总体上看，与绿色建筑相关的法律、行政法规，它们多数属于指导性的，比较宽泛。政策法规的制定与实施对于绿色建筑发挥了较大的推动作用，但是还存在较大的改进与完善的空间。

1. 主要绿色建筑标准规范

(1)《绿色建筑技术导则》(我国第一个颁布的关于绿色建筑的技术规范，2005 年 10 月印发通知)

为加强对我国绿色建筑建设的指导，促进绿色建筑及相关技术健康发展，建设部与科技部联合发布了《绿色建筑技术导则》。该《导则》从绿色建筑应遵循的原则、绿色建筑指标体系、绿色建筑规划设计技术要点、绿色建筑施工技术要点、绿色建筑的智能技术要点、绿色建筑运营管理技术要点、推进绿色建筑技术产业化等几方面阐述了绿色建筑的技术规范和要求。该《导则》用于指导绿色建筑（主要指民用建筑）的建设，适用于建设单位、规划设计单位、施工与监理单位、建筑产品研发企业和有关管理部门等。

（2）国家标准《绿色建筑评价标准》GB/T 50378（自 2006 年 6 月 1 日起实施）

建设部和国家质量监督检验检疫总局于 2006 年 3 月 7 日联合发布了《绿色建筑评价标准》GB/T 50378，并于 2006 年 6 月 1 日起在全国范围内开始实施。这一标准的发布时间尽管比英国建筑研究中心（BRE）在 1990 年提出的"建筑研究中心环境评估法"（BREEAM）迟了 15 年，但它对推动我国绿色生态建筑的研究和设计，规范绿色生态建筑的健康发展将会产生积极的影响，是我国绿色建筑发展的里程碑。

（3）《绿色建筑评价技术细则》（2007 年 8 月）

为规范绿色建筑的规划、设计、建设和管理工作，推动绿色建筑工作的开展，依据《绿色建筑评价标准》GB/T 50378，组织相关单位编制了《绿色建筑评价技术细则（试行）》。编写《技术细则》是为绿色建筑的规划、设计、建设和管理提供更加规范的具体指导，为绿色建筑评价标识提供更加明确的技术原则，为绿色建筑创新奖的评审提供更加详细的评判依据，从三个层面推进绿色建筑理论和实践的探索与创新。

（4）建设部《绿色施工导则》（自 2007 年 9 月印发实行）

我国尚处于经济快速发展阶段，作为大量消耗资源、影响环境的建筑业，应全面实施绿色施工，承担起可持续发展的社会责任。本导则用于指导建筑工程的绿色施工，并可供其他建设工程的绿色施工参考。

（5）《绿色建筑评价标识管理办法（试行）》（自 2007 年 8 月 21 日起施行）

2007 年 8 月 21 日，建设部下发关于印发《绿色建筑评价标识管理办法（试行）》的通知（建科〔2007〕206 号）。本办法旨在规范绿色建筑评价标识工作，引导绿色建筑健康发展。

本办法规定，建设部负责指导和管理绿色建筑评价标识工作，制定管理办法，监督实施，公示、审定、公布通过的项目。对审定的项目由建设部公布，并颁发证书和标志。建设部委托建设部科技发展促进中心负责绿色建筑评价标识的具体组织实施等日常管理工作，并接受建设部的监督与管理。

（6）《绿色建筑评价标识实施细则（试行修订）》（自 2008 年 10 月 10 日起施行）

为规范和加强对绿色建筑评价标识工作的管理，根据原建设部《绿色建筑评价标识管理办法（试行）》（建科〔2007〕206 号），修订了《绿色建筑评价标识实施细则（试行）》，并编制了《绿色建筑评价标识使用规定（试行）》和《绿色建筑评价标识专家委员会工作规程（试行）》。

（7）《绿色建筑评价技术细则补充说明（规划设计部分）》（2008 年 6 月）

为了更好地把绿色建筑的理念与工程实践结合起来，使细则更加完善，使绿色建筑评价更加严谨、准确，使评价结果更加客观公正，更加具有权威性，住房和城乡建设部科技司委托部科技发展促进中心等单位共同编写了《绿色建筑评价技术细则补充说明（规划设计部分）》。

（8）《绿色建筑评价技术细则补充说明（运行使用部分）》（2009 年 9 月）

为进一步规范和细化绿色建筑评价标识工作，根据评价标识工作实际情况，组织有关单位对《绿色建筑评价技术细则（试行）》进行了完善，编制了《绿色建筑评价技术细则补充说明（运行使用部分）》。

（9）《关于绿色重点小城镇试点示范的实施意见》（财建〔2011〕341 号）（2011 年 6 月 3 日）

为贯彻党的十七届五中全会精神，积极稳妥推进中国特色城镇化，促进我国小城镇健康、协调、可持续发展，财政部、住房和城乡建设部决定"十二五"期间开展绿色重点小城镇试点示范，制定实施意见。意见涉及开展绿色重点小城镇试点示范的重要意义、开展绿色重点小城镇试点示范的指导思想和基本原则、绿色重点小城镇试点示范的工作内容、绿色重点小城镇试点示范的支持政策、绿色重点小城镇试点示范的组织实施等内容。

（10）《绿色低碳重点小城镇建设评价指标（试行）》（2011 年 9 月 13 日）

为做好绿色低碳重点小城镇试点示范的遴选、评价和指导工作，推进绿色低碳重点小城镇试点示范的实施，住房和城乡建设部、财政部、国家发展改革委员会制定了《绿色低碳重点小城镇建设评价指标（试行）》。

（11）《关于加快推动我国绿色建筑发展的实施意见》（2012 年 4 月）

2012 年 5 月 5 日，财政部和住建部联合发布了《关于加快推动我国绿色建筑发展的实施意见》，两部门确定今年在建筑节能方面的投入将超过 40 亿元；力争到 2014 年，政府投资的公益性建筑和直辖市、计划单列市及省会城市的保障性住房全面执行绿色建筑标准；到 2015 年，新增绿色建筑面积 10 亿 m² 以上；到 2020 年，绿色建筑占新建建筑比重超过 30%。意见还要求加大高强钢、高性能混凝土、防火与保温性能优良的建筑保温材料等绿色建材的推广力度；大力推进建筑垃圾资源化利用；积极推动住宅产业化。

延续了以往建筑节能工作的思路：在发展初期，以政策激励为主，调动各方加快绿色建筑发展的积极性，加快标准标识等制度建设，完善约束机制，切实提高绿色建筑标准执行率。

财政奖励力度加强，首次针对新建建筑奖励：该意见明确将按照绿色建筑星级的不同，实施有区别的财政支持政策，以单体建筑奖励为主，2 星级绿色建筑每平方米建筑面积可获得财政奖励 45 元，3 星级绿色建筑每平方米奖励 80 元。对符合条件的 1 星级绿色生态城区和保障性住房也将给予资金定额补助。（文件全文见本书附录 3）

（12）《绿色建筑行动方案》（2013 年 1 月）

2013 年 1 月，国务院办公厅转发国家发展改革委和住建部《绿色建筑行动方案》（以下简称《方案》），要求到 2015 年末，20% 的城镇新建建筑达到绿色建筑标准要求。在既有建筑节能改造方面，《方案》要求，到 2020 年末，基本完成北方采暖地区有改造价值的城镇居住建筑节能改造。

除了强化目标责任和加大政策激励外，《方案》还明确，将于 2013 年完成《绿色建筑评价标准》的修订工作，完善住宅、办公楼、商场、宾馆的评价标准，出台学校、医院、机场、车站等公共建筑的评价标准。尽快制（修）订绿色建筑相关工程建设、运营管理、能源管理体系等标准，编制绿色建筑区域规划技术导则和标准体系。（文件全文见本书附录 4）

（13）住房和城乡建设部办公厅《关于加强绿色建筑评价标识管理和备案工作的通知》（2013 年 1 月）

2013 年 1 月，住房和城乡建设部办公厅发布了《关于加强绿色建筑评价标识管理和备案工作的通知》，提出七点工作要求，旨在落实去年 5 月发布的《关于加快推动我国绿色建筑发展的实施意见》（财建〔2012〕167 号），加强和规范绿色建筑评价标识管理。通知要求各地主管部门增加责任感和紧迫感，尽快出台绿色建筑配套激励政策。对于绿色建筑的设计，鼓励咨询单位要在项目设计过程中积极介入开展绿色建筑咨询工作，对项目设计方案的完善发挥应有的作用。针对地评项目管理无序的情况，通知要求地方评审的项目必须及时向住建部备案。（文件全文见本书附录 5）

2. 相关法规标准

（1）《夏热冬冷地区居住建筑节能设计标准》（JGJ134）（自 2001 年 10 月 1 日起施行）

为进一步推进长江流域及其周围夏热冬冷地区建筑节能工作，提高和改善该地区人民的居住环境质量，全面实现建筑节能 50% 的第二步战略目标，建设部组织制定了中华人民共和国行业标准《夏热冬冷地区居住建筑节能设计标准》（JGJ134）。

（2）《夏热冬暖地区居住建筑节能设计标准》（JGJ75）（自 2003 年 10 月 1 日起实施）

2003 年 9 月，建设部发布行业标准《夏热冬暖地区居住建筑节能设计标准》，该标准于当年 10 月 1 日起实施，其中有 8 条为强制性条文。《标准》规定，住宅项目从设计时就要考虑到节能的问题，设计出来的产品不但要美观，而且要注意节约能源。

《标准》对建筑物外窗的面积比例进行了强制性规定，还规定了天窗的面积和传热系数。《标准》还在中央空调的分户调节控制、空调主机是否可能对水源造成污染等方面进行了强制性规定。

（3）《建筑节能试点示范工程（小区）管理办法》（自 2004 年 2 月 11 日起实施）

2004 年 2 月，中华人民共和国建设部出台了建筑节能试点示范工程（小区）管理办法。这一管理办法是建设部为加强建筑节能试点示范工程的管理，规范其申报、检查、验收等工作，充分发挥节能建筑示范效应，推动全国建筑节能工作而制定的。

（4）《公共建筑节能设计标准》（GB 50189）（自 2005 年 7 月 1 日起实施）

2005 年 4 月 4 日，中华人民共和国建设部、中华人民共和国国家质量监督检疫总局联合发布了《公共建筑节能设计标准》。《公共建筑节能设计标准》为国家标准，编号为 GB 50189。其中，第 4.1.2、4.2.2、4.2.4、4.2.6、5.1.1、5.4.2（1、2、3、5、6）、5.4.3、5.4.5、5.4.8、5.4.9 条（款）为强制性条文（一共 10 条），必须严格执行。此标准适用于新建、改建和扩建的公共建筑节能设计。按此标准进行的建筑节能设计，在保证相同的室内环境参数条件下，与未采取节能措施前相比，全年采暖、通风、空气调节和照明的总能耗应减少 50%。公共建筑的照明节能设计应符合国家现行标准《建筑照明设计标准》GB 50034 的有关规定。该标准的主要内容包括：室内环境节能设计计算参数；建筑与建筑热工设计采暖；通风和空气调节节能设计等。

（5）《民用建筑节能管理规定》（建设部令第 143 号（修订））（自 2006 年 1 月 1 日起施行）

2005 年 11 月 10 日，建设部部长汪光焘签署了第 143 号中华人民共和国建设部令，对外发布了《民用建筑节能管理规定》。该管理规定于 2005 年 10 月 28 日经第 76 次部常务会议讨论通过，自2006年1月1日起施行，用于加强民用建筑节能管理，提高能源利用效率，改善室内热环境质量。

（6）《关于推进可再生能源在建筑中应用的实施意见》（建科〔2006〕213号）（自2006年8月25日开始施行）

建筑是可再生能源应用的重要领域。我国太阳能、浅层地能等资源十分丰富，在建筑中应用的前景十分广阔。目前，虽然我国太阳能光热利用、浅层地能热泵技术及产品发展比较迅速，但与建筑结合的程度不够，应用范围较窄，系统优化设计水平不高，距离大规模推广应用还存在不少差距，需要大力进行扶持、引导，使其尽快达到规模化应用。为贯彻落实《中华人民共和国可再生能源法》和《国务院关于加强节能工作的决定》（国发〔2006〕28号），推进可再生能源在建筑领域的规模化应用，带动相关领域技术进步和产业发展，提出本实施意见。

（7）《国家机关办公建筑和大型公共建筑节能专项资金管理暂行办法》（自2007年10月24日起施行）

为切实推进国家机关办公建筑和大型公共建筑节能管理工作，提高建筑能效，根据《国务院关于印发节能减排综合性工作方案的通知》（国发〔2007〕15号），特制定本办法。

办法规定，专项资金使用范围：（一）建立建筑节能监管体系支出，包括搭建建筑能耗监测平台、进行建筑能耗统计、建筑能源审计和建筑能效公示等补助支出，其中，搭建建筑能耗监测平台补助支出，包括安装分项计量装置、数据联网等补助支出；（二）建筑节能改造贴息支出；（三）财政部批准的国家机关办公建筑和大型公共建筑节能相关的其他支出。

（8）《民用建筑节能条例》（国务院令第530号）（自2008年10月1日起施行）

2008年8月1日，中国国务院总理签署了第530号中华人民共和国国务院令，对外公布了《民用建筑节能条例》。该条例于2008年7月23日在国务院第18次常务会议通过，自2008年10月1日起施行。此条例是为了加强民用建筑节能管理，降低民用建筑使用过程中的能源消耗，提高能源利用效率而制定的。条例中所称民用建筑节能，是指在保证民用建筑使用功能和室内热环境质量的前提下，降低其使用过程中能源消耗的活动。条例所称民用建筑，是指居住建筑、国家机关办公建筑和商业、服务业、教育、卫生等其他公共建筑。条例的主要内容包括：新建建筑节能、既有建筑节能、建筑用能系统运行节能、法律责任等。

（9）《公共机构节能条例》（国务院令第531号）（自2008年10月1日起施行）

为了推动公共机构节能，提高公共机构能源利用效率，发挥公共机构在全社会节能中的表率作用，根据《中华人民共和国节约能源法》，制定本条例。

条例规定，公共机构应当加强用能管理，采取技术上可行、经济上合理的措施，降低能源消耗，减少、制止能源浪费，有效、合理地利用能源。

国务院和县级以上地方各级人民政府管理机关事务工作的机构在同级管理节能工作的部门指导下，负责本级公共机构节能监督管理工作。

教育、科技、文化、卫生、体育等系统各级主管部门在同级管理机关事务工作的机构指导下，开展本级系统内公共机构节能工作。

（10）《关于加快推进太阳能光电建筑应用实施意见》（自 2009 年 3 月 23 日起施行）

为贯彻实施《可再生能源法》，落实国务院节能减排战略部署，加强政策扶持，加快推进太阳能光电技术在城乡建筑领域的应用，提出本实施意见。

实施意见内容包括：太阳能光电建筑应用的重要意义、支持开展光电建筑应用示范，实施"太阳能屋顶计划"、实施财政扶持政策、加强建设领域政策扶持。

（11）《太阳能光电建筑应用财政补助资金管理暂行办法》（自 2009 年 3 月 23 日起施行）

根据国务院《关于印发节能减排综合性工作方案的通知》（国发〔2007〕15 号）及《财政部 建设部关于印发〈可再生能源建筑应用专项资金管理暂行办法〉的通知》（财建〔2006〕460 号）精神，中央财政从可再生能源专项资金中安排部分资金，支持太阳能光电在城乡建筑领域应用的示范推广。为加强太阳能光电建筑应用财政补助资金的管理，提高资金使用效益，特制定本办法。

（12）《关于进一步推进可再生能源建筑应用的通知》（财建〔2011〕61 号）（2011 年 3 月 8 日）

近年来，为贯彻落实党中央、国务院关于推进节能减排与发展新能源的战略部署，财政部、住房和城乡建设部大力推动太阳能、浅层地能等可再生能源在建筑领域应用，先后组织实施了项目示范、城市示范及农村地区县级示范，取得明显成效，可再生能源建筑应用规模迅速扩大，应用技术逐渐成熟、产业竞争力稳步提升。为进一步推动可再生能源在建筑领域规模化、高水平应用，促进绿色建筑发展，加快城乡建设发展模式转型升级，"十二五"期间，财政部、住房和城乡建设部进一步加大推广力度，并调整完善相关政策，现就有关事项进行通知。

（13）《可再生能源发展基金征收使用管理暂行办法》（自 2012 年 1 月 1 日起施行）

为了促进可再生能源的开发利用，根据《中华人民共和国可再生能源法》有关规定，财政部会同国家发展改革委、国家能源局共同制定了《可再生能源发展基金征收使用管理暂行办法》。

（14）《夏热冬冷地区既有居住建筑节能改造补助资金管理暂行办法》（自 2012 年 4 月 9 日起施行）

为贯彻落实《国务院关于印发"十二五"节能减排综合性工作方案的通知》（国发〔2011〕26 号），中央财政将安排资金专项用于对夏热冬冷地区实施既有居住建筑节能改造进行补助。为加强资金管理，发挥资金使用效益，特制定本办法。

办法规定，中央财政对 2012 年及以后开工实施的夏热冬冷地区既有居住建筑节能改造项目给予补助，补助资金采取由中央财政对省级财政专项转移支付方式，具体项目实施管理由省级人民政府相关职能部门负责。

（15）《"十二五"建筑节能专项规划》（2012 年 5 月）

住房和城乡建设部于 2012 年 5 月发布《"十二五"建筑节能专项规划》，要求各级住房和城乡建设部门高度重视《规划》的贯彻执行工作，加大宣传力度，加强组织领导，密切结合本地区、本部门实际，建立监督检查机制，确保建筑节能和绿色建筑工作扎实推进，取得实效。《规划》明确提出，到"十二五"期末，建筑节能形成 1.16 亿吨标准煤节能能力的目标。其中包括：发展绿色建筑，加强新建建筑节能工作，形成 4500 万吨标准煤节能能力；深化供热体制改革，全面推行供热计量收费，推进北方采暖地区既有建筑供热计量及节能改造，形成 2700 万吨标准煤节能能力；加强公共建筑节能监管体系建设，推动节能改造与运行管理，形成 1400 万吨标准煤节能能力；推动可再生能源与建筑一体化应用，形成常规能源替代能力 3000 万吨标准煤等七大具体目标。

(16)《民用建筑能耗和节能信息统计暂行办法》（自 2012 年 11 月 15 日起施行）

为贯彻落实《节约能源法》、《统计法》、《民用建筑节能条例》等法律法规，进一步建立和完善民用建筑能耗统计制度，提高统计资料的准确性、完整性和及时性，住建部制定了《民用建筑能耗和节能信息统计暂行办法》。本办法规定，县级以上地方人民政府建设主管部门在上级建设主管部门和同级统计主管部门的指导下，负责本辖区的民用建筑能耗和节能信息统计工作。

11.2 安徽省相关政策法规与标准规范

1.《安徽省民用建筑节能设计标准》（居住建筑部分）DB 34/212—2010

2001 年元月，安徽省质量技术监督局、省建设厅联合发布了《安徽省民用建筑节能设计标准》（居住建筑部分）（DB 34/212—2000），该标准遵照国家在建筑节能工作方面的方针政策，依据《民用建筑热工设计规范》（GB 50176—93）、《民用建筑节能设计标准（采暖居住建筑部分)》JGJ 26—95 等标准，收集参考了夏热冬冷地区有关兄弟省市的民用建筑节能实施细则、节能设计标准以及国内建筑节能方面的科研成果和技术资料，并结合安徽省气候条件、经济发展状况进行编制的，对安徽省居住建筑围护结构的节能技术和措施进行具体规范，指导住宅建筑围护结构节能设计。

2.《安徽省建筑节能试点示范工程管理办法》（安徽省建设厅 2006 年 7 月 11 日）

为贯彻建设部第 143 号部长令《民用建筑节能管理规定》，进一步推动全省建筑节能工作，充分发挥节能建筑试点示范作用，经研究制定了《安徽省建筑节能试点示范工程管理办法》。《办法》明确了申报示范工程必须具备的条件、示范工程应主要抓好的成套节能技术和产品的应用、申报示范工程的单位应提交的材料。

3.《安徽省机关办公建筑和大型公共建筑节能监管体系建设工作实施方案》（安徽省建设厅 2007 年 12 月 6 日）

为贯彻落实建设部、财政部《关于加强国家机关办公建筑和大型公共建筑节能管理工作的实施意见》（建科〔2007〕245 号）、建设部《关于印发〈国家机关办公建筑和大型公共建筑能源审计导则〉的通知》（建科〔2007〕249 号）及财政部《关于印发〈国家机关办公建筑和大型公共建筑节能专项资金管理暂行办法〉的通知》（财建〔2007〕558 号）等文件精神，制定了《安徽省机关办公建筑和大型公共建筑节能监管体系建设工作实施方案》。

4.《安徽省建筑节能专项规划》（安徽省建设厅 2007 年 12 月 20 日）

为认真贯彻落实省委、省政府及建设部关于节能减排工作的重要部署，加快推进安徽省建筑节能工作，安徽省建设厅组织编制了《安徽省建筑节能专项规划》。

5.《安徽省建设领域节能减排综合性工作实施方案》（安徽省建设厅 2008 年 3 月 24 日）

为贯彻落实《国务院关于印发节能减排综合性工作方案的通知》（国发〔2007〕15 号）、建设部《关于落实〈国务院关于印发节能减排综合性工作方案的通知〉的实施方案》

（建科〔2007〕159 号）等文件精神，安徽省建设厅制定了《安徽省建设领域节能减排综合性工作实施方案》。

6.《安徽省高等学校节约型校园建设（节能节水）工作实施方案》（安徽省建设厅、教育厅 2008 年 8 月 15 日）

为贯彻落实住房和城乡建设部、教育部《关于推进高等学校节约型校园建设，进一步加强高等学校节能节水工作的意见》（建科〔2008〕90 号）文件精神，结合我省高等学校实际情况，省建设厅、省教育厅联合制订了《安徽省高等学校节约型校园建设（节能节水）工作实施方案》。

7. 关于推进国家可再生能源建筑应用示范城市示范县建设工作的实施意见（安徽省建设厅 财政厅 2010 年 5 月 5 日）

为落实国务院节能减排战略部署，加快发展新能源与节能环保新兴产业，推动可再生能源在建设领域规模化应用，财政部、住房和城乡建设部开展了可再生能源建筑应用城市级及县级示范工作。经积极申报，安徽省合肥市、铜陵市、利辛县列入财政部、住房和城乡建设部第一批可再生能源示范城市和示范县，为指导两市一县更好地完成示范工作，提出实施意见。

《意见》提出的工作目标：通过可再生能源建筑应用示范城市、示范县建设，提升可再生能源在建筑中应用技术水平，扩大应用面积，推动可再生能源在建筑中规模化应用；创新政府扶持方式，充分发挥市场机制，建立政府引导、社会推动、市场运作、多方参与的可再生能源建筑规模化应用模式；加强技术标准、能效测评等方面配套能力建设，形成推广可再生能源建筑应用的有效模式，拉动可再生能源应用市场需求，促进相关产业发展，实现建设领域节能减排目标。

8.《关于在全省住房和城乡建设领域大力推广节能环保"十大适用新技术"的实施意见》（建科〔2010〕167 号）（自 2010 年 9 月 7 日开始施行）

为加快推进节能减排工作，加强对全省住房和城乡建设领域技术发展的引导，推广和普及具有节能、节地、节材、节水和环境保护效益的先进适用技术，以科技进步促进住房城乡建设发展方式转变和产业结构优化升级，决定在全省住房和城乡建设领域大力开展节能环保"十大适用新技术"推广工作，并提出本实施意见。

9.《关于加快推进全省建筑业节能降耗工作的实施意见》（2010 年 10 月 11 日）

为全面贯彻落实安徽省人民政府《关于进一步强化措施确保实现"十一五"节能目标的通知》（皖政〔2010〕38 号）精神，就加快推进全省建筑业节能降耗工作提出实施意见。

10.《安徽省"十二五"可再生能源建筑应用规划》（2011 年 3 月 9 日）

推进可再生能源在建筑中应用，是建筑节能工作重要组成部分，是调整能源结构、保障能源安全的重大举措。为做好"十二五"建筑节能工作，进一步推动我省可再生能源建筑应用规模化发展，组织编制了《安徽省"十二五"可再生能源建筑应用规划》。

11.《安徽省居住建筑节能设计标准》DB 34/1466—2011、《安徽省公共建筑节能设计标准》DB 34/1467—2011（自 2011 年 8 月 10 日起实施）

由安徽省建筑设计研究院、合肥市城乡建委主编并修编的《安徽省居住建筑节能设计标准》、《安徽省公共建筑节能设计标准》，于 2011 年 8 月 10 日正式发布实施。两部标准在居住建筑节能标准中设置了 10 项强制条款，在公共建筑节能标准中设置了 11 项强制条款，增强了标准执行的刚性。

新标准是在 2007 年版安徽省建筑节能设计标准的基础上，结合最新的国家标准及行业标准，针对安徽省的气候特点并结合工程建设的具体情况进行编制的。新标准改变了原先将安徽划分为两个不同气候区的做法，以后全省公共建筑、居住建筑均统一执行夏热冬冷地区节能设计标准，避免了由于不同地区执行不同标准，给设计、施工、管理带来的复杂性。新标准还对大型公共建筑提出了更为严格的节能要求。今后凡设置空调系统、建筑面积大于等于 20000m² 或建筑高度超过 50m 的大型公共建筑，必须按"甲类"进行节能设计，使其总体节能达到或接近 65％，而现阶段国家标准只要求公共建筑节能不低于 50％。

新标准对住宅和公共建筑屋面、外墙、外门窗、屋顶天窗、架空楼板等建筑围护结构构件的热工性能，都规定了最低的要求，使建筑建成后能真正达到既降低建筑能耗，又提高室内人员工作、生活的舒适度。

12.《安徽省建筑节能"十二五"发展规划》（2011 年 10 月 25 日）

为全面贯彻落实国家能源战略，建设资源节约型、环境友好型社会，增强可持续发展能力，按照安徽省委、省政府关于建设事业的总体要求，由安徽省住房和城乡建设厅组织，建工学院建筑节能研究院主持编制了《安徽省"十二五"建筑节能规划》。

《规划》提出的总体目标：

全省五年实现建筑节能能力 800 万吨标准煤，减少 CO_2 排放 2096 万吨。

（1）建成新建节能建筑 2.0 亿 m²，到"十二五"期末，全省城镇新建建筑节能标准设计执行率达到 100％，施工执行率达到 100％，在有条件的地区实行 65％或以上的建筑节能标准。

（2）建立健全建设领域能源统计制度，建筑业单位增加值能耗较"十一五"期末下降 10％。

（3）推广可再生能源建筑应用面积 8000 万 m² 以上，到"十二五"期末，全省可再生能源建筑应用面积占当年新建民用建筑面积比例达到 40％以上。

（4）建设 100 项绿色建筑示范项目；由单体示范向区域示范拓展，积极开展低碳生态示范城区建设。

13.《合肥市促进建筑节能发展若干规定》（自 2012 年 2 月 1 日起施行）

为了促进建筑节能发展，降低建筑物使用能耗，提高能源利用效率，根据《中华人民共和国节约能源法》、国务院《民用建筑节能条例》等法律、法规，结合本市实际，制定本规定。

新建大型公共、民用以及政府投资建筑项目，如不符合节能强制标准，将不得颁发规划许可证、不得交付使用。

根据《规定》，新建单体建筑面积在 1 万 m² 以上的公共建筑、10 万 m² 以上的居住建筑、单体 1 万 m² 以上的政府投资项目，如节能评估不符合强制性标准的，不得通过固定资产投资项目审批、核准，不得颁发建设工程规划许可证。竣工验收时应当专项查验，不符合强制标准的不得出具竣工验收合格报告，不得交付使用；新建、改建、扩建采用集中空调系统、有稳定热水需求且建筑面积 1 万 m² 以上的公共建筑，应当设计安装空调废热回收装置，未安装的不得通过建筑节能专项工程验收；新建建筑面积在 1 万 m² 以上的公共建筑应当至少利用一种可再生能源。

14. 《安徽省绿色建筑评价标识实施细则（试行）》（安徽省建设厅 2012 年 4 月 28 日）

为规范和加强对绿色建筑评价标识工作的管理，制定了《安徽省绿色建筑评价标识实施细则（试行）》。（文件全文见本书附录 6）

15. 安徽省《关于加快推进绿色建筑发展的实施意见》（安徽省建设厅、安徽省发展和改革委员会、安徽省财政厅 2012 年 10 月 10 日）

《意见》提出的发展绿色建筑的目标：

争取到 2015 年，推动政府投资的公益性建筑全面执行绿色建筑标准，新增绿色建筑面积 1000 万 m² 以上，创建 100 项绿色建筑示范项目和 10 个绿色生态示范城（区），绿色建筑占新增民用建筑面积比例达到 20％ 以上，推动建设领域资源降耗水平显著提升，实现从节能建筑到绿色建筑的跨越式发展。

该《意见》提出的绿色建筑财政激励机制：

省级设立专项资金，支持重点绿色建筑示范项目和绿色生态城（区）示范，强化绿色建筑科技支撑能力建设。鼓励市、县政府出台绿色建筑发展的相关土地、财政等激励政策，在土地招拍挂阶段将绿色建筑作为前置条件，研究规划建设阶段容积率补贴政策，发展绿色建筑，鼓励社会资金参与既有建筑绿色改造。（文件全文见本书附录 7）

16. 《安徽省民用建筑节能办法》（2013 年 1 月 1 日起施行）

《办法》指明的五项重点工作：

一是严格新建建筑的节能监管，强化新建进行节能闭合监管体系建设，目的是控制能耗的增量；

二是加快既有建筑节能改造，提出高能耗建筑节能改造要求，目的是调整能耗的存量；

三是加强建筑物节能运行管理，强化建筑用能过程监管，目的是降低重点用能建筑（如商场、宾馆、办公建筑）的运行能耗；

四是推动可再生能源在建筑中规模化应用，进一步完善可再生能源推广机制，目的是调整能源结构，减少建筑对传统化石能源的依赖；

五是大力发展绿色建筑，推进绿色生态城区建设，目的是引导新建建筑建设，推进建筑业发展方式的转变。（文件全文见本书附录 8）

图 11-1　《安徽省民用建筑节能办法》新闻发布会

评价标识篇

第12章 绿色建筑评价标识及其申报方式

12.1 绿色建筑评价标识概况

1. 什么是绿色建筑评价标识？

绿色建筑评价标识是指我国对申请进行绿色建筑等级评定的建筑物，依据《绿色建筑评价标准》GB/T 50378 系列文件，按照《绿色建筑评价标识管理办法（试行）》（建科［2007］206 号）确定的程序和要求，确认其等级并进行信息性标识的一种评价活动。标识包括证书和标志。

绿色建筑标识评价由住房和城乡建设部指导并管理。

2. 绿色建筑评价标识的评价依据是什么？

绿色建筑评价标识依据为《绿色建筑评价标准》系列文件，目前包括：

《绿色建筑评价标准》GB/T 50378；

《绿色建筑评价技术细则》（建科［2007］205 号）；

《绿色建筑评价技术细则补充说明（规划设计部分）》（建科［2008］113 号）；

图 12-1 《绿色建筑评价标准》与《绿色建筑评价技术细则（试行）》

《绿色建筑评价技术细则补充说明（运行使用部分）》（建科函 ［2009］ 235 号）。

3. 绿色建筑评价标识的评价指标有哪些？

依据《绿色建筑评价标准》GB/T 50378，绿色建筑评价指标体系由节地与室外环境、节能与能源利用、节水与水资源利用、节材与材料资源利用、室内环境质量和运营管理六类指标组成，涵盖了建筑规划、设计、施工与管理的全过程，每类指标包括控制项、一般项与优选项。

注：新版《绿色建筑评价标准》的指标体系在原有的"四节一环保＋运行"的基础上增加了"施工管理"这个一级指标，从而也使得指标体系基本实现了对建筑全寿命期内各环节和阶段的覆盖。

4. 绿色建筑评价标识如何划分等级？

绿色建筑应满足所有控制项的要求，并按满足一般项数和优选项数的程度，划分为一星级、二星级和三星级三个等级，具体内容详见《绿色建筑评价标准》GB/T 50378。

注：新版《绿色建筑评价标准》GB/T 50378 的评价方法有很大不同，它采用的是"量化评价"方法：除少数必须达到的控制项外，其余评价条文都被赋予了分值；对各类一级指标，分别给出了权重值。

5. 什么是"绿色建筑设计评价标识"和"绿色建筑评价标识"？

本着分阶段鼓励的目的，《绿色建筑评价标识实施细则（试行修订）》（建科综 ［2008］ 61 号）明确将绿色建筑评价标识分为"绿色建筑设计评价标识"和"绿色建筑评价标识"（即通常所说的"运行标识"），申报单位可分别申报。

图 12-2　证书样式（左为评价标识证书；右为运行标识证书）

（1）绿色建筑设计标识

"绿色建筑设计评价标识"是由住房和城乡建设部授权机构依据《绿色建筑评价标准》

GB/T 50378 和《绿色建筑评价技术细则（试行）》和《绿色建筑评价技术细则补充说明（规划设计部分）》，对处于规划设计阶段和施工阶段的住宅建筑和公共建筑，按照《绿色建筑评价标识管理办法（试行）》对其进行评价标识。评审合格后评审合格后由住房和城乡建设部颁发绿色建筑设计评价标识，包括证书和标志。

绿色建筑设计评价标识的等级由低至高分为一星级、二星级和三星级三个等级。标识有效期为 1 年。

绿色建筑设计标识可由业主单位、房地产开发单位、设计单位、咨询单位等相关单位进行申报，设计单位必须作为申报单位。

（2）绿色建筑运行标识

"绿色建筑运行标识"是依据《绿色建筑评价标准》GB/T 50378 和《绿色建筑评价技术细则（试行）》和《绿色建筑评价技术细则补充说明（运行使用部分）》，对已竣工并投入使用的住宅建筑和公共建筑，按照《绿色建筑评价标识管理办法（试行）》对其进行评价标识。

评审合格后由住房和城乡建设部颁发绿色建筑运营标识，包括证书和标志。

绿色建筑运行标识的等级由低至高分为一星级、二星级和三星级三个等级。标识有效期为 3 年。

绿色建筑运行标识可由业主单位、房地产开发单位、设计单位、咨询单位、物业管理单位等相关单位进行申报，物业单位必须作为申报单位。

二者主要区别见表 12-1。

绿色建筑设计评价标识与绿色建筑评价标识的对比 表 12-1

标识类别	对应建设阶段	主要评价方法	标识形式	标识有效期
绿色建筑设计评价标识	完成施工图设计并通过施工图审查	审核设计文件、审批文件、检测报告	颁发标识证书	1 年
绿色建筑评价标识	通过工程质量验收并投入使用一年以上	审核设计文件、审批文件、施工过程控制文件、检测报告、运行记录、现场核查	颁发标识证书和标志(挂牌)	3 年

12.2 绿色建筑评价标识体系的建设

2003 年，我国推出了针对奥运建筑及其相关附属建筑的"绿色奥运建筑评价体系"，这是我国首个绿色建筑评价体系，其开发过程参考了日本 CASBEE 和美国 LEED。同时结合我国的实际国情，具有良好的可操作性。2003 年 10 月，北京一批建设项目开始采用绿色奥运建筑评价体系作全程管理。

2006 年 6 月，我国实施了《绿色建筑评价标准》GB/T 50378，这是我国首个广泛适用于各类建筑的评价标准，它在绿色建筑评价体系领域虽然有较大突破，但与世界上较成熟的体系相比还有很大差距，需要进一步完善。要想使绿色建筑评价体系真正发挥作用，政府的配套法律法规必须跟上，建立健全绿色建筑立项、设计、施工、运营各环节管理机制。此外，也应搭建国际交流平台，学习、借鉴国外成功经验。详见表 12-2、表 12-3。

我国的绿色建筑评价标准　　　　　　　　　　　　　　表 12-2

（截至 2013 年 4 月）

序号	标 准 名 称	状 态	类 别
1	《绿色建筑评价标准》GB/T 50378	已实施，2013 年完成修订	国标
2	《建筑工程绿色施工评价标准》GB/T 50640	已实施	国标
3	《绿色工业建筑评价标准》	已通过审查	国标
4	《绿色工业建筑评价导则》	已实施	国标
5	《绿色办公建筑评价标准》	送审	国标
6	《绿色商店建筑评价标准》	已通过审查	国标
7	《绿色医院建筑评价标准》	学会标准已试行 国家标准在编	学会标准、国标
8	《绿色超高层建筑评价技术细则》	已实施	国标
9	《绿色校园评价标准》	已通过审查	学会标准
10	《绿色建筑检测标准》	在编	
11	《绿色生态城区评价标准》	在编	
12	《广西绿色建筑评价标准》等地方标准 20 部左右	现行	地方标准

地方性绿色建筑相关政策法规标准　　　　　　　　　　表 12-3

（截至 2013 年 4 月）

省/市	标准名称及编号	实施日期
浙江	浙江省《绿色建筑评价标准》DB 33/T1039	2008 年 1 月 1 日
广西	《广西绿色建筑评价标准》DB 45/T 567	2009 年 2 月 23 日
江苏	《江苏省绿色建筑评价标准》DGJ 32/TJ78	2009 年 4 月 1 日
深圳市	《深圳市绿色建筑评价规范》SZJG 30	2009 年 9 月 1 日
重庆市	《重庆市绿色建筑评价标准》DBJ/T 50-066	2010 年 2 月 1 日
福建	《福建省绿色建筑评价标准》DBJ/T 13-118	2010 年 3 月 1 日
江西	《江西省绿色建筑评价标准》DB 36/J001	2010 年 5 月 1 日
湖北	《湖北省绿色建筑评价标准（试行）》（鄂建文[2010]102 号）	2010 年 6 月 印发
湖南	《湖南省绿色建筑评价标准》DBJ 43/T004	2011 年 1 月 1 日
香港	《绿色建筑评价标准（香港版）》CSUS/GBC1	2011 年 1 月 1 日
天津	《天津市绿色建筑评价标准》DB/T 29—204	2011 年 1 月 1 日
河北	河北省《绿色建筑评价标准》DB13(J)/T 113	2011 年 3 月 1 日

续表

省/市	标准名称及编号	实施日期
广东	《广东省绿色建筑评价标准》DBJ/T 15-83	2011 年 7 月 15 日
四川	《四川省绿色建筑评价标准》DBJ51/T 008	2012 年 11 月 1 日
北京	北京市《绿色建筑评价标准》DB11/T 825	2011 年 12 月 1 日
上海	上海市《绿色建筑评价标准》DG/TJ 08-2090	2012 年 3 月 1 日
山东	山东省工程建设标准《绿色建筑评价标准》DBJ/T 14-082	2012 年 3 月 1 日
海南	《海南省绿色建筑评价标准》DBJ 46-024	2012 年 8 月 1 日

12.3 绿色建筑推广机构

1. 国家级绿色建筑推广机构

中国最主要的绿色建筑推广机构——中国城市科学研究会绿色建筑与节能专业委员会，于 2008 年 3 月 31 日于北京成立。

中国城市科学研究会绿色建筑与节能专业委员会（简称：中国绿色建筑委员会，或绿建委），英文简称 CHINAGBC，是经住房和城乡建设部及中国科协批准、民政部登记注册的中国城市科学研究会的分支机构，是研究适合我国国情的绿色建筑与建筑节能的理论与技术集成系统、协助政府推动我国绿色建筑发展的学术团体。

绿建委的主要业务范围：从事绿色建筑与节能理论研究；开展学术交流和国际合作，组织专业技术培训，编辑出版专业书刊，开展宣传教育活动，普及绿色建筑的相关知识，为政府主管部门和企业提供咨询服务。

中国绿色建筑委员会下设多个学组，并在省市区设立地方委员会。到 2011 年底，形成了拥有 21 个地方机构、17 个专业学组和青年委会员的绿色建筑推广工作网络。

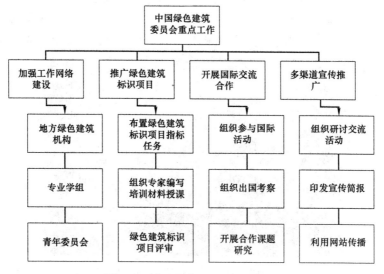

图 12-3　中国绿色委员会重点工作

绿建委下属专业学组有：

- 绿色建筑工业学组
- 绿色智能组
- 绿色建筑技术组
- 绿色人文组
- 绿色建筑规划设计组
- 绿色建材组
- 绿色公共建筑组
- 绿色建筑理论与实践组
- 绿色产业组
- 绿色建筑结构组
- 绿色施工组
- 绿色建筑政策法规组
- 绿色校园组
- 绿色建筑软件学组

......

此外，为了进一步加强和规范绿色建筑评价工作，引导绿色建筑健康发展，由住房和城乡建设部科技发展促进中心与绿色建筑专委会共同组织成立的绿色建筑评价标识管理办公室（以下简称"绿建办"），于 2008 年 4 月 14 日正式成立。绿建办设在住房和城乡建设部科技发展促进中心，成员单位有中国建筑科学研究院、上海市建筑科学研究院、深圳市建筑科学研究院、清华大学、同济大学等。

绿建办主要负责绿色建筑评价标识的管理工作，受理三星级绿色建筑的评价标识，指导一、二星级绿色建筑评价标识活动。

2. 安徽省绿色建筑推广机构

安徽省绿色建筑协会是由安徽省内热心推动绿色建筑发展的，从事建筑管理、开发、规划、设计、图审、施工、监理、测评、质监及节能设备产品生产等工作的企业、科研院所、高等院校及相关单位和绿色建筑领域相关专家、学者自愿参加组成的全省性、行业性

图 12-4　颁发安徽省绿色建筑评价标识专家证书

组织，是具有法人资格的非营利社会团体。包括单位会员 150 多家和个人会员 300 多人。

2011 年 3 月，安徽省住房和城乡建设厅公布了安徽省绿色建筑评价标识专家委员会专家名单，共有规划与建筑、结构、暖通、给排水、电气、建材、建筑物理、施工、综合等专业的 110 名专家入选。评定了安徽省建筑设计研究院、安徽省城乡规划设计研究院、合肥工业大学建筑设计研究院、中国科学技术大学、安徽建筑大学等 10 家绿色建筑技术依托单位。

专委会专家的主要职责为：承担安徽省一、二星级绿色建筑评价标识评审工作；受安徽省住房和城乡建设厅委托，承担住房和城乡建设部三星级绿色建筑评价标识初审工作；参与绿色建筑发展规划和评价标识相关技术文件的制定工作；协助绿色建筑评价标识技术咨询服务、科研和新技术推广工作，提供技术支持。

12.4 绿色建筑评价标识申报方式和流程

1. 申报与评审机制

（1）住建部负责指导和管理绿色建筑评价标识工作，制定管理办法，监督实施，公示、审定、公布通过的项目。

（2）对审定的项目由住建部公布，并颁发证书和标志。

（3）由住建部科技发展促进中心负责绿色建筑评价标识的具体组织实施等日常管理工作，并接受住建部的监督与管理。

（4）住建部建筑节能与科技司负责对申请的项目组织评审，建立并管理评审工作档案，受理查询事务。

（5）中国国家级的绿色建筑评审机构有 2 家：绿色建筑评价标识管理办公室和中国城市科学研究会绿色建筑研究中心，可对全国各地各种星级项目进行评价。安徽省住房和城乡建设厅负责开展安徽省一星级和二星级绿色建筑评价标识工作。

2. 申请条件及程序

申请"绿色建筑设计评价标识"的住宅建筑和公共建筑，应当完成施工图设计并通过施工图审查、取得施工许可，符合国家基本建设程序和管理规定，以及相关的技术标准规范。

申请"绿色建筑评价标识"（即通常所说的"运行标识"）的住宅建筑和公共建筑，应当通过工程质量验收并投入使用 1 年以上，符合国家相关政策，未发生重大质量安全事故，无拖欠工资和工程款。

绿色建筑评标识申报条件及流程：

（1）绿色建筑标识的申请应由业主单位、房地产开发单位提出，鼓励设计单位、施工单位和物业管理单位等相关单位共同参与申请。根据住房和城乡建设部办公厅《关于加强绿色建筑评价标识管理和备案工作的通知》，在申报设计标识时，设计单位应作为申报单位；申报运行标识时，物业单位应作为申报单位。

（2）申请绿色建筑标识的项目要求未发生重大质量安全事故。

（3）申请单位应当提供真实、完整的申报材料，填写评价标识申报书，提供工程立项批件、申报单位的资质证书，工程用材料、产品、设备的合格证书、检测报告等材料，以及必须的规划、设计、施工、验收和运营管理资料。

（4）申报材料须提交当地建设主管部门初审，推荐上报；一二星绿色建筑标识项目由项目所在市住房城乡建设委初审，推荐上报省住房和城乡建设厅；三星绿色建筑由省住房和城乡建设厅初审，推荐上报住房和城乡建设部。

（5）申报材料先提交给评审机构进行形式审查。（"形式审查"是指对申报单位资质、申报材料完整性、电子版文件夹的名称和分类规范性、文件的名称和可显示性等的审查。）

（6）绿色建筑标识申请在通过申请材料的形式审查后，由专家组成的评审专家委员会对其进行评审，并对通过评审的项目进行公示，公示期为 30 天。

（7）经公示后无异议或有异议但已协调解决的项目，由住建部审定。对有异议而且无法协调解决的项目，将不予进行审定并向申请单位说明情况，退还申请资料。

如图 12-5、图 12-6 所示。

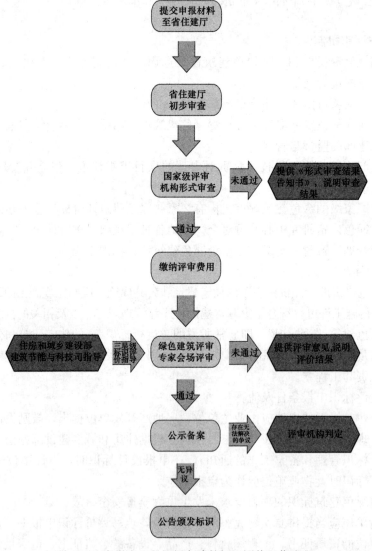

图 12-5　安徽省三星级绿色建筑标识评价工作流程

224

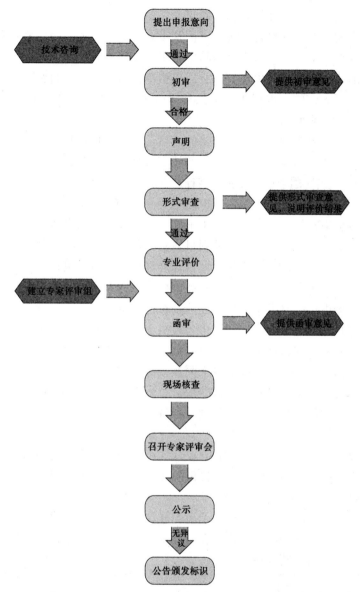

图 12-6　安徽省一二星绿色建筑标识评价工作流程

安徽省绿色建筑评价标识工作流程

第一条［提出申报意向］申报单位通过电话、传真或电子邮件的方式向安徽省绿色建筑协会提出申报意向。省绿色建筑协会确认申报项目是否满足申报条件，并采用电话、传真或电子邮件的方式答复申报单位。

第二条［技术咨询］符合申报条件的项目，省绿色建筑协会指导申报单位准备相关材料，并委托我省相关绿色建筑评价标识技术依托单位对申报项目进行技术咨询，以提高绿色建筑申报质量。

第三条［初审］申报单位准备好相关申报绿色建筑评价标识的材料，向所在市建设行政主管部门提交相关申报材料。各市建设行政主管部门收到绿色建筑评价标识项目申请后，对该项目进行初审，并签署初审意见。

第四条［声明］经市建设行政主管部门初审合格后，申报单位向省绿色建筑协会提出申报声明，并在提交声明 5 工作日内将申报材料递交至省绿色建筑协会。

第五条［形式审查］省绿色建筑协会对申报单位资质、申报材料完整性和有效性进行审查。对资料不齐全的，申报单位应按要求补齐。形式审查不合格的，返还申报资料，并向申报单位说明原因。

第六条［专业评价］对形式审查合格的项目，根据工作需要，省绿色建筑协会可组织工作经验丰富、熟悉绿色建筑评价工作的技术人员对申报材料进行专业评价，核实申报单位的自评结果。必要时可进行现场核查。

第七条［建立专家评审组］专家评审组由 7～9 名单数专家组成，从省绿色建筑评价标识专家委员会中随机抽取，不得与申报项目的相关单位有利害关系。

第八条［函审］对专业评价合格的项目，省绿色建筑协会将材料递送给专家评审组成员进行函审，评审专家根据绿色建筑评价标准等填写函审意见。

第九条［现场核查］申报"绿色建筑评价标识"的项目，由省绿色建筑协会组织相关专业专家组成核查组赴申报项目现场逐项核查达标落实情况。

第十条［召开专家评审会］由省绿色建筑协会组织召开专家评审会。专家评审组成员依据国家及省相关标准、规范要求，对申报项目进行质询、讨论和评议，确定授予的星级。评审结果应获得三分之二以上专家同意，并签字认可。

第十一条［公示］未通过专家评审的项目，由省绿色建筑协会退还申报材料。通过评审的项目，将在省住房和城乡建设厅网站和省绿色建筑协会网站进行公示，公示期为 15 天。

任何单位或个人对公示的项目持有异议，均可在公示期内向省住房和城乡建设厅以及省绿色建筑协会提供书面材料。对有异议且无法协调解决的项目，将不予审定并向申报单位说明情况，退还申报资料。

第十二条［公告、颁发标识］经公示后无异议或有异议但已协调解决的项目，由省住房和城乡建设厅予以公告，并报住房和城乡建设部备案。根据住房和城乡建设部规定的编号和统一格式，制作颁发证书（标志）。

3. 申报材料要求相关问题

（1）需要提交哪些申报材料？

申报单位应当提供真实、完整的申报材料，主要包括：

① "绿色建筑设计（或运行）标识申报声明"一式一份；

② "绿色建筑设计（或运行）标识申报书"一式一份；

③ "绿色建筑设计（或运行）标识自评估报告"及相关证明材料一式一份；

④ 所有申报材料均需另附光盘一份。

（2）提交的申报材料有什么要求？

所有的文件都必须提交签字盖章的有效纸质文件，图纸应是经过审查的签字盖章的施工图蓝图，相关证明文件须加盖完成单位公章；除特别规定外，相关的设计内容应有图纸作为证明，单独文本说明文件一般不能起到证明作用。详细的要求见"证明材料要求及清单"（分绿色建筑设计评价标识、绿色建筑评价标识，居住建筑、公共建筑、工业建筑等）。

（3）申报单位可以补充、修改申报材料吗？

形式审查前，申报单位可补充修改申报材料；

形式审查后，除评审机构要求外，申报单位不得修改材料，包括不得改变原有设计方案、图纸等申报材料，否则不予受理。

附　录

附录1 技术索引表

章节索引	序号	技术/指标名称	适用区域	适用建筑	主要责任专业
节地与室外环境					
3.1.1 场地安全	1	土壤氡检测	皆适用	皆适用	规划
3.1.2 废弃场地利用	1	土壤修复	皆适用	建设场地为废旧仓库或工厂弃置地、裸岩、石砾地、盐碱地、沙荒地、废窑坑、已被污染的废弃地的情况	规划
3.2.1 规划指标	1	人均用地指标	皆适用	只对除别墅类项目以外的居住建筑有要求	规划
	2	容积率	皆适用	只对公共建筑有要求	规划
3.2.2 景观指标	1	绿地率	皆适用	皆适用	规划
	2	人均公共绿地面积	皆适用	居住建筑	规划
3.2.3 地下空间	1	地下空间开发	皆适用	除经论证,场地地质条件、建筑结构类型、建筑功能性质确实不适宜的情况外,皆适用	建筑
3.3.1 光污染控制	1	光污染控制	皆适用	大量采用玻璃幕墙的建筑、室外有泛光照明的建筑	建筑
3.3.2 场地噪声	1	控制场地噪声	皆适用	皆适用,建筑场地内含有噪声源、场地临近交通干线	建筑
3.3.3 室外风环境	1	室外风环境模拟优化	皆适用,尤其适用于冬季风速大于5m/s的地区	皆适用	建筑
3.3.4 降低热岛效应	1	场地遮荫	皆适用,特别适用于市区	皆适用	景观
	2	浅色涂料	皆适用,特别适用于市区	皆适用	建筑
	3	立体绿化	皆适用,特别适用于市区	皆适用	景观
	4	场地绿化	皆适用,特别适用于市区	皆适用	景观
	5	地源热泵或水源热泵	地热资源丰富、土壤结构和热工性能稳定或者地表水丰富的地区	皆适用	暖通
	6	排风热回收	皆适用	皆适用	暖通

231

章节索引		序号	技术/指标名称	适用区域	适用建筑	主要责任专业
节地与室外环境						
3.4.1	交通体系	1	交通可达	皆适用	皆适用	规划
3.4.2	停车场所	1	机动车及自行车停车位	皆适用	皆适用	建筑
		2	机械式停车库	皆适用	皆适用	建筑
		3	地下车库	皆适用	皆适用	建筑
		4	停车楼	皆适用	皆适用	建筑
		5	错时停车、开放式停车管理	皆适用	皆适用	建筑
		6	自行车安全管理	皆适用	皆适用	建筑
3.4.3	公共服务设施	1	住区配套服务设施	皆适用	住宅建筑	规划
		2	服务资源共享	皆适用	皆适用，尤其是公共建筑	规划
3.4.4	无障碍设计	1	无障碍设计	皆适用	皆适用，尤其是养老院、医院、学校	建筑
3.5.1	场地生态保护	1	场地生态保护	皆适用	规划用地范围内自然水域、湿地和植被的建筑项目	规划
3.5.2	地面景观	1	乡土植物	皆适用	皆适用	景观
		2	复层绿化	皆适用	皆适用	景观
		3	下凹式绿地	皆适用	皆适用	景观
		4	透水地面	皆适用	皆适用	景观
		5	透水铺装	皆适用	皆适用	景观
3.5.3	立体绿化	1	屋顶绿化	皆适用	皆适用，超高层建筑可用在裙房	景观
		2	立面垂直绿化	皆适用	皆适用，超高层建筑可用在裙房	景观
节能与能源利用						
4.1.1	建筑形体设计	1	建筑体形系数	皆适用	皆适用	建筑
		2	建筑朝向	皆适用	皆适用	建筑
		3	建筑窗墙比	皆适用	皆适用	建筑
4.1.2	围护结构保温隔热	1	外墙外保温	皆适用	皆适用	建筑
		2	外墙内保温	皆适用	皆适用	建筑
		3	复合墙体保温	皆适用	皆适用	建筑
		4	涂料保温隔热	皆适用	皆适用	建筑
		5	屋面保温	皆适用	皆适用	建筑
4.1.3	遮阳系统	1	织物、铝合金百叶遮阳	皆适用	适用于低层及多层建筑，一般不适用于高层	建筑
		2	卷帘遮阳	皆适用	皆适用，但是高层时需考虑抗风压性	建筑

章节索引	序号	技术/指标名称	适用区域	适用建筑	主要责任专业
节能与能源利用					
4.1.3　遮阳系统	3	铝合金机翼遮阳、遮阳格栅	皆适用	公共建筑	建筑
	4	中置、内置遮阳	皆适用	公共建筑或要求高的居住建筑	建筑
4.2.1　冷热源选型	1	常规冷机加电锅炉的蓄冷蓄热系统	采用分时电价的地区	大型公共建筑	暖通
	2	风冷热泵机组	皆适用	大型公共建筑	暖通
	3	VRV 加 HRV 系统	皆适用	大型公共建筑	暖通
	4	直燃溴化锂	皆适用	大型公共建筑	暖通
	5	水冷冷水机组＋燃气锅炉热力系统	皆适用	大型公共建筑	暖通
	6	地源热泵系统	地热资源丰富、土壤结构和热工性能稳定或者地表水丰富的地区	宾馆、办公楼、学校等公共建筑、别墅	暖通
	7	地源热泵加常规冷机的混合能源系统	地热资源丰富、土壤结构和热工性能稳定或者地表水丰富的地区	大型公共建筑	暖通
4.2.2　空调输配系统	1	智能新风系统	皆适用	皆适用	暖通
	2	选用高性能输配设备	皆适用	皆适用	暖通
	3	空调水系统变流量运行	皆适用	皆适用	暖通
	4	空调变风量运行	皆适用	皆适用	暖通
4.2.3　空调自动控制系统	1	制冷机房群控子系统	皆适用	具有中央空调的大型公共建筑	暖通
	2	空调末端群控子系统	皆适用	具有中央空调的大型公共建筑	暖通
4.3.1　分布式冷热电联产	1	分布式冷热电联产系统	皆适用	大型公共建筑	暖通
4.3.2　余热回收再利用	1	锅炉排烟余热回收	皆适用	锅炉供暖的大型公共建筑	暖通
	2	高温冷凝水回用	皆适用	热回收机组的大型公共建筑	暖通
	3	热回收型热泵机组	地热资源丰富、土壤结构和热工性能稳定的地域或地表水资源丰富的地区	大型公共建筑	暖通
4.3.3　蓄冷蓄热	1	冰蓄冷	采用分时电价的地区	大型公共建筑	暖通
	2	水蓄冷	采用分时电价的地区	大型公共建筑	暖通
	3	蓄热	采用分时电价的地区	大型公共建筑	暖通
4.3.4　排风热回收	1	排风热回收技术	皆适用	采用带新风系统的中央空调系统的建筑,如大型公共建筑	暖通

章节索引	序号	技术/指标名称	适用区域	适用建筑	主要责任专业
节能与能源利用					
4.4.1 太阳能热水	1	太阳能热水	皆适用	居住建筑以及设有集中热水系统的公建	给排水
4.4.2 太阳能光伏发电	1	太阳能光伏发电	皆适用	皆适用	电气
4.4.3 地热能	1	地埋管地源热泵	地热资源丰富、土壤结构和热工性能稳定的地区	宾馆、办公楼、学校等公共建筑、别墅	暖通
	2	地下水地源热泵	适用于地下水资源丰富的地区,安徽省多数城市地下水资源较为匮乏,该技术需谨慎使用	宾馆、办公楼、学校等公共建筑、别墅	暖通
	3	地表水地源热泵	适宜于地表水源丰富、有城市污水厂的地区	宾馆、办公楼、学校等公共建筑、别墅	暖通
4.4.4 风能	1	风能	区域风力资源和局部风环境是丰富的地区,如黄山市	高层建筑	电气
4.5.1 照明系统	1	节能灯具	皆适用	皆适用	电气
	2	照明控制	皆适用	皆适用	电气
4.5.2 电梯系统	1	节能电梯	皆适用	皆适用,尤其是超高层建筑	电气
	2	电梯控制	皆适用	皆适用,尤其是超高层建筑	电气
4.5.3 供配电系统	1	节能变压器的选用	皆适用	皆适用	电气
	2	电能质量管理	皆适用	皆适用	电气
4.5.4 能耗分项计量	1	分项计量	皆适用	公共建筑和采用集中冷热源的居住建筑	电气
4.5.5 智能化系统	1	智能化系统	皆适用	皆适用,尤其是大型公建以及智能化小区	电气
节水与水资源利用					
5.1 水系统规划	1	用水定额的控制	皆适用	皆适用	给排水
	2	避免管网损漏	皆适用	皆适用	给排水
	3	控制卫生器具的供水压	皆适用	皆适用	给排水
	4	设置用水计量装置	皆适用	皆适用	给排水
5.2.1 节水卫生器具	1	节水水龙头	皆适用	皆适用	给排水
	2	节水坐便器	皆适用	皆适用	给排水
	3	节水淋浴器	皆适用	皆适用	给排水
	4	无水小便器	皆适用	公共建筑	给排水
	5	节水洗衣机	皆适用	皆适用,尤其是住宅、带有洗衣房的学校和宾馆	给排水

章节索引	序号	技术/指标名称	适用区域	适用建筑	主要责任专业
节水与水资源利用					
5.2.2 节水灌溉	1	喷灌	皆适用	采用再生水灌溉时,应避免采用喷灌方式	景观
	2	微灌	皆适用	皆适用	景观
5.2.3 冷却塔节水	1	冷却塔节水	皆适用	设置了空调冷却水系统的建筑	暖通
	2	充分利用冷却水废水	皆适用	设置了空调冷却水系统的建筑	暖通
	3	设置水处理装置和化学加药装置改善水质,合理控制冷却水系统的浓缩倍数	皆适用	采用开式循环冷却水系统的建筑	暖通
	4	采取加大积水盘、设置平衡管或平衡水箱的方式,避免冷却水泵停泵时冷却水溢出	皆适用	采用开式循环冷却水系统的建筑	暖通
	5	无蒸发耗水量的冷却技术(包括采用风冷式冷水机组、风冷式多联机、地源热泵、干式运行的闭式冷却塔等。)	皆适用	设置了空调冷却水系统的建筑	暖通
5.3.1 雨水利用	1	雨水入渗	不适用于地下水位高、土壤渗透能力差或雨水水质污染严重的地区	皆适用	景观
	2	雨水调蓄	适用于年降雨在800mm以上的多雨但缺水地区	场地内有河流、湖泊、水塘、湿地、低洼地等调蓄设施的情况	给排水
	3	雨水收集回用	适用于年降雨在800mm以上的多雨但缺水地区	皆适用	给排水
5.3.2 再生水利用	1	建筑中水利用	皆适用	中水适宜建设的规模日处理量不小于100m³/d	给排水
	2	市政再生水的利用	建有城市再生水厂的地区	建筑周边10km之内有再生水厂且系统内无重污染工业废水影响水质	给排水
节材与材料利用					
6.1 材料选用	1	本地建材	皆适用	皆适用	施工
	2	可再循环材料	皆适用	皆适用	建筑
	3	高强度钢筋	皆适用	大跨度建筑、高层钢筋混凝土建筑	结构

章节索引	序号	技术/指标名称	适用区域	适用建筑	主要责任专业
节材与材料利用					
6.1　材料选用	4	高性能混凝土	皆适用	高层建筑、大跨度建筑、承受恶劣环境条件的住宅建筑	结构
	5	废弃材料	皆适用	皆适用	施工
	6	高耐久性装饰材料	皆适用	皆适用	建筑
6.2　旧建筑利用	1	旧建筑利用	皆适用	场地内有旧建可以利用的项目	建筑
6.3　建筑造型	1	采用装饰和功能一体化构件	皆适用	皆适用	建筑
	2	合理设置女儿墙高度	皆适用	皆适用	建筑
	3	合理采用双层外墙	皆适用	皆适用	建筑
6.4　建筑结构优化	1	结构优化	皆适用	皆适用,尤其是超高层建筑	结构
6.5.1　预制结构构件	1	预制构件	皆适用	皆适用,尤其是住宅建筑	结构
6.5.2　建筑部品	1	建筑部品	皆适用	皆适用,尤其是住宅建筑	结构
6.6　土建装修一体化	1	土建装修一体化	皆适用	以精装修为销售对象的项目	建筑
6.7　室内灵活隔断	1	灵活隔断	皆适用	办公、商场类公共建筑	建筑
室内环境质量					
7.1.1　室内空气污染源控制	1	采用绿色环保建材	皆适用	皆适用	建筑
	2	入住前进行室内空气质量检测	皆适用	皆适用	建筑
7.1.2　室内通风	1	自然通风	皆适用	住宅建筑、较低层商业和办公等公共建筑	建筑
	2	室内气流组织设计优化	皆适用	皆适用	暖通
	3	空调新风系统设计优化	皆适用	设有新风系统的建筑	暖通
7.1.3　空气质量监控	1	CO_2 浓度监控	皆适用	皆适用,尤其是人员密度较高的办公、会议室等	暖通
	2	CO 浓度监控	皆适用	含大型车库建筑	暖通
	3	甲醛等其他污染物浓度监控	皆适用	皆适用,尤其是人员密度较高的办公、会议室等	暖通
7.2.1　室内空气温湿度控制	1	室内热湿参数	皆适用	皆适用	暖通
	2	空调及其他供暖供冷设备的应用	皆适用	皆适用	暖通
7.2.2　遮阳隔热	1	参见 4.1.3	参见 4.1.3	参见 4.1.3	建筑

续表

章节索引	序号	技术/指标名称	适用区域	适用建筑	主要责任专业
室内环境质量					
7.3　室内声环境	1	建筑布局隔声	皆适用	皆适用	建筑
	2	围护结构隔声	皆适用	皆适用	建筑
	3	设备隔声减震	皆适用	皆适用	暖通
7.4.1　室内采光	1	窗户优化设计	皆适用	皆适用	建筑
	2	导光玻璃	皆适用	皆适用	建筑
	3	导光筒	皆适用	大进深或地下空间建筑	建筑
	4	反光板	皆适用	大进深或地下空间建筑	建筑
	5	天窗	皆适用	大型商业或办公等公共建筑	建筑
	6	采光井	皆适用	大进深或有地下空间建筑	建筑
	7	下沉式庭院	皆适用	地质条件、建筑结构类型、建筑功能性质适宜的建筑项目	建筑
7.4.2　室内视野	1	建筑间距设计	皆适用	皆适用	建筑
	2	明卫	皆适用	居住建筑	建筑
	3	视野模拟分析	皆适用	公共建筑	建筑
施工管理					
8.1　组织与管理	1	组建施工管理团队	皆适用	皆适用	施工
	2	建立环境保护管理体系	皆适用	皆适用	施工
	3	建立绿色施工动态评价体系	皆适用	皆适用	施工
	4	建立人员安全与健康管理制度	皆适用	皆适用	施工
8.2.1　防止水土流失、控制扬尘	1	设置围墙或淤泥栅栏	皆适用	皆适用	施工
	2	排水沟	皆适用	皆适用	施工
	3	沉淀池/沉淀井	皆适用	皆适用	施工
	4	下水道入口处设置过滤网(布)	皆适用	皆适用	施工
	5	临时覆盖或绿化	皆适用	皆适用	施工
	6	清洗台	皆适用	皆适用	施工
	7	对易飞扬物质表面洒水	皆适用	皆适用	施工
	8	对易产生扬尘施工工艺采取降尘措施	皆适用	皆适用	施工
	9	在工地建筑结构脚手架外侧设置密目防尘网或防尘布	皆适用	皆适用	施工

章节索引	序号	技术/指标名称	适用区域	适用建筑	主要责任专业
施工管理					
8.2.2　噪声控制	1	控制场界噪声	皆适用	皆适用	施工
	2	控制设备噪声	皆适用	皆适用	施工
8.2.3　光污染控制	1	室外照明等加设灯罩	皆适用	皆适用	施工
	2	设密目网屏障遮挡光线	皆适用	皆适用	施工
	3	电焊作业采取遮挡措施	皆适用	皆适用	施工
8.2.4　固废污染控制	1	废弃物资源减量化资源化	皆适用	皆适用	施工
8.3.1　节地	1	临时用地指标	皆适用	皆适用	施工
	2	临时用地保护	皆适用	皆适用	施工
	3	施工总平面合理布置	皆适用	皆适用	施工
8.3.2　节能	1	节能设备	皆适用	皆适用	施工
	2	用电管理	皆适用	皆适用	施工
	3	节能灯具	皆适用	皆适用	施工
	4	临时设施节能设计	皆适用	皆适用	施工
8.3.3　节水	1	场地雨水再利用	皆适用	皆适用	施工
	2	节水型卫生洁具	皆适用	皆适用	施工
	3	节水型施工措施	皆适用	皆适用	施工
	4	节水教育	皆适用	皆适用	施工
8.3.4　节材	1	节材管理制度	皆适用	皆适用	施工
	2	木作业工程节材	皆适用	皆适用	施工
	3	施工现场临建节材	皆适用	皆适用	施工
	4	废弃物减量化资源化	皆适用	皆适用	施工
8.4　机电系统调试	1	机电系统调试	皆适用	皆适用	施工
运营管理					
9.1　管理制度	1	物业管理部门资质	皆适用	皆适用	物业
	2	操作管理制度	皆适用	皆适用	物业
	3	绿色教育与宣传	皆适用	皆适用,绿色教育特别适用于学校类建筑,绿色宣传特别适用于政府服务窗口、商业建筑	物业
	4	资源管理激励机制	皆适用	皆适用	物业

续表

章节索引	序号	技术/指标名称	适用区域	适用建筑	主要责任专业
运营管理					
9.2 技术管理	1	节能与节水管理	皆适用	皆适用	物业
	2	耗材管理	皆适用	皆适用	物业
	3	室内环境品质管理	皆适用	皆适用	物业
	4	设备检测与管理	皆适用	皆适用	物业
	5	物业档案管理	皆适用	皆适用	物业
9.3 环境管理	1	无公害病虫害防治措施	皆适用	皆适用	物业
	2	树木成活率	皆适用	皆适用	物业
	3	垃圾站冲洗	皆适用	皆适用	物业
	4	垃圾分类回收	皆适用	皆适用	物业
	5	可降解垃圾单独收集	皆适用	皆适用	物业

附录2　标准规范及图集表

节地与室外环境章节相关标准规范及图集索引表　　　附表2-1

章节索引	技术名称	标准规范及图集
3.1.1	场地安全	《民用建筑工程室内环境污染控制规范》GB 50325
		《防洪标准》GB 50201
		《电磁辐射防护规定》GB 8702
3.1.2	废弃场地利用	《民用建筑工程室内环境污染控制规范》GB 50325
		《防洪标准》GB 50201
		《电磁辐射防护规定》GB 8702
3.2.1	规划指标	国六条(国务院九部委于2006年5月17日颁布的关于调控房地产市场的六条政策)
		《城市居住区规划设计规范》GB 50180
		《民用建筑设计通则》GB 50352
		《城市用地分类与规划建设用地标准》GBJ 137
3.2.2	景观指标	《城市居住区规划设计规范》GB 50180
3.2.3	地下空间	《公共建筑节能标准》GB 50189
		《安徽省居住建筑节能设计标准》DB 34/1466
		《住宅设计规范》GB 50096
		《汽车库建筑设计规范》JGJ 100
		《汽车库、修车库、停车场设计防火规范》GB 50067
		《地下工程防水技术规范》GB 50108
		《人民防空地下室设计规范》GB 50038

章节索引	技术名称	标准规范及图集
3.3.1	光污染控制	《玻璃幕墙光学性能》GB/T 18091
		《城市夜景照明设计规范》JGJ/T 163
		《建筑玻璃应用技术规程》JGJ 113
		《建筑幕墙》J 103-2～7
3.3.2	场地噪声	《声环境质量标准》GB 3096
		《民用建筑隔声设计规范》GBJ 118
		《厅堂混响时间测量规范》CBJ 76
3.3.3	室外风环境	《民用建筑设计通则》GB 50352
		《建筑结构荷载规范》GB 50009
		《中国建筑热环境分析专用气象数据集》(2005年版)
3.3.4	降低热岛效应	《环境标志产品技术要求防水涂料》HJ 457
		《屋面工程技术规范》GB 2050345
		《安徽省公共建筑节能设计标准》DB 34/1467
		《安徽省居住建筑节能设计标准》DB 34/1466
		《公共建筑节能设计标准》GB 50189
		《民用建筑供暖通风与空气调节设计规范》GB 50736
		《通风与空调工程施工质量及验收规范》GB 50243
		《地源热泵系统工程技术规范》GB 50366
		《水源热泵机组》GB/T 19409
		《空调系统热回收装置选用与安装》06K 301-2
3.4.1	交通体系	《城市居住区规划设计规范》GB 50180
		《地铁设计规范》GB 50157
		《城市轨道交通技术规范》GB 50490
		《城市轨道交通工程测量规范》GB 50308
		《工业企业标准轨距铁路设计规范》GBJ 12
		《城市轨道交通通信工程质量验收规范》GB 50382
3.4.2	停车场所	《汽车库建筑设计规范》JGJ 100
		《汽车库、修车库、停车场设计防火规范》GB 50067
		《人民防空地下室设计规范》GB 50038
3.4.3	公共服务设施	《城市居住区规划设计规范》GB 50180
3.4.4	无障碍设计	《无障碍设计规范》GB 50763
		《城市道路与建筑物无障碍设计规范》JGJ 050
		《建筑无障碍设计图集》03J 926
		《城市道路无障碍设计》05MR 501
3.5.1	场地生态保护	无
3.5.2	地面景观	《透水砖》JC/T 945
		《城市道路设计规范》CJJ 37

续表

章节索引	技术名称	标准规范及图集
3.5.2	地面景观	《港口道路、堆场铺面设计与施工规范》JTJ 296
		《城市绿地分类标准》CJJ/T 85
		《城市绿地设计规范》GB 50420
		《民用建筑设计通则》GB 50352
		《公园设计规范》CJJ 48
3.5.3	立体绿化	《公园设计规范》CJJ 48
		《城市绿化和园林绿地植物材料木本苗》CJ/T 34
		《园林基本术语标准》CJJ/ T91
		《屋面防水施工技术规程》DBJ 01
		《城市园林绿化养护管理标准》DBJ 11/T 213

节能与能源利用章节相关标准规范及图集索引表　　　　　附表 2-2

章节索引	技术名称	标准规范及图集
4.1.1	建筑形体设计	《安徽省公共建筑节能设计标准》DB 34/1467
		《安徽省居住建筑节能设计标准》DB 34/1466
		《公共建筑节能设计标准》GB 50189
		《夏热冬冷地区居住建筑节能设计标准》JGJ 134
		《建筑外门窗气密、水密、抗风压性能分级及检测方法》GB/T 7106
4.1.2	围护结构保温隔热	《安徽省公共建筑节能设计标准》DB 34/1467
		《安徽省居住建筑节能设计标准》DB 34/1466
		《公共建筑节能设计标准》GB 50189
		《夏热冬冷地区居住建筑节能设计标准》JGJ 134
		《建筑外门窗气密、水密、抗风压性能分级及检测方法》GB/T 7106
		《铝合金门窗工程技术规程》DGJ 32/J 07
		《屋面工程技术规范》GB 50345
		《夹心保温墙建筑构造》07J 107
		《外墙外保温建筑构造》10J 121
		《外墙内保温建筑构造》11J 122
		《墙体节能建筑构造》06J 123
		《屋面节能建筑构造》06J 204
		《公共建筑节能构造—夏热冬冷、夏热冬暖地区》06J 908-2
		《建筑维护结构节能工程做法及数据》09J 908-3
		《建筑节能门窗(一)》06J 607-1
		《铝合金节能门窗》03J 603-2
4.1.3	遮阳系统	《建筑外遮阳产品抗风性能试验方法》JG/T 239
		《建筑遮阳篷耐积水荷载试验方》JG/T 240
		《建筑遮阳产品机械耐久性能试验方法》JG/T 241

章节索引	技术名称	标准规范及图集
4.1.3	遮阳系统	《建筑遮阳产品操作力试验方法》JG/T 242
		《建筑遮阳工程技术规范》JGJ 237
		《建筑遮阳产品遮光性能试验方法》JG/T 280
		《建筑遮阳产品隔热性能试验方法》JG/T 281
		《遮阳百叶窗气密性试验方法》JG/T 282
		《建筑用遮阳金属百叶帘》JG/T 251
		《建筑用遮阳天篷帘》JG/T 252
		《建筑用曲臂遮阳篷》JG/T 253
		《建筑用遮阳软卷帘》JG/T 254
		《内置遮阳中空玻璃制品》JG/T 255
		《建筑外遮阳(一)》06J 506-1
4.2.1	冷热源技术	《安徽省公共建筑节能设计标准》DB 34/1467
		《安徽省居住建筑节能设计标准》DB 34/1466
		《公共建筑节能设计标准》GB 50189
		《夏热冬冷地区居住建筑节能设计标准》JGJ 134
		《采暖通风与空气调节设计规范》GB 50019
		《冷水机组能效限定值及能源效率等级》GB 19577
		《单元式空气调节机能效限定值及能源效率等级》GB 19576
		《联式空调(热泵)机组能效限定值及能源效率等级》GB 21454
		《冷热源及外线工程设计图集》机械工业出版社 2009 年
4.2.2	空调输配系统优化	《安徽省公共建筑节能设计标准》DB 34/1467
		《安徽省居住建筑节能设计标准》DB 34/1466
		《公共建筑节能设计标准》GB 50189
		《夏热冬冷地区居住建筑节能设计标准》JGJ 134
		《采暖通风与空气调节设计规范》GB 50019
4.2.3	空调自动控制系统	《民用建筑电气设计规范》JG J16
		《智能建筑设计标准》GB/T 50314
		《智能建筑工程质量验收规范》GB 50339
		《综合布线系统工程验收规范》GB 50312
		《综合布线系统工程验收规范》GB 50311
		《建筑物防雷设计规范》GB 50057
		《电气装置安装工程施工及验收规范》GB 50254-GB 50259
		《信息技术互连国际标准》ISO/IEC ISP 12061-6
		《高层民用建筑设计防火规范》GB 50045
		《采暖通风与空气调节设计规范》GB 50019
		《自动化仪表安装工程施工质量检验验收规范》GB 5013

章节索引	技术名称	标准规范及图集
4.3.2	余热回收再利用技术	《安徽省公共建筑节能设计标准》DB 34/1467
		《安徽省居住建筑节能设计标准》DB 34/1466
		《公共建筑节能设计标准》GB 50189
		《夏热冬冷地区居住建筑节能设计标准》JGJ 134
		《采暖通风与空气调节设计规范》GB 50019
4.3.3	蓄冷蓄热	《冰蓄冷系统设计与施工图集》06K 610
		《蓄冷空调工程技术规程》JGJ 158
4.3.4	排风热回收	《安徽省公共建筑节能设计标准》DB 34/1467
		《安徽省居住建筑节能设计标准》DB 34/1466
		《公共建筑节能设计标准》GB 50189
		《夏热冬冷地区居住建筑节能设计标准》JGJ 134
		《采暖通风与空气调节设计规范》GB 50019
4.4.1	太阳能热水	《太阳能热水器选用与安装》06J 908-6
		《太阳能集热系统设计与安装》06K 503
		《太阳能集中热水系统选用与安装》06SS 128
		《太阳能集热器热性能试验方法》GB/T 427
		《平板型太阳能集热器》GB/T 6424
		《全玻璃真空太阳能集热器》GB/T 17049
		《真空管型太阳能集热器》GB/T 17581
		《太阳能热水系统设计、安装及验收技术规范》GB/T 18713
		《太阳热水系统性能评定规范》GB/T 20095
		《民用建筑太阳能热水系统应用技术规范》GB 50364
		《家用太阳能热水系统安装、运行维护技术规范》NY/T 651
		《太阳能热水系统与建筑一体化技术规程》DB 34/1801
4.4.2	太阳能光伏发电	《太阳能利用与建筑一体化技术标准》DB 34854
		《太阳能光伏能源系统术语》GB/T 2297
		《光伏系统并网技术要求》GB/T 19939
		《公共建筑节能设计标准》GB 50189
		《光电功率发送系统过压保护导则》IEC 61173
		《光伏(PV)系统电网接口特性》GB/T 20046
		《公共建筑节能检测标准》JGJ/T 177
		《并网光伏发电系统工程验收技术规范》CGC/GF 003.1
		《电能量计量系统设计技术规程》DL/T 5202
		《光伏电站接入电网技术规定》国家电网公司
		《光伏(PV)发电系统过电压保护-导则》SJ/T 11127
		《光伏发电站接入电力系统技术规定》GB/Z 19964
		《家用太阳能光伏电源系统技术条件和试验方法》GB/T 19064

章节索引	技术名称	标准规范及图集
4.4.3	地热能	《地源热泵系统工程技术规范》GB 50366
		《地源热泵系统工程技术规程》DB 34/1800
		《建筑工程施工质量验收统一标准》GB 50300
		《建筑给水排水及采暖工程施工质量验收规范》GB 50242
		《制冷设备、空气分离设备安装工程施工及验收规范》GB 50274
		《风机、压缩机、泵安装工程施工及验收规范》GB 50275
		《建筑节能工程施工质量验收规范》GB 50411
		《水源热泵机组》GB/T 19409
4.4.4	风能	《离网型户用风光互补发电系统》GB/T 19115.2
		《风力发电机组》GB/T 19073
		《离网型风力发电机组》GB/T 19068.3
		《风电场风能资源评估方法》GB/T 18710
		《风电场风能资源测量方法》GB/T 18709
		《风力发电机组安全要求》GB 18451.1
		《小型风力发电机组》GB 17646
		《风力机设计通用要求》GB/T 13981
4.5.1	照明系统	《住宅电梯的配置和选择》JG 5010
		《电气装置安装工程 电梯电气装置施工及验收规范》GB 50182
4.5.2	电梯系统	《住宅电梯的配置和选择》JG 5010
		《电气装置安装工程 电梯电气装置施工及验收规范》GB 5018
		《电气装置安装工程 电梯电气装置施工及验收规范》GB 50182
4.5.3	供配电系统	《三相配电变压器能效限定值及节能评价值》GB 20052
4.5.4	分项计量	《国家机关办公建筑和大型公共建筑能耗监测系统楼宇分项计量设计安装技术导则》
		《用能单位能源计量器具配备和管理通则》GB 1716
		《国家机关办公建筑和大型公共建筑能耗监测系统分项能耗数据采集技术导则》
4.5.5	智能化	《智能建筑设计标准》GB/T 50314
		《居住区智能化系统配置与技术要求》CJ/T 174
		《智能建筑工程质量验收规范》GB 50339
		《国家机关办公建筑和大型公共建筑能耗监测系统建设相关技术导则》(建科[2008]114号文件)(含《分项能耗数据采集技术导则》、《分项能耗数据传输技术导则》、《楼宇分项计量设计安装技术导则》、《数据中心建设与维护技术导则和建设》和《验收与运行管理规范》)
		《建筑智能化系统集成设计图集》03 X 801-1
		《建筑设备设计施工图集·电气工程(上下册)》中国建材工业出版社，2005年

节水与水资源利用章节相关标准规范及图集索引表

附表 2-3

章节索引	技术名称	标准规范及图集
5.1	水系统规划	《建筑给排水设计规范》GB 50015
		《民用建筑节水设计标准》GB 50555
		《建筑中水设计规范》GB 50336
		《城镇给水排水技术规范》GB 50788
		《城市供水管网漏损控制及评定标准》CJJ 92
		《生活饮用水卫生标准》GB 5749
		《城市供水水质标准》CJ/T 206
		《二次供水设施卫生规范》GB 17051
		《饮用净水水质标准》CJ 94
		《城市污水再生利用城市杂用水水质》GB/T 18920
		《城市污水再生利用景观环境用水水质》GB/T 18921
		《生活杂用水水质标准》CJ/T 48
		《建筑与小区雨水利用工程技术规范》GB 50400
		《污水再生利用工程设计规范》GB 5033
		《给水排水构筑物工程施工及验收规范》GB 50141
		《给水排水管道工程施工及验收规范》GB 50268
		《给排水图集(一)》皖 90S10-107
		《室内给水排水常用图例及总说明》皖 95S108
5.2.1	卫生器具	《当前国家鼓励发展的节水设备》(产品)目录
		《节水型生活用水器具》CJ164
		《节水型产品技术条件与管理通则》GB/T 18870
		《水嘴用水效率限定值及用水效率等级》GB 25501
		《坐便器用水效率限定值及用水效率等级》GB 25502
		《小便器用水效率限定值及用水效率等级》GB 28377
		《淋浴器用水效率限定值及用水效率等级》GB 28378
		《便器冲洗阀用水效率限定值及用水效率等级》GB 28379
5.2.2	节水灌溉	《当前国家鼓励发展的节水设备》(产品)目录
		《喷灌工程技术规范》GB 50085
		《园林绿地灌溉工程技术规范》CECS 243
		《民用建筑节水设计标准》GB 50555
5.2.3	冷却塔节水	《采暖通风与空气调节设计规范》GB 50019
		《当前国家鼓励发展的节水设备》(产品)目录
		《节水型产品技术条件与管理通则》GB/T 18870
		《民用建筑节水设计标准》GB 50555
		《宾馆、饭店空调用水及冷却水水质标准》DB 131/T143—94
		《循环冷却水用再生水水质标准》HG/T 3923

章节索引	技术名称	标准规范及图集
5.3.1	雨水利用	《城市污水再生利用景观环境用水水质》GB/T 1892
		《城市污水再生利用城市杂用水水质》GB/T 18920
		《建筑与小区雨水利用工程技术规范》GB 50400
		《建筑与小区雨水利用工程技术规范》GB 50400
		《透水砖》C/T 945
		《雨水综合利用》10SS705
		《雨水斗选用及安装》09S302
		《雨水口》05S518
5.3.2	再生水利用	《城市污水再生利用景观环境用水水质》GB/T 1892
		《城市污水再生利用城市杂用水水质》GB/T 18920
		《污水再生利用规范》GB 50335
		《建筑中水设计规范》GB 50336
		《人工湿地污水处理工程技术规范》HJ 2005
		《建筑中水处理一》03SS703-1
		《建筑中水处理二》08SS703-2

节材与材料资源利用章节相关标准规范及图集索引表　　　　附表 2-4

章节索引	技术名称	标准规范及图集
6.1	材料选用	《室内装饰装修材料人造板及其制品中甲醛释放限量》GB 18580
		《室内装饰装修材料溶剂型木器涂料中有害物质限量》GB 18581
		《室内装饰装修材料内墙涂料中有害物质限量》GB 18582
		《室内装饰装修材料胶粘剂中有害物质限量》GB 18583
		《室内装饰装修材料木家具中有害物质限量》GB 18584
		《室内装饰装修材料壁纸中有害物质限量》GB 18585
		《室内装饰装修材料聚氯乙烯卷材地板中有害物质限量》GB 18586
		《室内装饰装修材料地毯、地毯衬垫及地毯用胶粘剂中有害物质释放限量》GB 18587
		《混凝土外加剂中释放氨限量》GB 18588
		《建筑材料放射性核素限量》GB 6566
6.2	旧建筑利用	无
6.3	建筑造型	无
6.4	建筑结构优化	《砌体结构设计规范》GB 50003
		《木结构设计规范》GB 50005
		《钢结构设计规范》GB 50017
		《混凝土结构设计规范》GB 50010
		《砌体工程施工质量验收规范》GB 50203
		《混凝土结构工程施工质量验收规范》GB 50204

续表

章节索引	技术名称	标准规范及图集
6.4	建筑结构优化	《钢结构工程施工质量验收规范》GB 50205
		《木结构工程施工质量验收规范》GB 50206
6.5.1	预制结构构件	《预制混凝土构件质量检验评定标准》GBJ 321
6.5.2	建筑部品	无
6.6	土建装修一体化	《建筑地面工程施工质量验收规范》GB 50209
		《建筑装饰装修工程质量验收规范》GB 50210
		《建筑工程施工质量验收统一标准》GB 50300
		《建筑内部装修防火施工及验收规范》GB 50354
		《住宅装饰装修工程施工规范》GB 50327
		《房屋建筑制图统一标准》GB/T 50001
		《建筑制图标准》GB 50104
		《民用建筑设计通则》GB 50352
		《建筑内部装修设计防火规范》GB 50222
		《高层民用建筑设计防火规范》GB 50045
		《建筑设计防火规范》GB 50016
		《民用建筑隔声设计规范》GB 50118
		《建筑照明设计标准》GB 50034
		《民用建筑工程室内环境污染控制规范》GB 50325
		《建筑地面设计规范》GB 50037
6.7	室内灵活隔断	无

室内环境质量章节相关标准规范及图集索引表 　　附表 2-5

章节索引	技术名称	标准规范及图集
7.1.1	室内空气污染源控制	《民用建筑工程室内环境污染控制规范》GB 50325
		《室内空气质量标准》GB/T 18883
		《室内装饰装修材料人造板及其制品中甲醛释放量》GB 18580
		《室内装饰装修材料溶剂型木器涂料中有害物质限量》GB 18581
		《室内装饰装修材料内墙涂料中有害物质限量》GB 18582
		《室内装饰装修材料胶粘剂中有害物质限量》GB 18583
		《室内装饰装修材料木家具中有害物质限量》GB 18584
		《室内装饰装修材料壁纸中有害物质限量》GB 18585
		《室内装饰装修材料聚氯乙烯卷材地板中有害物质限量》GB 18586
		《室内装饰装修材料地毯、地毯衬垫及地毯用胶粘剂中有害物质释放量》GB 18587
		《混凝土外加剂中释放氨限量》GB 18588
		《建筑材料放射性核素限量》GB 6566

章节索引	技术名称	标准规范及图集
7.1.2	室内通风设计	《室内空气质量标准》GB/T 18883—2002
		《住宅设计规范》GB 50096
		《民用建筑工程室内环境污染控制规范》GB 50325
7.1.3	空气质量监控系统	《室内空气质量标准》GB/T 18883
		《室内环境空气质量监测技术规范》HJ/T 167
7.2.1	室内空气温湿度控制	《民用建筑室内热湿环境评价标准》GB/T 50785
7.2.2	遮阳隔热	详见 4.1.3
7.3.1	建筑布局	无
7.3.2	围护结构隔声	无
7.3.3	设备隔声减振	《民用建筑隔声设计规范》GB 50118
		《建筑隔声测量规范》GBJ 75
		《建筑隔声评价标准》GB/T 50121
		《建筑玻璃应用技术规程》JGJ 113
		《建筑隔声门窗工程技术规程》DBJ50/T —138
		《建筑抗震设计规范》GB 50011
		《建筑吸声和隔声材料—建筑材料标准汇编》中国标准出版社
7.4.1	室内采光	《玻璃采光顶图集》07J 205
		《建筑采光设计标准》GB/T 50033
		《电动采光排烟天窗》09J6 21-2
		《建筑装饰装修工程质量验收规范》GB 50210
		《玻璃幕墙工程质量验收标准》JGJ/T 139
		《玻璃幕墙工程技术规范》JGJ 102
7.4.2	室内视野	无

施工管理章节相关标准规范及图集索引表　　　　附表 2-6

章节索引	技术名称	标准规范及图集
8.1	组织与管理	《绿色施工导则》(建质〔2007〕223 号)
		《建筑工程绿色施工评价标准》GB/T 50640
		《绿色施工评价标准》ZJQ 08-SGJB 005
8.2.1	扬尘控制	《绿色施工导则》(建质〔2007〕223 号)
		《建筑工程绿色施工评价标准》GB/T 50640
		《绿色施工评价标准》ZJQ 08-SGJB 005
8.2.2	噪声控制	《绿色施工导则》(建质〔2007〕223 号)
		《建筑施工场界噪声限值》GB 12523
		《建筑施工场界噪声测量方法》GB 12524
		《建筑工程绿色施工评价标准》GB/T 50640
		《绿色施工评价标准》ZJQ 08-SGJB 005

章节索引	技术名称	标准规范及图集
8.2.3	光污染控制	《绿色施工导则》(建质[2007]223 号)
		《建筑工程绿色施工评价标准》GB/T 50640
		《绿色施工评价标准》ZJQ 08-SGJB 005
8.2.4	固废污染控制	《绿色施工导则》(建质[2007]223 号)
		《建筑工程绿色施工评价标准》GB/T 50640
		《绿色施工评价标准》ZJQ 08-SGJB 005
8.3.1	节地	《绿色施工导则》(建质[2007]223 号)
		《建筑工程绿色施工评价标准》GB/T 50640
		《绿色施工评价标准》ZJQ 08-SGJB 005
8.3.2	节能	《绿色施工导则》(建质[2007]223 号)
		《建筑工程绿色施工评价标准》GB/T 50640
		《绿色施工评价标准》ZJQ 08-SGJB 005
8.3.3	节水	《污水综合排放标准》GB 8978
		《绿色施工导则》(建质[2007]223 号)
		《建筑工程绿色施工评价标准》GB/T 50640
		《绿色施工评价标准》ZJQ 08-SGJB 005
8.3.4	节材	《钢筋混凝土用热轧带肋钢筋》GB 1499
		《钢筋机械连接通用技术规程》JGJ 107
		《钢筋焊接及验收规程》JGJ 18
		《钢筋机械连接通用技术规程》JGJ 107
		《钢筋焊接及验收规程》JGJ 18
		《绿色施工导则》(建质[2007]223 号)
		《建筑工程绿色施工评价标准》GB/T 50640
		《绿色施工评价标准》ZJQ 08-SGJB 005
8.4	机电系统调试	《智能建筑工程质量验收规范》GB 50339
		《电气装置安装工程施工及实验规范(配线、照明)》GBJ 232
		《通风与空调工程施工及验收规范》GB 50243

运营管理章节相关标准规范及图集索引表　　　　　　　　附表 2-7

章节索引	技术名称	标准规范及图集
9.1	管理制度	《物业管理条例》(根据 2007 年 8 月 26 日《国务院关于修改〈物业管理条例〉的决定》修订)
		新修订版《安徽省物业管理条例》(2010 年 1 月 1 日起施行)
		《绿色建筑评价技术细则补充说明(运行使用部分)》(中华人民共和国住房和城乡建设部 二〇〇九年九月)
		安徽省人民政府办公厅关于贯彻落实《公共机构节能条例》的意见(2009 年 5 月 21 日)

章节索引	技术名称	标准规范及图集
9.2	技术管理	《空调通风系统清洗规范》GB 19210
		《空调通风系统清洗规范》GB 19210
		《公共场所集中空调通风系统清洗规范》（卫生部，2006 年）
		《室内空气中细菌总数卫生标准》GB 17093
		《绿色建筑评价技术细则补充说明（运行使用部分）》（中华人民共和国住房和城乡建设部 2009 年 9 月）
		新修订版《安徽省物业管理条例》（2010 年 1 月 1 日起施行）
		《物业管理条例》中华人民共和国国务院令第 379 号（ 2003 年 6 月 8 日，经国务院第 9 次常务会议通过并公布，自 2003 年 9 月 1 日起施行）
		安徽省人民政府办公厅关于贯彻落实《公共机构节能条例》的意见（2009 年 5 月 21 日）
9.3	环境管理	《城市绿化条例》（国务院令［1992］第 100 号）
		《城市绿化工程施工及验收规范》CJJ T82—99
		《合肥市城市园林绿化工程管理规定》（1994 年 8 月 1 日起施行）
		《农药管理条例》（中华人民共和国国务院令 第 326 号）
		《农药管理条例实施办法》（中华人民共和国农业部令 第 9 号）
		《中华人民共和国固体废物污染环境防治法》（主席令第三十一号）
		《中华人民共和国水污染防治法实施细则》（中华人民共和国国务院令 第 284 号）
		《中华人民共和国水土保持法》（主席令第三十九号）
		《城市生活垃圾管理办法》（中华人民共和国建设部令第 157 号）
		《安徽省城市生活垃圾处理收费管理暂行办法》（2008 年 1 月 1 日起执行）

绿色建筑相关政策索引表　　　　　　　　　　　　　　附表 2-8

章节索引	政府层面	标准规范及图集
11.1	国家层面相关政策法规与标准规范	《绿色建筑评价标准》GB/T 50378
		《建筑工程绿色施工评价标准》GB/T 50640 已实施
		《绿色工业建筑评价标准》已通过审查
		《绿色工业建筑评价导则》已实施
		《绿色办公建筑评价标准》送审
		《绿色商店建筑评价标准》已通过审查
		《绿色医院建筑评价标准学会标准》已试行，国家标准在编
		《绿色超高层建筑评价技术细则》已实施则
		《绿色校园评价标准》已通过审查
		《绿色建筑检测标准》在编
		《绿色生态城区评价标准》在编
11.2	安徽省相关政策法规与标准规范	《安徽省民用建筑节能设计标准》（居住建筑部分）DB 34/212
		《安徽省建筑节能试点示范工程管理办法》（安徽省建设厅 2006 年 7 月 11 日）
		《安徽省机关办公建筑和大型公共建筑节能监管体系建设工作实施方案》（安徽省建设厅 2007 年 12 月 6 日）

续表

章节索引	政府层面	标准规范及图集
11.2	安徽省相关政策法规与标准规范	《安徽省建筑节能专项规划》(安徽省建设厅 2007 年 12 月 20 日)
		《安徽省建设领域节能减排综合性工作实施方案》(安徽省建设厅 2008 年 3 月 24 日)
		《安徽省高等学校节约型校园建设(节能节水)工作实施方案》(安徽省建设厅、教育厅 2008 年 8 月 15 日)
		安徽省地方标准《太阳能利用与建筑一体化技术标准》(DB 34854—2008)(自 2009 年 3 月 1 日起施行)
		关于推进国家可再生能源建筑应用示范城市示范县建设工作的实施意见(安徽省建设厅 财政厅 2010 年 5 月 5 日)
		《关于在全省住房和城乡建设领域大力推广节能环保"十大适用新技术"的实施意见》(建科〔2010〕167 号)(自 2010 年 9 月 7 日开始施行)
		《关于加快推进全省建筑业节能降耗工作的实施意见》(2010 年 10 月 11 日)
		《安徽省"十二五"可再生能源建筑应用规划》(2011 年 3 月 9 日)
		《安徽省居住建筑节能设计标准》(DB 34/1466—2011)、《安徽省公共建筑节能设计标准》(DB 34/1467—2011)(自 2011 年 8 月 10 日起实施)
		《安徽省建筑节能"十二五"发展规划》(2011 年 10 月 25 日)
		《合肥市促进建筑节能发展若干规定》(自 2012 年 2 月 1 日起施行)
		《安徽省绿色建筑评价标识实施细则(试行)》(安徽省建设厅 2012 年 4 月 28 日)
		《安徽省绿色建筑专项资金管理暂行办法》(安徽省财政厅 2012 年 8 月)
		安徽省《关于加快推进绿色建筑发展的实施意见》(安徽省建设厅、安徽省发展和改革委员会、安徽省财政厅 2012 年 10 月 10 日)
		《安徽省民用建筑节能办法》(2013 年 1 月 1 日起施行)

附录3　关于加快推动我国绿色建筑发展的实施意见

——财建〔2012〕167 号

各省、自治区、直辖市、计划单列市财政厅（局）、住房城乡建设厅（委、局），新疆建设兵团财务局、建设局：

按照《国务院关于印发"十二五"节能减排综合性工作方案的通知》（国发〔2011〕26 号）统一部署，为进一步深入推进建筑节能，加快发展绿色建筑，促进城乡建设模式转型升级，特制定以下实施意见：

一、充分认识绿色建筑发展的重要意义

绿色建筑是指满足《绿色建筑评价标准》GB/T 50378，在全寿命周期内最大限度地节能、节地、节水、节材，保护环境和减少污染，为人们提供健康、适用和高效的使用空间，与自然和谐共生的建筑。

我国正处于工业化、城镇化和新农村建设快速发展的历史时期，深入推进建筑节能，加快发展绿色建筑面临难得的历史机遇。目前，我国城乡建设增长方式仍然粗放，发展质

量和效益不高，建筑建造和使用过程能源资源消耗高、利用效率低的问题比较突出。大力发展绿色建筑，以绿色、生态、低碳理念指导城乡建设，能够最大效率地利用资源和最低限度地影响环境，有效转变城乡建设发展模式，缓解城镇化进程中资源环境约束；能够充分体现以人为本理念，为人们提供健康、舒适、安全的居住、工作和活动空间，显著改善群众生产生活条件，提高人民满意度，并在广大群众中树立节约资源与保护环境的观念；能够全面集成建筑节能、节地、节水、节材及环境保护等多种技术，极大带动建筑技术革新，直接推动建筑生产方式的重大变革，促进建筑产业优化升级，拉动节能环保建材、新能源应用、节能服务、咨询等相关产业发展。

各级财政、住房城乡建设部门要充分认识到推动发展绿色建筑，是保障改善民生的重要举措，是建设资源节约、环境友好型社会的基本内容，对加快转变经济发展方式，深入贯彻落实科学发展观都具有重要的现实意义。要进一步增强紧迫感和责任感，紧紧抓住难得的历史机遇，尽快制定有力的政策措施，建立健全体制机制，加快推动我国绿色建筑健康发展。

二、推动绿色建筑发展的主要目标与基本原则

（一）主要目标。切实提高绿色建筑在新建建筑中的比重，到 2020 年，绿色建筑占新建建筑比重超过 30％，建筑建造和使用过程的能源资源消耗水平接近或达到现阶段发达国家水平。"十二五"期间，加强相关政策激励、标准规范、技术进步、产业支撑、认证评估等方面能力建设，建立有利于绿色建筑发展的体制机制，以新建单体建筑评价标识推广、城市新区集中推广为手段，实现绿色建筑的快速发展，到 2014 年政府投资的公益性建筑和直辖市、计划单列市及省会城市的保障性住房全面执行绿色建筑标准，力争到2015 年，新增绿色建筑面积 10 亿平方米以上。

（二）基本原则。加快推动我国绿色建筑发展必须遵循以下原则：因地制宜、经济适用，充分考虑各地经济社会发展水平、资源禀赋、气候条件、建筑特点，合理制定地区绿色建筑发展规划和技术路线，建立健全地区绿色建筑标准体系，实施有针对性的政策措施。整体推进、突出重点，积极完善政策体系，从整体上推动绿色建筑发展，并注重集中资金和政策，支持重点城市及政府投资公益性建筑在加快绿色建筑发展方面率先突破。合理分级、分类指导，按照绿色建筑星级的不同，实施有区别的财政支持政策，以单体建筑奖励为主，支持二星级以上的高星级绿色建筑发展，提高绿色建筑质量水平；以支持绿色生态城区发展为主要抓手，引导低星级绿色建筑规模化发展。激励引导、规范约束，在发展初期，以政策激励为主，调动各方加快绿色建筑发展的积极性，加快标准标识等制度建设，完善约束机制，切实提高绿色建筑标准执行率。

三、建立健全绿色建筑标准规范及评价标识体系，引导绿色建筑健康发展

（一）健全绿色建筑标准体系。尽快完善绿色建筑标准体系，制（修）订绿色建筑规划、设计、施工、验收、运行管理及相关产品标准、规程。加快制定适合不同气候区、不同建筑类型的绿色建筑评价标准。研究制定绿色建筑工程定额及造价标准。鼓励地方结合地区实际，制定绿色建筑强制性标准。编制绿色生态城区指标体系、技术导则和标准体系。

（二）完善绿色建筑评价制度。各地住房城乡建设、财政部门要加大绿色建筑评价标识制度的推进力度，建立自愿性标识与强制性标识相结合的推进机制，对按绿色建筑标准

设计建造的一般住宅和公共建筑，实行自愿性评价标识，对按绿色建筑标准设计建造的政府投资的保障性住房、学校、医院等公益性建筑及大型公共建筑，率先实行评价标识，并逐步过渡到对所有新建绿色建筑均进行评价标识。

（三）加强绿色建筑评价能力建设。培育专门的绿色建筑评价机构，负责相关设计咨询、产品部品检测、单体建筑第三方评价、区域规划等。建立绿色建筑评价职业资格制度，加快培养绿色建筑设计、施工、评估、能源服务等方面的人才。

四、建立高星级绿色建筑财政政策激励机制，引导更高水平绿色建筑建设

（一）建立高星级绿色建筑奖励审核、备案及公示制度。各级地方财政、住房城乡建设部门将设计评价标识达到二星级及以上的绿色建筑项目汇总上报至财政部、住房城乡建设部（以下简称"两部"），两部组织专家委员会对申请项目的规划设计方案、绿色建筑评价标识报告、工程建设审批文件、性能效果分析报告等进行程序性审核，对审核通过的绿色建筑项目予以备案，项目竣工验收后，其中大型公共建筑投入使用一年后，两部组织能效测评机构对项目的实施量、工程量、实际性能效果进行评价，并将符合申请预期目标的绿色建筑名单向社会公示，接受社会监督。

（二）对高星级绿色建筑给予财政奖励。对经过上述审核、备案及公示程序，且满足相关标准要求的二星级及以上的绿色建筑给予奖励。2012 年奖励标准为：二星级绿色建筑 45 元/平方米（建筑面积，下同），三星级绿色建筑 80 元/平方米。奖励标准将根据技术进步、成本变化等情况进行调整。

（三）规范财政奖励资金的使用管理。中央财政将奖励资金拨至相关省市财政部门，由各地财政部门兑付至项目单位，对公益性建筑、商业性公共建筑、保障性住房等，奖励资金兑付给建设单位或投资方，对商业性住宅项目，各地应研究采取措施主要使购房者得益。

五、推进绿色生态城区建设，规模化发展绿色建筑

（一）积极发展绿色生态城区。鼓励城市新区按照绿色、生态、低碳理念进行规划设计，充分体现资源节约环境保护的要求，集中连片发展绿色建筑。中央财政支持绿色生态城区建设，申请绿色生态城区示范应具备以下条件：新区已按绿色、生态、低碳理念编制完成总体规划、控制性详细规划以及建筑、市政、能源等专项规划，并建立相应的指标体系；新建建筑全面执行《绿色建筑评价标准》GB/T 50378 中的一星级及以上的评价标准，其中二星级及以上绿色建筑达到 30％以上，2 年内绿色建筑开工建设规模不少于 200 万平方米。

（二）支持绿色建筑规模化发展。中央财政对经审核满足上述条件的绿色生态城区给予资金定额补助。资金补助基准为 5000 万元，具体根据绿色生态城区规划建设水平、绿色建筑建设规模、评价等级、能力建设情况等因素综合核定。对规划建设水平高、建设规模大、能力建设突出的绿色生态城区，将相应调增补助额度。补助资金主要用于补贴绿色建筑建设增量成本及城区绿色生态规划、指标体系制定、绿色建筑评价标识及能效测评等相关支出。

六、引导保障性住房及公益性行业优先发展绿色建筑，使绿色建筑更多地惠及民生

（一）鼓励保障性住房按照绿色建筑标准规划建设。各地要切实提高公租房、廉租房及经济适用房等保障性住房建设水平，强调绿色节能环保要求，在制定保障性住房建设规

划及年度计划时，具备条件的地区应安排一定比例的保障性住房按照绿色建筑标准进行设计建造。

（二）在公益性行业加快发展绿色建筑。鼓励各地在政府办公建筑、学校、医院、博物馆等政府投资的公益性建筑建设中，率先执行绿色建筑标准。结合地区经济社会发展水平，在公益性建筑中开展强制执行绿色建筑标准试点，从 2014 年起，政府投资公益性建筑全部执行绿色建筑标准。

（三）切实加大保障性住房及公益性行业的财政支持力度。绿色建筑奖励及补助资金、可再生能源建筑应用资金向保障性住房及公益性行业倾斜，达到高星级奖励标准的优先奖励，保障性住房发展一星级绿色建筑达到一定规模的也将优先给予定额补助。

七、大力推进绿色建筑科技进步及产业发展，切实加强绿色建筑综合能力建设

（一）积极推动绿色建筑科技进步。各级财政、住房城乡建设部门要鼓励支持建筑节能与绿色建筑工程技术中心建设，积极支持绿色建筑重大共性关键技术研究。加大高强钢、高性能混凝土、防火与保温性能优良的建筑保温材料等绿色建材的推广力度。要根据绿色建筑发展需要，及时制定发布相关技术、产品推广公告、目录，促进行业技术进步。

（二）大力推进建筑垃圾资源化利用。积极推进地级以上城市全面开展建筑垃圾资源化利用，各级财政、住房城乡建设部门要系统推行垃圾收集、运输、处理、再利用等各项工作，加快建筑垃圾资源化利用技术、装备研发推广，实行建筑垃圾集中处理和分级利用，建立专门的建筑垃圾集中处理基地。

（三）积极推动住宅产业化。积极推广适合住宅产业化的新型建筑体系，支持集设计、生产、施工于一体的工业化基地建设；加快建立建筑设计、施工、部品生产等环节的标准体系，实现住宅部品通用化，大力推广住宅全装修，推行新建住宅一次装修到位或菜单式装修，促进个性化装修和产业化装修相统一。

各级财政、住房城乡建设部门要按照本意见的部署和要求，统一思想，提高认识，认真抓好各项政策措施的落实，要与发改、科技、规划、机关事务等有关部门加强协调配合，落实工作责任，及时研究解决绿色建筑发展中的重大问题，科学组织实施，推动我国绿色建筑快速健康发展。

财政部　住房和城乡建设部
二○一二年四月二十七日

附录4　绿色建筑行动方案

——发展改革委　住房和城乡建设部

为深入贯彻落实科学发展观，切实转变城乡建设模式和建筑业发展方式，提高资源利用效率，实现节能减排约束性目标，积极应对全球气候变化，建设资源节约型、环境友好型社会，提高生态文明水平，改善人民生活质量，制定本行动方案。

一、充分认识开展绿色建筑行动的重要意义

绿色建筑是在建筑的全寿命期内，最大限度地节约资源、保护环境和减少污染，为人们提供健康、适用和高效的使用空间，与自然和谐共生的建筑。"十一五"以来，我国绿

色建筑工作取得明显成效,既有建筑供热计量和节能改造超额完成"十一五"目标任务,新建建筑节能标准执行率大幅度提高,可再生能源建筑应用规模进一步扩大,国家机关办公建筑和大型公共建筑节能监管体系初步建立。但也面临一些比较突出的问题,主要是:城乡建设模式粗放,能源资源消耗高、利用效率低、重规模轻效率、重外观轻品质、重建设轻管理,建筑使用寿命远低于设计使用年限等。

开展绿色建筑行动,以绿色、循环、低碳理念指导城乡建设,严格执行建筑节能强制性标准,扎实推进既有建筑节能改造,集约节约利用资源,提高建筑的安全性、舒适性和健康性,对转变城乡建设模式,破解能源资源瓶颈约束,改善群众生产生活条件,培育节能环保、新能源等战略性新兴产业,具有十分重要的意义和作用。要把开展绿色建筑行动作为贯彻落实科学发展观、大力推进生态文明建设的重要内容,把握我国城镇化和新农村建设加快发展的历史机遇,切实推动城乡建设走上绿色、循环、低碳的科学发展轨道,促进经济社会全面、协调、可持续发展。

二、指导思想、主要目标和基本原则

(一) 指导思想

以邓小平理论、"三个代表"重要思想、科学发展观为指导,把生态文明融入城乡建设的全过程,紧紧抓住城镇化和新农村建设的重要战略机遇期,树立全寿命期理念,切实转变城乡建设模式,提高资源利用效率,合理改善建筑舒适性,从政策法规、体制机制、规划设计、标准规范、技术推广、建设运营和产业支撑等方面全面推进绿色建筑行动,加快推进建设资源节约型和环境友好型社会。

(二) 主要目标

1. 新建建筑。城镇新建建筑严格落实强制性节能标准,"十二五"期间,完成新建绿色建筑 10 亿平方米;到 2015 年末,20% 的城镇新建建筑达到绿色建筑标准要求。

2. 既有建筑节能改造。"十二五"期间,完成北方采暖地区既有居住建筑供热计量和节能改造 4 亿平方米以上,夏热冬冷地区既有居住建筑节能改造 5000 万平方米,公共建筑和公共机构办公建筑节能改造 1.2 亿平方米,实施农村危房改造节能示范 40 万套。到 2020 年末,基本完成北方采暖地区有改造价值的城镇居住建筑节能改造。

(三) 基本原则

1. 全面推进,突出重点。全面推进城乡建筑绿色发展,重点推动政府投资建筑、保障性住房以及大型公共建筑率先执行绿色建筑标准,推进北方采暖地区既有居住建筑节能改造。

2. 因地制宜,分类指导。结合各地区经济社会发展水平、资源禀赋、气候条件和建筑特点,建立健全绿色建筑标准体系、发展规划和技术路线,有针对性地制定有关政策措施。

3. 政府引导,市场推动。以政策、规划、标准等手段规范市场主体行为,综合运用价格、财税、金融等经济手段,发挥市场配置资源的基础性作用,营造有利于绿色建筑发展的市场环境,激发市场主体设计、建造、使用绿色建筑的内生动力。

4. 立足当前,着眼长远。树立建筑全寿命期理念,综合考虑投入产出效益,选择合理的规划、建设方案和技术措施,切实避免盲目的高投入和资源消耗。

三、重点任务

（一）切实抓好新建建筑节能工作

1. 科学做好城乡建设规划。在城镇新区建设、旧城更新和棚户区改造中，以绿色、节能、环保为指导思想，建立包括绿色建筑比例、生态环保、公共交通、可再生能源利用、土地集约利用、再生水利用、废弃物回收利用等内容的指标体系，将其纳入总体规划、控制性详细规划、修建性详细规划和专项规划，并落实到具体项目。做好城乡建设规划与区域能源规划的衔接，优化能源的系统集成利用。建设用地要优先利用城乡废弃地，积极开发利用地下空间。积极引导建设绿色生态城区，推进绿色建筑规模化发展。

2. 大力促进城镇绿色建筑发展。政府投资的国家机关、学校、医院、博物馆、科技馆、体育馆等建筑，直辖市、计划单列市及省会城市的保障性住房，以及单体建筑面积超过 2 万 m^2 的机场、车站、宾馆、饭店、商场、写字楼等大型公共建筑，自 2014 年起全面执行绿色建筑标准。积极引导商业房地产开发项目执行绿色建筑标准，鼓励房地产开发企业建设绿色住宅小区。切实推进绿色工业建筑建设。发展改革、财政、住房城乡建设等部门要修订工程预算和建设标准，各省级人民政府要制定绿色建筑工程定额和造价标准。严格落实固定资产投资项目节能评估审查制度，强化对大型公共建筑项目执行绿色建筑标准情况的审查。强化绿色建筑评价标识管理，加强对规划、设计、施工和运行的监管。

3. 积极推进绿色农房建设。各级住房城乡建设、农业等部门要加强农村村庄建设整体规划管理，制定村镇绿色生态发展指导意见，编制农村住宅绿色建设和改造推广图集、村镇绿色建筑技术指南，免费提供技术服务。大力推广太阳能热利用、围护结构保温隔热、省柴节煤灶、节能炕等农房节能技术；切实推进生物质能利用，发展大中型沼气，加强运行管理和维护服务。科学引导农房执行建筑节能标准。

4. 严格落实建筑节能强制性标准。住房城乡建设部门要严把规划设计关口，加强建筑设计方案规划审查和施工图审查，城镇建筑设计阶段要 100％ 达到节能标准要求。加强施工阶段监管和稽查，确保工程质量和安全，切实提高节能标准执行率。严格建筑节能专项验收，对达不到强制性标准要求的建筑，不得出具竣工验收合格报告，不允许投入使用并强制进行整改。鼓励有条件的地区执行更高能效水平的建筑节能标准。

（二）大力推进既有建筑节能改造

1. 加快实施"节能暖房"工程。以围护结构、供热计量、管网热平衡改造为重点，大力推进北方采暖地区既有居住建筑供热计量及节能改造，"十二五"期间完成改造 4 亿 m^2 以上，鼓励有条件的地区超额完成任务。

2. 积极推动公共建筑节能改造。开展大型公共建筑和公共机构办公建筑空调、采暖、通风、照明、热水等用能系统的节能改造，提高用能效率和管理水平。鼓励采取合同能源管理模式进行改造，对项目按节能量予以奖励。推进公共建筑节能改造重点城市示范，继续推行"节约型高等学校"建设。"十二五"期间，完成公共建筑改造 6000 万 m^2，公共机构办公建筑改造 6000 万 m^2。

3. 开展夏热冬冷和夏热冬暖地区居住建筑节能改造试点。以建筑门窗、外遮阳、自然通风等为重点，在夏热冬冷和夏热冬暖地区进行居住建筑节能改造试点，探索适宜的改造模式和技术路线。"十二五"期间，完成改造 5000 万 m^2 以上。

4. 创新既有建筑节能改造工作机制。做好既有建筑节能改造的调查和统计工作，制定具体改造规划。在旧城区综合改造、城市市容整治、既有建筑抗震加固中，有条件的地区要同步开展节能改造。制定改造方案要充分听取有关各方面的意见，保障社会公众的知情权、参与权和监督权。在条件许可并征得业主同意的前提下，研究采用加层改造、扩容改造等方式进行节能改造。坚持以人为本，切实减少扰民，积极推行工业化和标准化施工。住房城乡建设部门要严格落实工程建设责任制，严把规划、设计、施工、材料等关口，确保工程安全、质量和效益。节能改造工程完工后，应进行建筑能效测评，对达不到要求的不得通过竣工验收。加强宣传，充分调动居民对节能改造的积极性。

（三）开展城镇供热系统改造

实施北方采暖地区城镇供热系统节能改造，提高热源效率和管网保温性能，优化系统调节能力，改善管网热平衡。撤并低能效、高污染的供热燃煤小锅炉，因地制宜地推广热电联产、高效锅炉、工业废热利用等供热技术。推广"吸收式热泵"和"吸收式换热"技术，提高集中供热管网的输送能力。开展城市老旧供热管网系统改造，减少管网热损失，降低循环水泵电耗。

（四）推进可再生能源建筑规模化应用

积极推动太阳能、浅层地能、生物质能等可再生能源在建筑中的应用。太阳能资源适宜地区应在2015年前出台太阳能光热建筑一体化的强制性推广政策及技术标准，普及太阳能热水利用，积极推进被动式太阳能采暖。研究完善建筑光伏发电上网政策，加快微电网技术研发和工程示范，稳步推进太阳能光伏在建筑上的应用。合理开发浅层地热能。财政部、住房城乡建设部研究确定可再生能源建筑规模化应用适宜推广地区名单。开展可再生能源建筑应用地区示范，推动可再生能源建筑应用集中连片推广，到2015年末，新增可再生能源建筑应用面积25亿 m^2，示范地区建筑可再生能源消费量占建筑能耗总量的比例达到10％以上。

（五）加强公共建筑节能管理

加强公共建筑能耗统计、能源审计和能耗公示工作，推行能耗分项计量和实时监控，推进公共建筑节能、节水监管平台建设。建立完善的公共机构能源审计、能效公示和能耗定额管理制度，加强能耗监测和节能监管体系建设。加强监管平台建设统筹协调，实现监测数据共享，避免重复建设。对新建、改扩建的国家机关办公建筑和大型公共建筑，要进行能源利用效率测评和标识。研究建立公共建筑能源利用状况报告制度，组织开展商场、宾馆、学校、医院等行业的能效水平对标活动。实施大型公共建筑能耗（电耗）限额管理，对超限额用能（用电）的，实行惩罚性价格。公共建筑业主和所有权人要切实加强用能管理，严格执行公共建筑空调温度控制标准。研究开展公共建筑节能量交易试点。

（六）加快绿色建筑相关技术研发推广

科技部门要研究设立绿色建筑科技发展专项，加快绿色建筑共性和关键技术研发，重点攻克既有建筑节能改造、可再生能源建筑应用、节水与水资源综合利用、绿色建材、废弃物资源化、环境质量控制、提高建筑物耐久性等方面的技术，加强绿色建筑技术标准规范研究，开展绿色建筑技术的集成示范。依托高等院校、科研机构等，加快绿色建筑工程技术中心建设。发展改革、住房城乡建设部门要编制绿色建筑重点技术推广目录，因地制宜推广自然采光、自然通风、遮阳、高效空调、热泵、雨水收集、规模化中水利用、隔音等成熟技术，加快普及高效节能照明产品、风机、水泵、热水器、办公设备、家用电器及节水器具等。

（七）大力发展绿色建材

因地制宜、就地取材，结合当地气候特点和资源禀赋，大力发展安全耐久、节能环保、施工便利的绿色建材。加快发展防火隔热性能好的建筑保温体系和材料，积极发展烧结空心制品、加气混凝土制品、多功能复合一体化墙体材料、一体化屋面、低辐射镀膜玻璃、断桥隔热门窗、遮阳系统等建材。引导高性能混凝土、高强钢的发展利用，到2015年末，标准抗压强度60兆帕以上混凝土用量达到总用量的10％，屈服强度400兆帕以上热轧带肋钢筋用量达到总用量的45％。大力发展预拌混凝土、预拌砂浆。深入推进墙体材料革新，城市城区限制使用黏土制品，县城禁止使用实心黏土砖。发展改革、住房城乡建设、工业和信息化、质检部门要研究建立绿色建材认证制度，编制绿色建材产品目录，引导规范市场消费。质检、住房城乡建设、工业和信息化部门要加强建材生产、流通和使用环节的质量监管和稽查，杜绝性能不达标的建材进入市场。积极支持绿色建材产业发展，组织开展绿色建材产业化示范。

（八）推动建筑工业化

住房城乡建设等部门要加快建立促进建筑工业化的设计、施工、部品生产等环节的标准体系，推动结构件、部品、部件的标准化，丰富标准件的种类，提高通用性和可置换性。推广适合工业化生产的预制装配式混凝土、钢结构等建筑体系，加快发展建设工程的预制和装配技术，提高建筑工业化技术集成水平。支持集设计、生产、施工于一体的工业化基地建设，开展工业化建筑示范试点。积极推行住宅全装修，鼓励新建住宅一次装修到位或菜单式装修，促进个性化装修和产业化装修相统一。

（九）严格建筑拆除管理程序

加强城市规划管理，维护规划的严肃性和稳定性。城市人民政府以及建筑的所有者和使用者要加强建筑维护管理，对符合城市规划和工程建设标准、在正常使用寿命内的建筑，除基本的公共利益需要外，不得随意拆除。拆除大型公共建筑的，要按有关程序提前向社会公示征求意见，接受社会监督。住房城乡建设部门要研究完善建筑拆除的相关管理制度，探索实行建筑报废拆除审核制度。对违规拆除行为，要依法依规追究有关单位和人员的责任。

（十）推进建筑废弃物资源化利用

落实建筑废弃物处理责任制，按照"谁产生、谁负责"的原则进行建筑废弃物的收集、运输和处理。住房城乡建设、发展改革、财政、工业和信息化部门要制定实施方案，推行建筑废弃物集中处理和分级利用，加快建筑废弃物资源化利用技术、装备研发推广，编制建筑废弃物综合利用技术标准，开展建筑废弃物资源化利用示范，研究建立建筑废弃物再生产品标识制度。地方各级人民政府对本行政区域内的废弃物资源化利用负总责，地级以上城市要因地制宜设立专门的建筑废弃物集中处理基地。

四、保障措施

（一）强化目标责任

要将绿色建筑行动的目标任务科学分解到省级人民政府，将绿色建筑行动目标完成情况和措施落实情况纳入省级人民政府节能目标责任评价考核体系。要把贯彻落实本行动方案情况纳入绩效考核体系，考核结果作为领导干部综合考核评价的重要内容，实行责任制和问责制，对作出突出贡献的单位和人员予以通报表扬。

（二）加大政策激励

研究完善财政支持政策，继续支持绿色建筑及绿色生态城区建设、既有建筑节能改造、供热系统节能改造、可再生能源建筑应用等，研究制定支持绿色建材发展、建筑垃圾资源化利用、建筑工业化、基础能力建设等工作的政策措施。对达到国家绿色建筑评价标准二星级及以上的建筑给予财政资金奖励。财政部、税务总局要研究制定税收方面的优惠政策，鼓励房地产开发商建设绿色建筑，引导消费者购买绿色住宅。改进和完善对绿色建筑的金融服务，金融机构可对购买绿色住宅的消费者在购房贷款利率上给予适当优惠。国土资源部门要研究制定促进绿色建筑发展在土地转让方面的政策，住房城乡建设部门要研究制定容积率奖励方面的政策，在土地招拍挂出让规划条件中，要明确绿色建筑的建设用地比例。

（三）完善标准体系

住房城乡建设等部门要完善建筑节能标准，科学合理地提高标准要求。健全绿色建筑评价标准体系，加快制（修）订适合不同气候区、不同类型建筑的节能建筑和绿色建筑评价标准，2013年完成《绿色建筑评价标准》GB/T 50378 的修订工作，完善住宅、办公楼、商场、宾馆的评价标准，出台学校、医院、机场、车站等公共建筑的评价标准。尽快制（修）订绿色建筑相关工程建设、运营管理、能源管理体系等标准，编制绿色建筑区域规划技术导则和标准体系。住房城乡建设、发展改革部门要研究制定基于实际用能状况、覆盖不同气候区、不同类型建筑的建筑能耗限额，要会同工业和信息化、质检等部门完善绿色建材标准体系，研究制定建筑装修材料有害物限量标准，编制建筑废弃物综合利用的相关标准规范。

（四）深化城镇供热体制改革

住房城乡建设、发展改革、财政、质检等部门要大力推行按热量计量收费，督导各地区出台完善供热计量价格和收费办法。严格执行两部制热价。新建建筑、完成供热计量改造的既有建筑全部实行按热量计量收费，推行采暖补贴"暗补"变"明补"。对实行分户计量有难度的，研究采用按小区或楼宇供热量计量收费。实施热价与煤价、气价联动制度，对低收入居民家庭提供供热补贴。加快供热企业改革，推进供热企业市场化经营，培育和规范供热市场，理顺热源、管网、用户的利益关系。

（五）严格建设全过程监督管理

在城镇新区建设、旧城更新、棚户区改造等规划中，地方各级人民政府要建立并严格落实绿色建设指标体系要求，住房城乡建设部门要加强规划审查，国土资源部门要加强土地出让监管。对应执行绿色建筑标准的项目，住房城乡建设部门要在设计方案审查、施工图设计审查中增加绿色建筑相关内容，未通过审查的不得颁发建设工程规划许可证、施工许可证；施工时要加强监管，确保按图施工。对自愿执行绿色建筑标准的项目，在项目立项时要标明绿色星级标准，建设单位应在房屋施工、销售现场明示建筑节能、节水等性能指标。

（六）强化能力建设

住房城乡建设部要会同有关部门建立健全建筑能耗统计体系，提高统计的准确性和及时性。加强绿色建筑评价标识体系建设，推行第三方评价，强化绿色建筑评价监管机构能力建设，严格评价监管。要加强建筑规划、设计、施工、评价、运行等人员的培训，将绿色建筑知识作为相关专业工程师继续教育培训、执业资格考试的重要内容。鼓励高等院校开设绿色建筑相关课程，加强相关学科建设。组织规划设计单位、人员开展绿色建筑规划与设计竞赛活动。广泛开展国际交流与合作，借鉴国际先进经验。

（七）加强监督检查

将绿色建筑行动执行情况纳入国务院节能减排检查和建设领域检查内容，开展绿色建筑行动专项督查，严肃查处违规建设高耗能建筑、违反工程建设标准、建筑材料不达标、不按规定公示性能指标、违反供热计量价格和收费办法等行为。

（八）开展宣传教育

采用多种形式积极宣传绿色建筑法律法规、政策措施、典型案例、先进经验，加强舆论监督，营造开展绿色建筑行动的良好氛围。将绿色建筑行动作为全国节能宣传周、科技活动周、城市节水宣传周、全国低碳日、世界环境日、世界水日等活动的重要宣传内容，提高公众对绿色建筑的认知度，倡导绿色消费理念，普及节约知识，引导公众合理使用用能产品。

各地区、各部门要按照绿色建筑行动方案的部署和要求，抓好各项任务落实。发展改革委、住房城乡建设部要加强综合协调，指导各地区和有关部门开展工作。各地区、各有关部门要尽快制定相应的绿色建筑行动实施方案，加强指导，明确责任，狠抓落实，推动城乡建设模式和建筑业发展方式加快转变，促进资源节约型、环境友好型社会建设。

附录5　住房和城乡建设部办公厅《关于加强绿色建筑评价标识管理和备案工作的通知》

各省、自治区住房城乡建设厅，直辖市、计划单列市建委（建交委、建设局），新疆生产建设兵团建设局：

为做好《关于加快推动我国绿色建筑发展的实施意见》（财建〔2012〕167号）的落实工作，加强和规范绿色建筑评价标识评审管理，现将有关事项通知如下：

一、各地住房城乡建设主管部门，要进一步增强责任感和紧迫感，从转变城乡建设发展模式出发，以推广绿色建筑为重要抓手，制定相应的激励政策与措施，大力引导和推动绿色建筑发展。我部将对各地绿色建筑配套激励政策制定情况进行专项调查，并作为评选可再生能源建筑应用示范市、绿色建筑示范社区等称号的依据之一。

二、各地要严格按照《绿色建筑评价标识管理办法（试行）》（建科〔2007〕206号）、《绿色建筑评价标准》GB/T 50738、《一二星级绿色建筑评价标识管理办法（试行）》（建科〔2009〕109号）以及相关评价技术细则、地方标准等相关规定，加强绿色建筑评价标识的审查和管理工作，提高工作质量，保证绿色建筑的健康发展。

三、各地在组织绿色建筑评价标识评审中，应严格材料审查。评价标识项目提供的证明材料必须完整有效。项目名称必须与立项批复的名称一致，项目图纸必须是按规定通过审查的施工图、设计图等。补充提供的说明、设计变更等材料需提供重新审查证明。需检测的，还应提供具有相应资质的认证机构出具的检测证明。建筑能耗及能源系统效率等性能指标，应按照《民用建筑能效测评标识管理暂行办法》规定，由民用建筑能效测评机构出具测评证明。

四、各地应本着因地制宜的原则发展绿色建筑。项目所在地区已经颁布地方标准的，各评审机构应保证同一行政辖区所有项目执行相同标准，并从严采用标准。

五、混合功能类型（即在同一建筑中有两种或两种以上的使用功能，如商用和居住等）的建筑应作为一个整体申报，不同功能区分别评价，整栋建筑星级评定就低不就高。一个完整区域中的部分单体建筑或建筑群单独申报评价标识时，涉及人均用地、绿地率等该小区整体性指标，应按规划确定的整个区域的指标计算，各指标计算的相关统计口径必须一致。

六、鼓励业主、房地产开发、设计、施工和物业管理等相关单位开发绿色建筑。在申报设计标识时，设计单位应作为申报单位；申报运行标识时，物业单位应作为申报单位。鼓励设计单位将项目设计与绿色建筑咨询紧密结合。专业咨询单位就应在项目设计过程中积极介入开展绿色建筑咨询工作，并对项目设计方案的完善发挥应有的作用。项目主要申报单位负责人（或技术负责人）要出席评审答辩，专业咨询单位不应作为申报的牵头单位。

七、各地应及时将通过评审的评价标识项目的相关材料（纸制文件和电子版各一份）报我部公示（备案）。报送材料包括项目名单（附件 1）和各项目基本情况表（附件 2）、专家评审意见（附件 3）、评审报告（附件 4、5）。其中：项目名单包括项目名称、申报单位、项目类型、标识类别、申报星级、评定星级等；项目基本情况表包括项目简介、效果图、关键指标、增量成本、主要技术措施等；专家评审意见包括项目总体指标达标情况、评审结论等，评审中需要经过复审的还应提交专家复审意见；评审报告包括各项指标主要内容、采取的主要措施等。已通过地方住房城乡建设主管部门公示、公告报我部备案的项目，还应提供公示、公告文件复印件。

本通知自发布之日起执行。执行中有何问题和建议，请与我部建筑节能与科技司联系。

中华人民共和国住房和城乡建设部办公厅

2012 年 12 月 27 日

附录 6　安徽省绿色建筑评价标识实施细则（试行）

关于印发《安徽省绿色建筑评价标识实施细则（试行)》的通知

各市住房城乡建委（城乡建委），广德、宿松县住房城乡建委（局）：

为规范和加强对绿色建筑评价标识工作的管理，我厅制定了《安徽省绿色建筑评价标识实施细则（试行）》，现印发给你们，请认真贯彻执行。

二〇一二年四月二十八日

安徽省绿色建筑评价标识实施细则

（试行）

第一章　总则

第一条　为推动我省绿色建筑健康发展，规范绿色建筑评价标识组织实施和管理工作，根据住房和城乡建设部《绿色建筑评价标识管理办法（试行）》（建科［2007］206号）、《绿色建筑评价标识实施细则（试行修订）》（建科综［2008］61号）及《一二星级绿色建筑评价标识管理办法（试行）》（建科［2009］109号）等规定，结合本省实际，制定本细则。

第二条　本细则所称绿色建筑评价标识，是指依据《绿色建筑评价标准》GB/T 50378和《绿色建筑评价技术细则（试行）》，按照确定的程序和要求，对申请进行绿色建筑星级评定的建筑物，确认其等级并进行信息性标识的评价活动。

第三条　绿色建筑评价标识（以下简称"评价标识"），分为"绿色建筑设计评价标识"（以下简称"设计标识"）和"绿色建筑评价标识"（以下简称"运行标识"）。

其中："设计标识"是依据国家相关标准规范对处于规划设计阶段和施工阶段的住宅建筑和公共建筑，依照程序对其进行评价标识，有效期为1年，颁发证书。

"运行标识"是依据国家相关标准规范对已竣工并投入使用的住宅建筑和公共建筑，依据程序对其进行评价标识，有效期为3年，颁发证书和标志（挂牌）。

第四条　绿色建筑等级由低至高分为一星级、二星级和三星级三个等级。本细则适用于我省范围内住宅建筑与公共建筑一、二星级绿色建筑评价标识的组织管理与实施，以及三星级绿色建筑评价标识的申报初审。

第五条　评价标识的申请遵循自愿原则，评价标识工作遵循科学、公开、公平和公正的原则。

第二章　组织管理

第六条　省住房和城乡建设厅是我省绿色建筑评价标识工作的行政管理部门，负责指导和管理全省范围内一、二星级绿色建筑评价标识工作。

三星级绿色建筑的评价标识由住房和城乡建设部指导和管理。

第七条　各市建设行政主管部门负责指导、协调和管理本地区绿色建筑评价标识项目的申请、初审和标识的使用监督工作。

第八条　省住房和城乡建设厅委托安徽省绿色建筑协会作为绿色建筑评价标识的日常管理机构，具体负责一、二星级绿色建筑评价标识的申报受理、咨询服务、形式审查、组织评审、报住房和城乡建设部备案、公告及证书发放等具体工作；负责三星级绿色建筑评价标识的申报初审等工作；负责专业评价与专家评审等有关工作程序的组织和衔接；建立并管理评价工作档案和绿色建筑评价标识项目数据库；负责绿色建筑宣传与培训；并接受省住房和城乡建设厅的监督与管理。

第九条　省住房和城乡建设厅依据《绿色建筑评价标识专家委员会工作规程（试行）》组成安徽省绿色建筑评价标识专家委员会，确定安徽省绿色建筑评价标识技术依托单位，提供绿色建筑评价标识的技术支持。安徽省绿色建筑评价标识专家委员会负责全省绿色建筑评价标识的专家评审；技术依托单位负责全省绿色建筑评价标识的技术咨询工作。

第三章　申报条件及材料

第十条　绿色建筑评价标识由业主单位或房地产开发单位提出申请，鼓励设计单位、施工单位和物业管理等相关单位共同参与申报。

第十一条　申请绿色建筑评价标识的住宅建筑和公共建筑，应符合以下条件：

（一）申请"设计标识"，应当完成施工图设计并通过施工图审查，符合国家基本建设

标，着眼于建筑的全寿命周期，遵循"政府引导、政策扶持、分步实施、分类推进"思

，通过推动重点项目、重点区域实施绿色建筑示范，全面推动绿色建筑发展，改善人居

境，实现人与建筑、自然之间的和谐相处，促进经济社会又好又快发展。

（二）工作原则。

1. 坚持因地制宜、示范引领原则。立足安徽实际，根据我省地域多样性和发展差异

较大特点，既要考虑单体建筑，又要考虑城市或区域的统筹规划和总体布局，加大项目

与区域性示范试点工作力度，以点带面积极有序地推动绿色建筑发展。

2. 坚持突出重点、分类推进原则。以政府投资性公益性建筑与区域性绿色生态城

区）建设为重点，突出保障房等民生建筑工程，强化规划、设计、施工、监理、测评及

建筑运行等全过程的协调和管理，运用经济激励与强制推广相结合的政策措施，有重点地

推动绿色生态城（区）绿色小城镇建设。

3. 坚持政府引导，市场推动原则。充分发挥政府总揽全局协调各方的作用，注重发

挥市场对资源配置的基础性作用，形成分工协作、齐抓共建的工作格局。

（三）目标任务。争取到 2015 年，推动政府投资的公益性建筑全面执行绿色建筑标

准，新增绿色建筑面积 1000 万平方米以上，创建 100 项绿色建筑示范项目和 10 个绿色生

态示范城（区），绿色建筑占新增民用建筑面积比例达到 20% 以上，推动建设领域资源降

耗水平显著提升，实现从节能建筑到绿色建筑的跨越式发展。

三、大力推进绿色建筑规模化发展

（一）持续完善绿色建筑法规标准。加快编制出台《安徽省民用建筑节能办法》，进一

步完善绿色建筑法律法规体系，各地应制定适应当地资源禀赋、气候条件、建筑特点的绿

色建筑发展规划和技术路线，并将绿色建筑比例、可再生能源利用等指标作为约束性条件

纳入城乡规划。进一步推进《安徽省绿色建筑评价标准》等标准规范编制工作，持续完善

绿色建筑标准体系建设。对绿色建筑规划与设计、绿色建筑施工、绿色建筑运营管理、既

有建筑绿色化改造等，及时出台相关的专项实施细则。加紧编制出台《安徽省低碳生态城

市建设技术导则》，积极加强各地市绿色生态城（区）建设指导，引导绿色生态城（区）

进一步完善指标体系和建设技术导则。

（二）加快推进评价标识制度建设。加紧出台居住、公共、工业等不同建筑类型的绿

色建筑评价标识实施细则，完善一、二星级绿色建筑评价标识体系建设。建立自愿性标识

与强制性标识相结合的推进机制，对绿色建筑示范项目及按照绿色建筑标准设计、建造的

学校、医院等公益性建筑竣工验收后，大型公共建筑投入使用一年后，应进行能效测评及

进行绿色建筑评价标识。进一步完善《安徽省绿色建筑评价标识实施细则》等星级绿色建

筑评价标识相关管理办法。加快推进民用建筑能效测评机构的绿色建筑检测能力建设，提

升全省绿色建筑检测服务能力。发挥安徽省绿色建筑协会、绿色建筑技术依托单位和评价

标识专家委员会支撑作用，促进绿色建筑相关机构提升测评能力建设和人才队伍建设。

（三）切实开展绿色建筑示范建设。以可再生能源建筑应用城市及县级示范为抓手，

扩大可再生能源建筑应用示范建设内容，促进工程项目向绿色建筑示范拓展。启动 100 项

省级绿色建筑示范项目建设，重点推进政府投资的公益性建筑、保障房等开展示范建设。

依托高校节约型校园示范建设，启动一批绿色校园示范项目。加快绿色建筑集中发展，推

动有条件的市县开展绿色小城镇建设，推进城市既有城区的绿色化改造。发展 10 个以上

程序和管理规定，以及相关的技术标准规范。

申请"运行标识"，应当通过工程质量验收并投入使用一年以上，符合国家相关政策，

未发生重大质量安全事故，无拖欠工资和工程款。改建、扩建公共建筑和居住建筑仅能申

报"运行标识"。

（二）在节地与室外环境、节能与能源利用、节水与水资源利用、节材与材料资源利

用、室内环境质量和运营管理等方面，综合效果明显。

（三）总体规划、建筑设计、施工质量、物业管理等具有较高的水平。

第十二条　申请绿色建筑评价标识的单位应当地建设行政主管部门提出申请，提供

真实、完整的申报材料，包括设计文件、图纸、技术书、竣工图等相关资料。所有文件都

必须提交签字盖章的有效纸质文件，施工图应加盖施工图审查合格章，相关证明文件须加

盖完成单位公章。

申请"设计标识"的项目应提供：

（一）《安徽省一、二星级绿色建筑评价标识申报声明》；

（二）《安徽省一、二星级绿色建筑设计评价标识申报书》；

（三）《安徽省一、二星级绿色建筑设计评价标识申报自评估报告》；

（四）绿色建筑项目设计方案和图纸；

（五）绿色建筑专项施工图审查意见；

（六）工程立项批文和开发企业资质证明材料的复印件；

（七）绿色建筑评价标识证明材料要求及清单。

申请"运行标识"的项目应提供：

（一）《安徽省一、二星级绿色建筑评价标识申报声明》；

（二）《安徽省一、二星级绿色建筑评价标识申报书》；

（三）《安徽省一、二星级绿色建筑评价标识申报自评估报告》；

（四）工程项目施工设计图；

（五）申报单位的资质证书；

（六）工程用材料、产品、设备的合格证书、检测报告等材料，以及必须的规划、设

计、施工、验收和运营管理资料；

（七）工程立项批文和开发企业资质证明材料的复印件；

（八）建筑能效测评报告；

（九）绿色建筑评价标识证明材料要求及清单。

所有申请资料应装订成册一式四份，同时提供电子文件。

第四章　工作程序

第十三条　各地建设行政主管部门负责对本地区申报项目进行审核，初审认可的，向

省住房和城乡建设厅提出报告，并将有关项目申请资料报送至安徽省绿色建筑协会。

第十四条　申报一、二星级的项目填写申报声明、申报书、自评估报告等相关材料，

经所在市建设行政主管部门报省住房和城乡建设厅建筑节能与科技处进行审理。

申报三星级的项目由所在市建设行政主管部门报省住房和城乡建设厅建筑节能与科技

处复审合格后，按照国家有关程序报住房和城乡建设部审定。

第十五条　安徽省绿色建筑协会对申请绿色建筑评价标识项目资料进行形式审查，通

过形式审查的项目，由安徽省绿色建筑协会负责组织专业技术人员进行专业评价。没有通
过形式审查的项目，安徽省绿色建筑协会应提出形式审查意见，申报单位可根据审查意见
修改申报材料后，重新组织申报。

其中申报运行标识的单位需委托相关测评机构进行测评，并向安徽省绿色建筑协会提
交测评报告。

第十六条　专业评价合格的项目，由安徽省绿色建筑协会随机遴选安徽省绿色建筑评
价标识专家委员会若干专家组成评审委员会进行专家评审。评审委员会依据国家及我省相
关标准、规范要求，审查申报材料，进行质询、讨论和评议，确定申请项目是否达到绿色
建筑相应标准。

专家委员会下设规划与建筑、结构、暖通、给排水、电气、建材、建筑物理、施工、
综合（包括信息化、检测、园林绿化、地下空间、垃圾处理等相关专业）9 个专业。

第十七条　根据需要，评审委员会可组织核查小组对需要实地核查的申报项目现场核
查。核查过程中，项目所在建设主管部门和申请单位应积极配合，及时提供所需的各项资
料。核查的内容和要求如下：

（一）听取申报单位对工程质量、系统功能及运行情况的介绍；

（二）实地查验工程质量、系统功能及运行情况。凡核查小组要求查看的工程内容和
文件资料，申报单位都必须予以满足，不得以任何理由回避或拒绝；

（三）听取业主及监理单位对工程质量、系统功能及运行情况的评价意见。核查小组
向业主及监理单位咨询情况时，申报单位的有关人员应当回避；

（四）核查小组应向评审委员会提交书面核查报告。

第十八条　评审意见应达到专家评审组三分之二以上的人员同意通过并签字认可。评
审过程中专家如对提交的材料提出疑议，由专家评审组进行核查。

第十九条　通过评审的项目在省住房和城乡建设厅网站进行公示，公示期为 15 天。

第二十条　任何单位或个人对公示的项目持有异议，均可在公示期内向安徽省绿色建
筑协会提供署实名的书面材料。

第二十一条　经公示后无异议或有异议但已协调解决的项目，省住房和城乡建设厅向
住房和城乡建设部申请报备，由住房和城乡建设部统一公告并发放证书和标志。

第二十二条　对有异议而且无法协调解决的项目，由省绿色建筑协会向申请单位说明
情况并退还申请材料。

第五章　监督检查

第二十三条　评价标识持有单位应规范使用证书和标志，并制定相应的管理制度。标
志应挂置在获得绿色建筑标识的建筑的适宜位置，并妥善维护。

第二十四条　省住房和城乡建设厅不定期对获得标识的项目进行检查，检查内容包括
标识的使用情况、设计与运行的相符性、项目的建设和运行情况等。

第二十五条　任何单位和个人不得利用评价标识进行虚假宣传，不得转让、伪造或冒
用评价标识。

第二十六条　凡有下列情况之一者，暂扣其评价标识：

（一）建筑物的个别指标与申请评价标识的要求不符；

（二）证书或标志（挂牌）的使用不符合规定的要求。

被暂扣评价标识的建筑物和有关单位，经整改后，由省住房和城乡建设〔〕
要求的，发还其评价标识。

第二十七条　凡有下列情况之一者，撤销其评价标识：

（一）建筑物的技术指标与申请评价标识的要求有三项以上（不含三项〔〕

（二）被暂扣评价标识超过一年的；

（三）转让评价标识或违反有关规定、损害标识信誉的；

（四）以不真实的申请材料通过评价获得评价标识的；

（五）无正当理由拒绝监督检查的。

被撤销评价标识的建筑物和有关单位，自撤销之日起三年内不得再次〔〕
申请。

第六章　附则

第二十八条　《绿色建筑评价标准》尚未规定的其他类型建筑，可参照本
价标识工作。

第二十九条　本细则由省住房和城乡建设厅负责解释。

第三十条　本细则自发布之日起实施。

附录 7　安徽省《关于加快推进绿色建筑发展的实施意〔〕

各市住房城乡建设委（城乡建设委）财政局、发展改革委，广德、宿松县〔〕
设委（局）财政局、发展改革委：

推广绿色建筑，是推进建设领域节能减排，促进城乡建设发展转型，提高〔〕
量效益，提升生态文明水平的重要措施。根据财政部、住房城乡建设部《关于〔〕
国绿色建筑发展的实施意见》（财建〔2012〕167 号），为大力促进我省绿色建〔〕
又快的发展，决定在全省大力推进绿色建筑发展，并提出如下实施意见。

一、充分认识发展绿色建筑的重要意义

绿色建筑是指在建筑的全寿命周期内，最大限度地节约资源，保护环境和〔〕
为人们提供健康、适用和高效的使用空间，与自然和谐共生的建筑。发展绿色〔〕
建筑节能向纵深发展，全面提升建设领域绿色发展水平是应对全球气候变化、转〔〕
设方式、提高城乡发展质量和效益、促进生态建设的重要措施；是加快资源节约〔〕
友好型社会建设，发展循环经济的必然要求；是建设行业由传统高能耗型发展模〔〕
低碳生态型发展模式转变的必由之路。

随着我省工业化、城镇化和美好乡村的建设发展，资源、能源和环境问题已〔〕
科学发展的重要制约因素。积极发展绿色建筑，推动绿色低碳生态城市建设，有〔〕
转变城乡建设发展模式，缓解新型城镇化进程中资源环境约束。各地要充分认识〔〕
色建筑发展重要性和紧迫性，增强忧患意识和危机意识，以绿色、生态、低碳理〔〕
乡建设，把发展绿色建筑工作摆在更加突出的位置，切实采取更加有力的措施，〔〕
绿色建筑发展水平。

二、明确绿色建筑发展的指导思想和目标任务

（一）指导思想。以科学发展观为指导，以建设"资源节约型、环境友好型"〔〕

城市新区因地制宜开展绿色生态城（区）建设，推动绿色生态城（区）新建建筑全面执行《绿色建筑评价标准》GB/T 50378 中的一星级及以上的评价标准，集中连片规模化发展绿色建筑。推动各市多点探索低碳生态城市建设模式，建设一批低碳生态示范城市，促进城市资源能源利用结构的优化。

（四）加快建立绿色建筑创新平台。依托国家级科技创新试点省、合芜蚌自主创新综合配套改革试验区等科技创新平台建设，围绕绿色建筑规划、设计、建造和运营等各阶段的技术需求，推动绿色建筑研究列入各类省级科技项目计划，促进省住房城乡建设科技计划项目和省建设科技创新联合行动计划向绿色建筑研究倾斜。加强开展与绿色建筑配套的新技术、新产品、新材料和新工艺的研发，提升绿色建筑技术集成水平。鼓励开展既有建筑节能改造、可再生能源建筑应用、城市绿色照明、徽派等传统建筑特色的绿色建筑技术等研究，探索和建立适合我省的绿色建筑技术路线。进一步培育发展绿色建筑科研平台建设，加强技术指导与服务。各市要逐步建立相应的绿色建筑专家平台，开展绿色建筑科技研发、推广和交流。

（五）加强绿色建材技术产品推广。探索适应我省气候绿色建筑的规划设计、绿色施工、节能环保材料等技术和建材，适时制定绿色建筑适宜技术及产品目录，加强适宜绿色建材推广应用。统筹城乡空间布局，发展城市地下空间利用技术；发展新型节能建筑围护结构体系，推进保温隔热、建筑热环境和通风环境模拟评估等技术研究，推广太阳能光热光电、地源热泵等技术；优先发展降低供水管网漏损、污水再生利用、雨水利用技术，推广节水器具的应用；采用新型建筑体系，推进可再生循环利用的建筑材料应用，加大高强钢、高性能混凝土、防火与保温性能优良的建筑保温材料等绿色建材的推广力度。

（六）加速推进绿色建筑产业发展。通过发展绿色建材、可再生能源等相关产业，促进绿色建筑相关机构与企业之间的双边或多边合作。推进绿色建筑结构、部品与构配件的通用化产业化，大力引导并推广住宅全装修与装配化发展。加快太阳能、浅层热能等可再生能源建筑一体化、规模化应用，从而带动整个绿色建筑相关产业的优化升级。加快推进住宅产业化、建筑部品装配化建设，促进绿色建筑产业基地建设，形成绿色建筑产业链在全省的合理布局。

四、着力强化夯实绿色建筑保障措施

（一）健全绿色建筑组织机构建设。发展绿色建筑是一项系统工程和长期任务，各级住房城乡建设、财政、发展改革等部门要密切配合，建立联系协调机制，形成绿色建筑齐抓共管、协调顺畅的长效工作机制。进一步健全省级绿色建筑协调发展机制，发挥省住房城乡建设厅建筑节能和绿色建筑发展工作领导小组指导作用，强化绿色建筑评价标识专家委员会技术支撑，加快推进安徽省绿色建筑协会及绿色建筑技术依托单位等机构能力建设。各市应尽快建立健全绿色建筑领导机制，明确相关部门职责，研究制定发展绿色建筑的优惠政策、技术标准及监管措施等，及时解决绿色建筑发展过程中存在的问题，规范行业执业行为，加强监督检查，促进绿色建筑创新、交流与合作，确保各项政策措施和工作任务落实到位。

（二）完善绿色建筑推进政策措施。加快制定符合我省绿色建筑实际的民用建筑节能管理办法等地方性法规和规章，逐步完善绿色建筑法规体系。各地要基于不同建筑类型，采取自愿、激励、强制等不同推进思路，制定阶段性分步骤绿色建筑推进政策。健全政府引导和市场推动两方面共同促进的发展机制，适时出台强制性推广绿色建筑的措施，引导绿色生态城（区）建设。积极培育和建立绿色建筑市场体系，大力推广合同能源管理方式，调动发展绿色建筑的社会积极性。各地要结合本地实际，制定促进绿色建筑发展的相关政策与措施。

（三）建立绿色建筑财政激励机制。建立绿色建筑奖励机制，对经过财政部、住房和城乡建设部审核、备案及公示的二星级以上的高星级绿色建筑国家将给予奖励。鼓励城市新区按照绿色、生态、低碳理念进行规划设计，集中连片发展绿色建筑。省级设立专项资金，支持重点绿色建筑示范项目和绿色生态城（区）示范，强化绿色建筑科技支撑能力建设。鼓励市、县政府出台绿色建筑发展的相关土地、财政等激励政策，在土地招拍挂阶段将绿色建筑作为前置条件，研究规划建设阶段容积率补贴政策，发展绿色建筑，鼓励社会资金参与既有建筑绿色改造。

（四）大力开展绿色建筑宣传培训。各地要充分发挥舆论的导向与宣传作用，通过现场会、示范体验等多种形式，广泛宣传发展绿色建筑的重大意义，推广成功示范经验，提升全民绿色建筑意识，努力营造有利于发展绿色建筑的社会氛围。尽快组织开展绿色建筑政策法规、标准规范、技术知识培训，对规划、设计、图审、施工、监理、验收、运营、评价等绿色建筑的从业人员，分批次、分重点组织开展培训，提高从业人员专业素质，培养一批高素质的绿色建筑技术和管理人才。

安徽省住房和城乡建设厅

安徽省发展和改革委员会

安徽省财政厅

2012 年 10 月 10 日

附录 8　《安徽省民用建筑节能办法》

《安徽省民用建筑节能办法》已经 2012 年 10 月 16 日省人民政府第 107 次常务会议通过，现予公布，自 2013 年 1 月 1 日起施行。

省长李斌 2012 年 11 月 19 日

第一章　总则

第一条　为降低民用建筑使用过程中的能源消耗，提高能源利用效率，根据国务院《民用建筑节能条例》，结合本省实际，制定本办法。

第二条　本办法适用于本省行政区域内民用建筑节能及其相关监督管理活动。

第三条　县级以上人民政府应当将民用建筑节能工作纳入本行政区域节能中长期专项规划和节能评价考核内容，制定民用建筑节能政策措施，培育民用建筑节能服务市场，健全民用建筑节能服务体系，推动民用建筑节能技术的开发应用。

第四条　县级以上人民政府建设行政主管部门负责本行政区域内民用建筑节能的监督管理工作。

县级以上人民政府发展改革、科技、经济和信息化、财政、国土资源、环境保护、质量技术监督、机关事务管理、消防等部门按照各自职责，负责民用建筑节能的有关工作。

第五条　省住房和城乡建设行政主管部门可以根据本省实际，制定严于国家标准或者行业标准的地方民用建筑节能标准。

省住房和城乡建设行政主管部门应当制定既有建筑节能改造的技术标准，太阳能、浅层地能等可再生能源建筑应用的设计、施工和验收标准，绿色建筑规划、设计、施工、验收和运行的标准及定额，指导全省民用建筑节能工作。

第六条 鼓励建筑节能新技术、新工艺、新材料、新设备的研发和推广应用。

省住房和城乡建设行政主管部门应当根据国家有关规定，编制本省推广使用的民用建筑节能新技术、新工艺、新材料、新设备目录，以及限制或者禁止使用的高能源消耗技术、工艺、材料、设备目录，向社会公布，并适时更新。

第七条 各级人民政府应当加强民用建筑节能知识的宣传教育工作，增强公民的建筑节能意识。

县级以上人民政府建设行政主管部门和其他有关部门应当将民用建筑节能知识纳入相关从业人员培训、考核体系，提高从业人员的专业技术水平。

广播、电视、报刊、网络等媒体应当加强民用建筑节能知识宣传。

第二章 新建建筑节能

第八条 编制城市总体规划、镇总体规划，应当优化空间布局，合理确定人均资源占用指标，统筹考虑民用建筑节能的要求。

编制城市详细规划、镇详细规划，应当按照民用建筑节能的要求，确定建筑的布局、形状、朝向、采光、通风、密度、高度以及绿化等。

第九条 城乡规划行政主管部门依法对民用建筑进行规划审查，应当就设计方案是否符合民用建筑节能强制性标准征求同级建设行政主管部门的意见；建设行政主管部门应当自收到征求意见材料之日起 10 日内提出意见。对不符合民用建筑节能强制性标准的，不得颁发建设工程规划许可证。

第十条 建设单位不得要求设计、施工、监理、检测等单位降低民用建筑节能强制性标准进行设计、施工、监理和检测，不得擅自变更施工图设计文件中的民用建筑节能设计内容，不得要求施工单位使用不符合施工图设计文件要求的墙体材料、保温材料、采暖制冷系统和照明设备。

第十一条 设计单位及其注册执业人员应当在民用建筑设计文件中编写符合民用建筑节能强制性标准的设计内容，不得使用列入禁止使用目录的技术、工艺、材料和设备。

第十二条 施工图设计文件审查机构应当按照民用建筑节能强制性标准，对施工图设计文件中的民用建筑节能设计内容进行审查；经审查不符合民用建筑节能强制性标准的，施工图设计文件审查机构不得出具审查合格证明文件，建设行政主管部门不得颁发施工许可证。

任何单位和个人不得擅自变更经审查的施工图设计文件中的民用建筑节能设计内容；确需变更的，应当送原施工图设计文件审查机构重新审查。

第十三条 施工单位及其注册执业人员应当按照民用建筑节能强制性标准和施工图设计文件组织施工，不得使用列入禁止使用目录的技术、工艺、材料和设备。

施工单位应当对进入施工现场的墙体材料、保温材料、采暖制冷系统、照明设备等进行查验；对不符合民用建筑节能强制性标准和施工图设计文件要求的，不得使用。

施工单位应当建立降低施工能耗的规章制度，在项目施工组织设计文件中明确降低施工能耗的技术措施，并按照节能统计的要求，向建设行政主管部门和有关部门报送施工能耗情况。

第十四条　工程监理单位及其注册执业人员应当按照民用建筑节能强制性标准和施工图设计文件实施工程监理。

工程监理单位发现施工单位不按照民用建筑节能强制性标准和审查合格的施工图设计文件施工的，应当要求施工单位改正；施工单位拒不改正的，工程监理单位应当及时报告建设单位，并向有关行政主管部门报告。

监理工程师应当对墙体、屋面保温工程施工采取旁站、巡视和平行检验等形式实施监理。

第十五条　建设单位应当对民用建筑节能的分部、分项工程及时进行验收；对不符合民用建筑节能强制性标准的，应当责成设计、施工单位整改。

建设单位组织竣工验收，应当对民用建筑是否符合节能强制性标准进行查验；对不符合民用建筑节能强制性标准的，不得出具竣工验收合格报告。

第十六条　房地产开发企业应当在商品房销售场所公示所售商品房项目的节能性能、节能措施、保护要求。

商品房销售合同中应当载明建筑能源消耗指标、节能措施、保护要求、保温工程保修期等相关内容。

住宅质量保证书、住宅使用说明书中应当载明建筑围护结构体系及其维护要求，建筑用能系统状况及其使用要求，可再生能源利用系统状况及其使用、维护要求。

第三章　既有建筑节能改造

第十七条　县级以上人民政府建设行政主管部门应当会同有关部门组织调查统计和分析本行政区域内既有建筑的建设年代、结构形式、用能系统、能源消耗指标、寿命周期等，制定既有建筑节能改造计划，报本级人民政府批准后，有计划、分步骤实施。

国家机关既有办公建筑的节能改造计划，由县级以上人民政府机关事务管理部门会同建设、财政等部门制定，报本级人民政府批准后组织实施。

第十八条　国家机关既有办公建筑、政府投资和以政府投资为主的既有公共建筑未达到民用建筑节能强制性标准的，应当制定节能改造方案，经充分论证后进行节能改造。

前款规定以外的其他既有民用建筑不符合民用建筑节能强制性标准的，在尊重建筑所有权人意愿的基础上，可以结合扩建、改建，逐步实施节能改造。

旧城改造、旧住宅区综合整治，应当同步实施建筑节能改造。既有建筑的围护结构装修、用能系统更新，应当同步实施建筑节能改造。

第十九条　实施既有建筑节能改造，应当编制施工图设计文件，经施工图设计文件审查机构审查合格后组织施工。改造完成后，应当按照民用建筑节能工程验收规范进行验收。

实施既有建筑节能改造，应当优先采用建筑外遮阳、节能门窗、建筑屋顶和外墙保温节能改造、幕墙抗热辐射等经济合理的改造措施。

第二十条　鼓励社会资金以合同能源管理方式投资既有民用建筑节能改造。鼓励国家机关既有办公建筑和高耗能的大型既有公共建筑节能改造优先采用合同能源管理方式。

第四章 建筑用能系统运行

第二十一条 建筑物所有权人或者使用权人应当对建筑的围护结构、用能系统和可再生能源利用设施进行日常维护，采取必要的保护、修复措施。

建筑物所有权人或者使用权人在使用、装修、改造和维护已采取节能措施的建筑物时，不得擅自改变或者降低建筑物的节能标准。

第二十二条 县级以上人民政府建设行政主管部门应当对本行政区域内国家机关办公建筑和大型公共建筑能源消耗情况进行调查统计和评价分析，逐步建立能源消耗实时监管平台。

国家机关办公建筑和大型公共建筑的所有权人或者使用权人应当健全节能管理制度和操作规程，安装用能分项计量装置，加强建筑用能系统监测、维护和能耗计量管理。

第二十三条 国家机关办公建筑和大型公共建筑的所有权人，以及建筑节能示范工程和财政支持实施节能改造的建筑所有权人，应当对建筑能效进行测评和标识，并按照国家规定将测评结果公示，接受社会监督。

前款规定的建筑实施围护结构改造或者更新主要用能设备的，应当重新进行建筑能效测评和标识。

第二十四条 从事建筑能效测评的机构应当具备法定资质条件，按照民用建筑节能强制性标准和技术规范对民用建筑能源利用效率进行检测，出具的测评报告应当真实、完整。

第五章 可再生能源应用

第二十五条 县级以上人民政府建设行政主管部门应当根据当地实际情况，明确太阳能、浅层地能、水能、生物质能、风能等可再生能源在民用建筑中的应用条件，加强对民用建筑应用太阳能热水、太阳能光伏发电、水源或者地源热泵空调等可再生能源的技术指导。

第二十六条 新建、改建、扩建民用建筑，建设单位应当根据所在地的地理气候条件，优先选择太阳能、浅层地能、水能、生物质能、风能等可再生能源，用于采暖、制冷、照明和热水供应等。

新建、改建、扩建建筑面积在 1 万 m² 以上的公共建筑，应当利用不少于 1 种的可再生能源。

具备太阳能利用条件的新建建筑，应当采用太阳能热水系统与建筑一体化的技术设计，并按照技术标准安装太阳能热水系统。

建设可再生能源利用设施，应当与建筑主体工程同步设计、同步施工、同步验收、同步投入使用。

第二十七条 鼓励既有建筑的所有权人或者使用权人，在不影响建筑质量和安全、符合城市容貌要求的前提下，按照管理规约的规定安装符合技术规范和产品质量标准的太阳能热水系统。建设单位、物业服务企业应当为其提供便利条件。

鼓励农村房屋建设使用太阳能、沼气等可再生能源。

第二十八条 鼓励大型工矿、商业企业，学校、医院等公益性单位，利用建筑等条件建设光伏发电项目。

鼓励可利用建筑面积充裕、电网接入条件较好、电力负荷较大的开发区、工业园区、产业园区等进行光伏发电项目集中连片建设。

县级以上人民政府财政、建设行政主管部门应当按照国家规定，采取示范引导、财政补助、技术指导、质量管理等措施，推进太阳能屋顶、光伏幕墙等光电建筑一体化示范。

第二十九条　民用建筑应用可再生能源的，设计文件、施工图设计文件审查意见中应当包括可再生能源应用的设计和审查内容。建设单位应当对可再生能源应用工程进行验收。

第六章　发展绿色建筑

第三十条　县级以上人民政府应当按照因地制宜、经济适用的原则，结合当地经济社会发展水平、资源禀赋、气候条件、建筑特点，制定本行政区域绿色建筑发展规划和技术路线，并将绿色建筑比例、生态环保、可再生能源利用、土地集约利用、再生水利用、废弃物回用等指标，作为约束性条件纳入城乡规划。

第三十一条　鼓励按照生态、低碳理念和绿色建筑标准规划、设计、建设城市新区，进行旧城和棚户区改造，集中连片发展绿色建筑，建设绿色生态城区。

鼓励按照绿色建筑标准新建、改建、扩建民用建筑，实施既有民用建筑节能改造。

政府投资的学校、医院等公益性建筑以及大型公共建筑，应当按照绿色建筑标准设计、建造。

第三十二条　建立绿色建筑评价和标识制度。

按照绿色建筑标准设计、建造的学校、医院等公益性建筑竣工验收后，大型公共建筑投入使用1年后，县级以上人民政府财政、建设行政主管部门应当组织能效测评机构对其性能效果进行评价，对符合绿色建筑标准的，颁发绿色建筑星级标识，并向社会公示。

按照绿色建筑标准设计、建造的其他居住建筑和公共建筑，由其所有权人或者使用权人自愿向县级以上人民政府建设行政主管部门申请绿色建筑评价和标识。

第三十三条　建立民用建筑设计、施工、部品生产等环节的标准体系，支持集设计、生产、施工于一体的工业化基地建设，推行新建住宅一次装修或者菜单式装修，运用产业化技术建设民用建筑，提高民用建筑生产效率，降低能耗、节约资源、保护环境。

第七章　激励措施

第三十四条　县级以上人民政府应当安排民用建筑节能专项资金，用于支持民用建筑节能的科学技术研究和标准制定、既有建筑节能改造、建筑用能系统运行节能、可再生能源在民用建筑中的应用、绿色建筑发展，以及民用建筑节能示范工程、节能项目推广等。

第三十五条　国家机关既有办公建筑的节能改造费用，由县级以上人民政府纳入本级财政预算。

居住建筑和教育、科学、文化、卫生等公益事业使用的既有公共建筑节能改造费用，由政府、建筑所有权人共同负担。

第三十六条　民用建筑节能项目依法享受税收优惠。

鼓励金融机构按照国家规定，对民用建筑节能项目提供信贷支持。

第三十七条　建设工程需要采用没有相应国家、行业和地方标准的建筑节能新技术、新工艺、新材料的，由设区的市级以上人民政府建设行政主管部门组织专家、专业机构等进行技术论证；经论证符合节能要求及质量安全标准的，可以在该建设工程中使用。

建筑节能新技术、新工艺、新材料技术条件成熟的，可以按照法定程序纳入地方建筑节能标准。

第三十八条 采用合同能源管理方式实施既有民用建筑节能改造的,依据国家和省有关规定享受资金支持、税收优惠和融资服务。

取得国家规定星级标准的绿色建筑和绿色生态城区,按照国家规定享受财政资金奖励或者定额补助。

第三十九条 对在民用建筑节能工作中做出显著成绩的单位和个人,由县级以上人民政府或者有关部门按照国家规定给予表彰和奖励。

第八章 法律责任

第四十条 违反本办法规定,县级以上人民政府有关部门有下列行为之一的,由上级行政机关或者监察机关对负有责任的主管人员和其他直接责任人员依法给予处分;构成犯罪的,依法追究刑事责任:

(一)为设计方案不符合民用建筑节能强制性标准的民用建筑项目颁发建设工程规划许可证的;

(二)为施工图设计文件不符合民用建筑节能强制性标准的民用建筑项目颁发施工许可证的;

(三)不依法履行监督管理职责的其他行为。

第四十一条 建设单位、设计单位、施工单位、监理单位、房地产开发企业违反本办法规定,国务院《民用建筑节能条例》已有处罚规定的,依照其规定施行。

第四十二条 违反本办法规定,施工图设计文件审查机构为不符合民用建筑节能强制性标准的设计方案出具合格意见的,由县级以上人民政府建设行政主管部门责令改正;逾期不改正的,处 1 万元以上 3 万元以下罚款。

第四十三条 违反本办法规定,有下列行为之一的,由县级以上人民政府建设行政主管部门责令改正;逾期不改正的,施工图设计文件审查机构不得出具审查合格证明文件,并可处 1 万元以上 3 万元以下罚款:

(一)新建、改建、扩建建筑面积在 1 万 m² 以上的公共建筑,建设单位未利用不少于 1 种可再生能源的;

(二)政府投资的学校、医院等公益性建筑以及大型公共建筑,未按照绿色建筑标准设计、建造的。

建设行政主管部门发现建设单位在竣工验收过程中有违反前款规定的,责令停止使用,重新组织竣工验收。

第四十四条 违反本办法规定,能效测评机构提供虚假信息的,由县级以上人民政府建设行政主管部门责令改正,没收违法所得,并处 5 万元以上 10 万元以下罚款。

第九章 附则

第四十五条 本办法中有关用语的含义:

(一)民用建筑,是指居住建筑、国家机关办公建筑,以及商业、服务业、教育、卫生等其他公共建筑。

(二)民用建筑节能,是指在保证民用建筑使用功能和室内热环境质量的前提下,采取节能措施,降低其使用过程中能源消耗的活动,包括新建、改建、扩建民用建筑的节能,既有民用建筑节能改造,建筑用能系统运行节能,可再生能源在民用建筑中的应用,发展绿色建筑等。

（三）绿色建筑，是指符合《绿色建筑评价标准》，在建筑全寿命周期内，最大限度地节能、节地、节水、节材，保护环境和减少污染，为人们提供健康、适用、高效的使用空间，与自然和谐共生的建筑。

（四）既有建筑节能改造，是指对不符合民用建筑节能强制性标准的既有建筑的围护结构、供热系统、采暖制冷系统、照明设备和热水供应设施等实施节能改造的活动。

（五）大型公共建筑，是指单体建筑面积在 2 万 m² 以上的公共建筑。

第四十六条　本办法自 2013 年 1 月 1 日起施行。

附录 9　安徽省气候资源简介

1. 地理位置

安徽省，中华人民共和国东部省份，简称"皖"，属华东地区，省会合肥市。安徽跨长江下游、淮河中游，长江流经安徽段俗称"八百里皖江"，以长江、淮河为界，形成了淮北、江淮、江南三大地域。

安徽省位于中国东南部，是华东地区跨江近海的内陆省份，境内山河秀丽、人文荟萃、稻香鱼肥、江河密布。五大淡水湖中的巢湖横卧江淮，素为长江下游、淮河两岸的"鱼米之乡"。全省面积居华东第 3 位，全国第 22 位。

安徽省与浙江省、江苏省、山东省、河南省、湖北省和江西省相接（附图 9-1），地

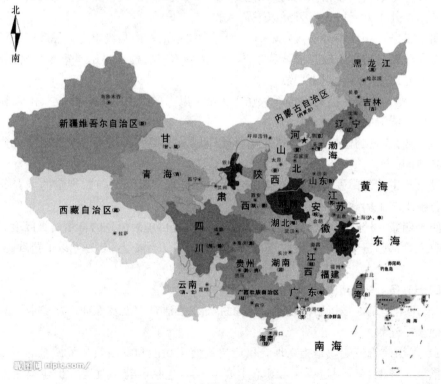

附图 9-1　安徽省位置示意图

貌以平原、丘陵和低山为主。平原与丘陵、低山相间排列。地形地貌呈现多样性，长江和淮河自西向东横贯全境，全省大致可分为五个自然区域：皖北片区、皖中片区、沿江片区、皖西片区和皖南片区。平原面积占全省总面积的 31.3％（包括 5.8％的圩区），丘陵占 29.5％，山区占 31.2％，湖沼洼地占 8.0％。

2. 气候资源

2.1 自然气候与建筑气候

安徽地处中纬度地带，在太阳辐射、大气环流和地理环境的综合影响下，安徽属暖温带向亚热带的过渡型气候。在中国气候区划中，淮河以北属温带半湿润季风气候，淮河以南属亚热带湿润季风气候。主要的气候特点是：季风明显、四季分明，气候温和、雨量适中，春温多变、秋高气爽、梅雨显著、夏雨集中。综观而论，安徽气候条件优越，气候资源丰富。充沛的光、热、水资源，有利于农、林、牧、渔业的发展。但由于气候的过渡型特征，南北冷暖气团交绥频繁，天气多变，降水的年际变化较大，常有旱、涝、风、冻、霜、雹等自然灾害，给农业生产带来不利影响。

从建筑气候分区的定义，安徽属于夏热冬冷地区（ⅢB）。

2.2 四大气候特点

1. 季风明显，四季分明

我省处在中纬地带，是季风气候最为明显的地区之一。冬季，在蒙古高压和阿留申低压的控制和影响下，常有来自北方的冷空气侵袭，天气寒冷，偏北风较多，雨雪较少。日平均气温低于 0℃ 的日数，全省大部为 20～50 天，喜凉作物可以安全越冬。夏季，大陆热低压形成，增温明显，同时，太平洋副热带高压达到鼎盛时期，我省盛行来自海洋的偏南气流，天气炎热，雨水充沛，光照丰富，光、热、水条件配合良好，有利于喜温作物生长。春季是由冬转夏的过渡季节，气旋活动频繁，风向多变，对流性天气较多。秋季则是由夏转冬的过渡季节，东海洋面常有分裂小高压盘踞，偏东风较多。

我省各地四季分明，"春暖"，"夏炎"，"秋爽"，"冬寒"的气候明显。若按候平均气温划分四季，候平均气温＜10℃为冬季、＞22℃为夏季，10～22℃之间为春秋。那么我省各地四季分配大致是：春秋各 2 个月，夏冬各 4 个月，冬夏长，春秋短。因南北气候差异明显，淮北冬长于夏，江南则夏长于冬。季节的开始日期，春夏先南后北，秋冬先北后南，前后约差 5～15 天，春季差别最大，夏季差别最小。

2. 气候温和，雨量适中

按照 1971～2000 年 30 年平均值进行统计，结果显示，全省年平均气温在 14.4～16.8℃ 之间，属于温和气候型。冬季全省 1 月平均气温在 0.2～4.2℃ 之间，夏季 7 月平均气温在 25.9～28.7℃ 之间，年较差各地小于 30℃，所以大陆性气候不明显。除少数年份外，一般寒期和酷热期较短促。全省年降水量在 728～1868mm 之间，有南多北少、山区多、平原丘陵少等特点。淮北一般在 900mm 以下，江南、沿江西部和大别山区在 1200mm 以上，1000mm 的等雨量线横贯江淮丘陵中部。山区降水一般随高度增加，黄山光明顶年雨量达 2400mm。从全国降水量分布图上看，我省雨量比较适中，一般年份都能满足农作物生长发育的需要。

3. 春温多变，秋高气爽

4 月、5 月是冬季风向夏季风转换的过渡时期，南北气流相互争雄，进退不定，锋面带南北移动，气旋活动频繁，天气气候变化无常，因此，时冷时暖、时雨时晴是我省春季气候的一大特色。春季气温上升不稳定，日际变化大，春温低于秋温，春雨多于秋雨。3、4、5三个月的累计降水量约占全年降水量的18.7%～35.7%，自北而南增大。江南雨季来得早，全年雨量集中期在4、5、6三个月，屯溪、祁门一带春雨甚至多于夏雨。春温低、春雨多，特别是长时间的低温连阴雨，对早稻及棉花等春播作物的苗期生长不利。秋季，除地面常有冷高压盘踞外，高空仍有副热带暖高压维持，大气层结比较稳定，秋高气爽，晴好天气多。秋季9～11月降水量只占全年降水量的12.8%～22.1%左右，南北差异不大。因此，我省各地常出现夹秋旱和秋旱。少数年份，在夏季风撤退和冬季风加强过程中，气旋、锋面，带来的秋风秋雨，对秋收秋种不利。

4. 梅雨显著，夏雨集中

梅雨是长江中下游地区特有的天气气候。梅雨的形成和强弱，与副热带高压、青藏高压、西南季风以及西风带长波等大尺度天气系统的活动有关。由于每年这些大尺度天气系统的强度、进退时早和快慢等都不一样，致使每年梅雨到来的迟早、长短和雨量多寡差异很大。一般我省入梅期在6月中旬（平均在6月16日），出梅在7月上旬末（平均在7月10日），梅雨期近一个月（平均24天）。最早入梅在5月18日（1991年），最迟出梅在7月31日（1954年）。

梅雨期最长为（1954年）达56天，梅雨量超过正常年份降水量的1～2倍，发生了百年不遇的洪涝灾害。1958、1959、1966、1967、1978和1994等年，由于梅雨量少或者空梅，造成了严重干旱乃至百年未见的大旱。可见梅雨量的多寡与我省旱涝灾害及农业生产的关系极大。

夏雨集中是季风气候的特征之一，是雨带由南而北缓行的结果。我省夏雨集中的程度由南向北逐渐加大，6、7、8三个月累计雨量约占全年降水量的37.5%～56.8%。

沿江、江南春、夏雨量几乎相当，江淮之间夏雨占40%～50%，淮北大多数地区占50%以上。夏季是农作物生长旺盛的季节，需水量大，夏雨集中对农作物生长有利，但过于集中，雨量过大，则易出现涝灾，对农业生产和人民生活都有危害。

2.3　天气情况

1. 温度分布规律

合肥市全年气温特点是冬寒夏热，春秋温和。日干球温度统计如附图9-2所示。日最

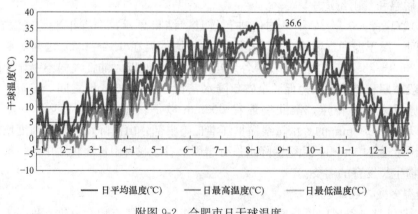

附图9-2　合肥市日干球温度

高温度 36.6℃、日最低温度－3.5℃。冬季温度在－3℃至 15℃左右，夏季温度在 18℃至
35℃左右。

合肥市各月平均干球温度统计如附图 9-3 所示。夏季 6 月、7 月、8 月三个月月平均
温度在 25℃以上；冬季 12 月、1 月、2 月三个月月平均温度在 6℃以下。7 月为最热月，
月平均最高温度 28℃；1 月为最冷月，月最低温度 3℃。

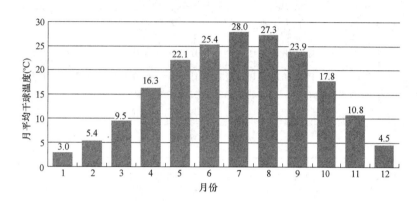

附图 9-3　合肥市各月平均干球温度

合肥全年最热月是 7 月，最热月干球温度变化如附图 9-4 所示。可以看出：日平均温
度保持在 29℃左右，日平均温度最高为 31.5℃；日最高温度高于 30℃只出现了 22 天左
右，日最高温度达到 35.9℃；日最低温度保持在 25℃左右，日最低温度最低为 20.0℃。
可见夏季合肥昼夜温差大、高温时间较多。

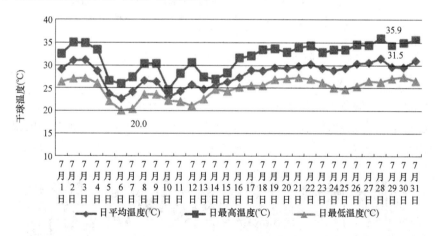

附图 9-4　最热月干球温度变化图

合肥全年最冷月是 1 月，最冷月干球温度变化如附图 9-5 所示。可以看出：日平均温
度保持在 2℃左右，日平均温度最低为－0.3℃；日最高温度高于 5℃只出现了 9 天左右，
日最高温度达到 17.5℃；日最低温度保持在 0℃左右，日最低温度最低为－3.6℃。可见
冬季合肥低温时间较多，保温、供暖很重要。

对合肥市典型气象年 8760 小时进行划分如附图 9-6 所示。可以得出：全年高于 30℃
有 508 小时，而低于 0℃的有 323 小时。需采用空调降温和供暖的时间都较少。

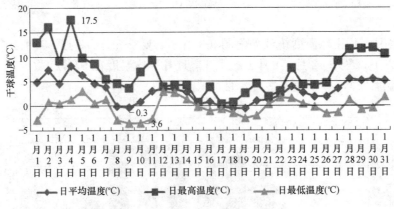

附图 9-5 最冷月干球温度变化图

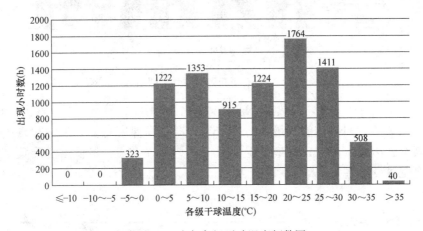

附图 9-6 全年各级干球温度频数图

2. 相对湿度分布规律

合肥市日平均含湿量年变化如附图 9-7 所示。最大值出现在 7 月 27 日，日相对湿度达 99%，远高于 60% 的舒适范围上限；最小值出现在 1 月 18 日，日相对湿度仅为 40%，在舒适范围内。

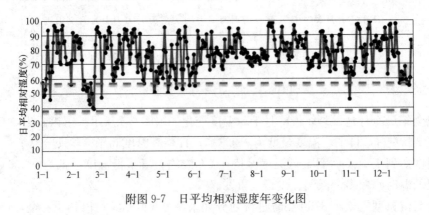

附图 9-7 日平均相对湿度年变化图

全年逐月平均相对湿度如附图 9-8 所示。全年相对湿度较高，夏季达 80% 左右，其中

7 月月平均相对湿度为 79.9%，8 月月平均相对湿度为 82.2%，9 月月平均相对湿度为 80.2%，较为湿热，体感舒适度差。冬季达 72% 左右，其中 12 月月平均相对湿度为 75.5%，1 月月平均相对湿度为 74.5%，2 月月平均相对湿度为 71.5%。春季相对湿度，约 72% 左右。各季节相对湿度对人体感舒适度而言都明显偏高。

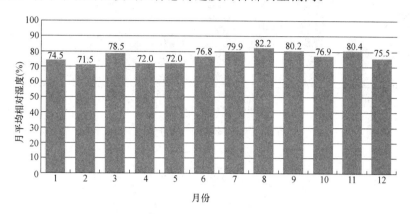

附图 9-8　月平均相对湿度

合肥市逐月平均含湿量如附图 9-9 所示。最大值出现在 7 月，月平均含湿量达 19.36g/kg 干空气，最小值出现在 1 月，月平均含湿量为 3.38g/kg 干空气。可见夏季含湿量最大，冬季含湿量最小。

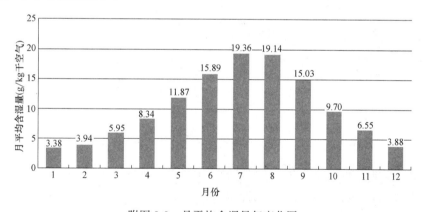

附图 9-9　月平均含湿量年变化图

合肥市全年各级含湿量频数如附图 9-10 所示。含湿量处于 3～6g/kg 干空气一级的时间最多，达 2250 小时，其次为含湿量处于 6～9g/kg 干空气一级，为 1266 小时。合肥市大部分时间段内含湿量较大。

3. 风力规律

安徽省累年年各风向频率及其平均风速和最大风速如附图 9-11 所示。累年平均风速约为 3m/s，累年风向频率东、东南方向频率较高，达 9%、8%。累年最大风速约为 16m/s。

安徽省月平均风速如附图 9-12 所示。如图可知，安徽省春季平均风速高，夏秋季风速低。其中 4 月平均风速最高，为 3.2m/s；9 月、10 月平均风速最低，为 2.5m/s。如上文所述，春季湿度较低，温度适中，同时风速较高，可以得出春季体感舒适度较好；而夏

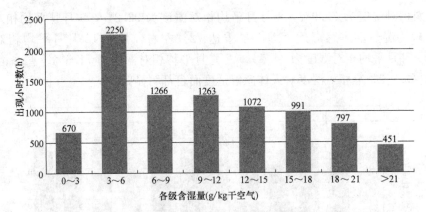

附图 9-10　全年各级含湿量频数图

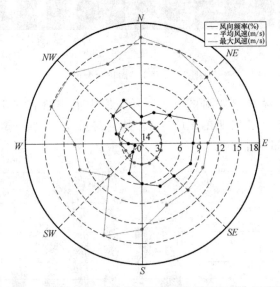

附图 9-11　累年年各风向频率及其平均风速和最大风速图

季湿度较高，温度偏高，且风速较低，可以得出夏季体感舒适度较差。

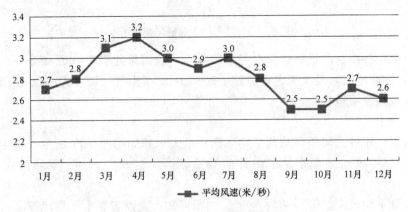

附图 9-12　月平均风速图

安徽省地处暖温带过渡地区，以淮河为分界线，北部属暖温带半湿润季风气候，南部属亚热带湿润季风气候，现选取安徽省典型城市风环境情况作为参考（附表 9-1）。

安徽省各市风环境情况表

附表 9-1

合肥市	冬季主导风向	NNE
	夏季盛行风向	S
	全年主导风向	E
	年有效风速(m/s)	2.8
蚌埠市	冬季主导风向	NE
	夏季盛行风向	S
	全年主导风向	ENE
	年有效风速(m/s)	2.4
安庆市	冬季主导风向	NE
	夏季盛行风向	SW
	全年主导风向	NE
	年有效风速(m/s)	3.1
六安市	冬季主导风向	SE
	夏季盛行风向	ENE
	全年主导风向	ESE
	年有效风速(m/s)	2.1
滁州市	冬季主导风向	NW
	夏季盛行风向	ESE
	全年主导风向	NW
	年有效风速(m/s)	2.3
阜阳市	冬季主导风向	NE
	夏季盛行风向	SW
	全年主导风向	E
	年有效风速(m/s)	2.4
芜湖市	冬季主导风向	E
	夏季盛行风向	E
	全年主导风向	E
	年有效风速(m/s)	2.2
黄山市	冬季主导风向	NW
	夏季盛行风向	SW
	全年主导风向	SW
	年有效风速(m/s)	5.9
亳州市	冬季主导风向	NNE
	夏季盛行风向	S
	全年主导风向	S
	年有效风速(m/s)	2.4

	冬季主导风向	ENE
宿州市	夏季盛行风向	E
	全年主导风向	NE
	年有效风速(m/s)	2.3

安徽省地处季风气候区，部分地区风能资源是比较丰富的；同时电力资源比较单一，以火电为主。加快清洁能源的开发与利用，具有显著的经济、社会和生态环境效益。"安徽省风能资源详查和评价"项目自 2007 年 12 月正式启动以来，已取得了多项成果。

4. 太阳辐射

安徽省全年日平均辐射量如附图 9-13 所示。最大日辐射日在 5 月 27 日，日总辐射量达 27.39MJ/m²，4 至 8 月平均辐射量较高。

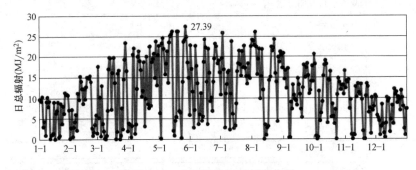

附图 9-13　太阳日总辐射年变化图

合肥市全年月总辐射量如附图 9-14 所示。可见全年 5 月太阳辐射最强，月总辐射量达 501.8MJ/m²，而冬季太阳辐射量少，1 月月总辐射量仅 194.8MJ/m²。年总辐射量达 4157.9MJ/m²。

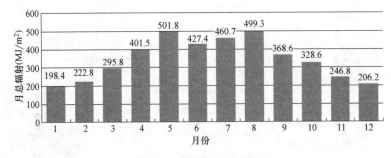

附图 9-14　逐月总辐射量

5. 降雨

安徽省降雨的规律为雨量适中，梅雨显著，夏雨集中。春天冷暖空气活动频繁，常导致天气时晴时雨，乍暖乍寒，复杂多变。夏季：季节最长，天气炎热，雨量集中，降水强度大，雨量主要集中在 6～7 月的梅雨季节。

如附图 9-15 合肥 1951～2000 年 50 年来降雨量统计图所示，安徽省降水始终，年降水量约 600～1500mm，平均降雨量在 1000mm 左右，雨量适中。

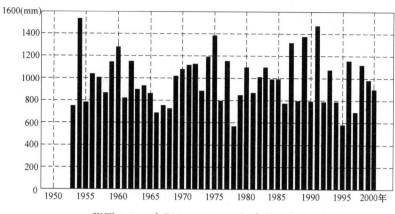

附图 9-15 合肥 1951～2000 年降水量变化图

如附图 9-16 所示，合肥年平均降雨天数为 114 天，其中降水量最大的月份为 6 月、7月、8 月，月平均降水量分别为 155.2mm、161.8mm、119.6mm。降水量最小的月份为12 月、1 月、2 月，月平均降水量分别为 24.1mm、35.9mm、50.4mm。

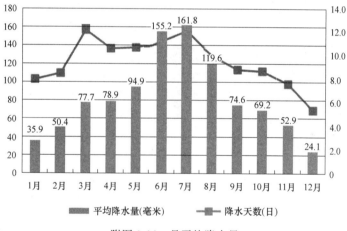

附图 9-16 月平均降水量